本手册由欧盟Switch Asia项目提供资金资助

绿色建筑开发手册

张明顺　吴 川　张晓转　赵思琪　等编著

Handbook Green Building Development

化学工业出版社

·北 京·

本书介绍了绿色建筑相关标准、绿色建筑的规划设计理念、绿色建筑技术、绿色建材的采购与使用、绿色建筑运行管理、绿色建筑设计软件、国家及部分地方有关绿色建筑政策和国外绿色建筑政策与实践。本书可供从事环境管理、绿色建筑研究与设计的科技人员以及政府机构管理人员阅读，还可供高等院校相关专业师生参考。

图书在版编目（CIP）数据

绿色建筑开发手册 / 张明顺等编著．—北京：化学工业出版社，2014.1
ISBN 978-7-122-19254-7

Ⅰ.①绿…　Ⅱ.①张…　Ⅲ.①生态建筑－建筑设计－手册　Ⅳ.① TU201.5-62

中国版本图书馆 CIP 数据核字（2013）第 295071 号

责任编辑：满悦芝　　装帧设计：尹琳琳
责任校对：陶燕华

出版发行：化学工业出版社（北京市东城区青年湖南街13号　邮政编码100011）
印　　刷：北京永鑫印刷有限责任公司
装　　订：三河市宇新装订厂
787mm×1092mm　1/16　印张13　字数316千字　2014年3月北京第1版第1次印刷

购书咨询：010-64518888（传真：010-64519686）　售后服务：010-64518899
网　　址：http://www.cip.com.cn
凡购买本书，如有缺损质量问题，本社销售中心负责调换。

定　　价：48.00元

前言 Preface

20世纪以来，在世界范围内人口剧增、土地沙化、气候变化、淡水资源日渐枯竭等人类生存危机的背景下，可持续发展的思想开始萌生并迅速发展起来。自20世纪80年代以来，绿色建筑的研究已成为了国际社会关注建筑发展的重要议题。欧美、日本等发达国家和地区纷纷提出了绿色建筑、生态建筑等概念及其相关标准，寻求可以降低环境负荷且有利于使用者健康的建筑。

在我国，每年城乡新建房屋面积近20亿平方米，其中80%以上为高耗能建筑。既有建筑近400亿平方米，95%以上都属于高能耗建筑。我国建筑总能耗（包括建材生产和建筑能耗）约为全国能耗总量的30%。综合以上数据可知，我国与其他国家一样，亟待大力发展绿色建筑，以减少建筑行业总能耗及其对生态环境的影响，促进我国节能减排目标的实现。

较国外而言，我国的绿色建筑发展起步较晚，但近些年的发展势头十分迅猛。自十八大提出加强生态文明建设后，社会各界人士都对绿色建筑的发展投入了更多的关注。现阶段，我国大规模推行绿色建筑的时机已经成熟。

在第八届国际绿色建筑与建筑节能大会上，住建部的仇保兴副部长在讲话中就指出，我国的绿色建筑正进入快速发展的时期。截至2012年3月，全国已评出379项绿色建筑评价标识项目，总建筑面积达到3800多万平方米。发展绿色建筑的社会共识已经形成。绿色建筑可以节能、节地、节水、节材，而节地、节水、节材也间接实现了节能，全社会都已普遍了解绿色建筑的重要作用。绿色建筑的相关管理制度以及绿色建筑评估标准体系也都已经初步奠定。与此同时，太阳能光伏、LED照明、地源热泵等相关产业的节能新技术有力助推了绿色建筑发展。

在此发展背景下，北京建筑大学环境与能源工程学院北京应对气候变化研究和人才培养基地，多年来密切关注我国绿色建筑的发展前沿信息，搜集研究了大量的绿色建筑相关资料，从绿色建筑标准、理念、技术、管理等各个方面入手，全面介绍剖析绿色建筑在我国的现状与发展，对绿色建筑相关的关键问题进行系统的梳理，并撰写成本开发手册，旨在向政府部门提供绿色建筑发展的科学决策依据，同时向公众普及绿色建筑相关知识。

本手册的编写依托欧盟亚洲可持续生产和消费项目——促进中国城市可持续建筑发展，其中由五位研究人员组成的写作团队直接参与了本手册的写作，本书的出版也是该项目的重要成果之一。

北京建筑大学的张明顺教授负责本书的整体设计和部分内容的编写工作。其他四位作者具体负责各章节的编写工作。吴川负责第3章绿色建筑技术、第4章绿色建材的采购与使用以及第8章国外绿色建筑政策与实践共三章内容的编写；张晓转负责第5章绿色建筑运行管理以及第6章绿色建筑设计软件介绍的编写；侯琴负责第1章绿色建筑相关标准以及第7章国家及部分地方有关绿色建筑政策的编写；赵思琪负责第2章绿色建筑的规划设计理念的编写以及全书的统稿、校稿工作。

在本书的写作过程中，得到了众多单位学者的支持。作者要特别感谢项目合作单位深圳建筑科学研究院、重庆大学、四川省建设厅建筑科技发展中心，这些单位与北京建筑大学合作编写的《中国绿色建筑技术及建材清单》和《中国可持续建筑案例分析报告》等项目报告为本书提供了大量资料。在此，作者对给予本书支持和帮助的所有专家学者及研究工作人员表示衷心感谢。

由于时间和水平所限，书中疏漏之处在所难免，恳请各位专家学者批评指正。

作　者

2014年1月

目录

Contents

第1章　绿色建筑相关标准

第2章　绿色建筑的规划设计理念

第6章 绿色建筑设计软件介绍

第7章 国家及部分地方有关绿色建筑政策

第8章 国外绿色建筑政策与实践

第 1 章　绿色建筑相关标准

1.1　国外绿色建筑相关标准

1.1.1　美国LEED评估体系

1.1.1.1　LEED简介

1998年8月，在USGBC（美国绿色建筑协会，United States Green Building Council）会员峰会上，正式推出了LEED（能源与环境设计领袖，Leadership in Energy and Environment Design）1.0版本的试验性计划。2000年3月，LEED 2.0版本正式发布。

LEED通过创造和实施广为认可的标准、工具和建筑物性能表现评估标准，从而鼓励并加快全球对于可持续发展的绿色建筑的建造与开发技术的采用。LEED的长期目标是在整个建筑行业实现“市场转型”。美国绿色建筑协会通过开发和实施LEED绿色建筑分级评估体系，来实现建筑和房地产市场的转型，让所有场所最终都成为绿色建筑。LEED认证作为一个权威的第三方评估和认证结果，对于提高绿色建筑在当地市场的声誉，以及取得优质的物业估值有很大帮助。

1.1.1.2　LEED评估体系

针对不同的建筑类型和业态，LEED产品包含6种彼此关联但又有不同侧重的评估体系：LEED for New Construction（面向新建筑的评估体系，LEED-NC）、LEED for Existing Buildings（强调建筑营运管理评估，LEED-EB）、LEED for Commercial Interiors（针对商业内部装修，LEED-CI）、LEED Core & Shell（提倡业主和租户共同发展，LEED-CS）、LEED for Homes（住宅评估产品，LEED-H）、LEED for Neighborhood Development（社区规划与发展评估，LEED-ND）。

LEED-NC和LEED-EB共同构成了办公楼建筑（也包括其他建筑类型）在选址、设计、建造、营运、维修保养、拆除一个完整的生命周期中应该采取的可持续发展措施。LEED-CS和LEED-CI则完整构成了一个Core & Shell 开发模式内外结合所应采取的绿色建筑措施。LEED-H面向了住宅这一主要的建筑类型，而LEED-ND则在更高的社区规划与发展层面上，把各种LEED产品结合在一起，提出了实现“精明增长”和综合性社区发展模式的具体措施。

1.1.1.3 评估方法

在LEED系统中评分标准主要分为六大方面，其中包括可持续发展建筑场地、节水、能源利用与环境保护、材料与资源、室内环境质量以及创新与设计过程。在整个系统中，这六个方面并不是所占比重完全一样，而是根据美国自身特征，每一项占得不同的比重，如图1.1所示。

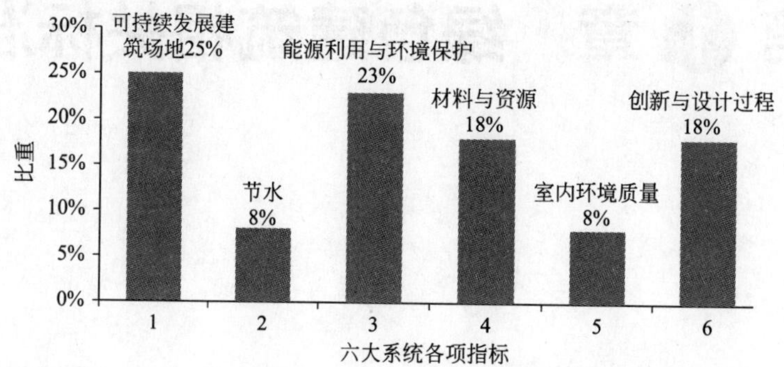

图1.1 LEED评分标准中六大系统各项指标所占比重分布图

LEED的评估点有三类。

（1）评估前提　是任何项目都必须满足的必要条件，如果不能满足任何一个评估前提的要求，则该项目不可能通过LEED认证。

（2）评估要点　或称为得分点，即在上述前5个方面中所描述的各种建议采取的技术措施。项目实施中可以自行决定要采取哪些评估要点所建议的技术措施，但每一个LEED认证级别都会有相应的得分总值要求。

（3）创新分　这些分数主要用于奖励两种情况，一种是候选项目中采取的技术措施所达到的效果显著超过了某些评估要点的要求，具有示范效果；另一种情况是项目中采取的技术措施在LEED评估体系中并没有提及的环保节能领域取得了显著的成效。

这些评估点都是从评估点的目的、评估要求、建议采用的技术措施和需要提交的文档证明来要求。

按照评估要点和创新分的满足情况，LEED的评估结果可以分为以下四个级别：

① 认证级，满足至少40%的评估要点要求；

② 银级，满足至少50%的评估要点要求；

③ 金级，满足至少60%的评估要点要求；

④ 白金级，满足至少80%的评估要点要求。

根据评估的分数，来决定不同的认证级别，该结果也恰当地反映出建筑物性能表现的级别。

1.1.2 英国BREEAM评估体系

1.1.2.1 BREEAM简介

1990年，英国“建筑研究所”（Building Research Establishment，BRE）制定了BREEAM体系（Building Research Establishment Environmental Assessment Method，建筑研究所环境评估法）。BREEAM体系是世界上第一个绿色建筑评估体系。

BREEAM体系通过对绿色建筑提供实践指导，减少建筑对全球和地区环境的影响；使得设计者对环境问题更加重视，引导“对环境更加友好”的建筑需求，刺激环保建筑市场；提高对环境有重大影响的建筑的认识并减少环境负担；改善室内环境，保障居住者的健康。BREEAM体系建立了绿色建筑的衡量标准，它基于对环境问题的科学理解来确定相应的评估指标。该指标的建立基于建筑对全球、局部和室内环境造成的影响，并考虑了管理问题，将这些因素作为制定BREEAM体系的出发点（见表1.1）。

表1.1　英国BREEAM体系环境问题的不同影响

分类	具体内容
全球问题	能源节约和排放控制、臭氧层减少措施、酸雨控制措施、材料再循环/利用
地区问题	节水措施、节能交通、微生物污染预防措施
室内问题	高频照明、室内空气质量管理、氡元素管理
管理问题	环境政策和采购政策、能源管理、环境管理、房屋维修、健康房屋标准

1.1.2.2　BREEAM评估版本

为了推广该体系的影响力，BREEAM体系开发了不同建筑类型相应的版本，共有如下几个版本。

① BREEAM体系办公建筑版本，针对办公建筑（包括新建、已建以及正在使用的建筑）；

② 生态家园，针对单体住宅（包括新建与改建的住宅）；

③ BREEAM体系零售建筑版本，针对零售建筑（包括新建与正在使用的建筑）；

④ BREEAM体系校园建筑版本，针对校园建筑（包括新建与改建的建筑）；

⑤ NEAT疗养建筑版本；

⑥ BREEAM体系工业建筑版本，针对轻工业建筑（新建建筑）；

⑦ BREEAM体系定制版本。

1.1.2.3　BREEAM评估方法

BREEAM体系根据被评估建筑种类确定需要评估的部分来评分。BREEAM体系的评估内容：管理、能源使用、交通、健康与舒适性、水、材料（绿色建材和垃圾管理措施）、土地利用——选择褐地或是被污染用地开发、用地的生态价值和污染情况。

计算被评估建筑在各条款中的得分，及占此条款总分的百分比；乘以该条款的权重系数，即得到被评估建筑在该条款的最终得分；被评估建筑每项条款得分累加得到总分。每一条目下分若干子条目，各对应不同的得分点，满足要求即可得到相应的分数。最后，合计建筑性能方面的得分点，得出总分，合计设计与建造、管理与运行两大项目的总分，根据建筑项目用处时间段的不同，计算分数，得出BREEAM体系等级的总分。BREEAM体系的评估结果包括四个分级：通过、好、很好、优秀。

1.1.3　日本CASBEE评估体系

CASBEE（Comprehensive Assessment System for Building Environmental Efficiency，建筑物综合环境性能评价体系），是日本国土交通省支持下，由企业、政府、学术界联合组成的“日本可持续建筑协会”合作研究的成果。CASBEE针对不同建筑类型、建筑生命周期不同阶段而开发的评价工具已经构成一个较为完整的体系，并且处于不断扩充和生长之中。

CASBEE的创新之处在于根据已有的“生态效率”的概念，提出了建筑环境效率（Building Environmental Efficiency，BEE）的新概念，以此为基础对建筑物环境效率进行评价。CASBEE第一次明确地将“对假想封闭空间外部公共区域的负面环境影响”和“对假想封闭空间内部建筑使用者生活舒适性的改善”相互剥离开来，分别定义为*L*和*Q*，并分别进行评价，其比值“*Q*/*L*”即为建筑环境效率，比值越高，环境性能越好。

为了能够针对不同建筑类型和建筑生命周期不同阶段的特征进行准确的评价，CASBEE评价体系由一系列的评价工具所构成。其中，基本评价工具有：CASBEE-PD（CASBEE for Pre-design），用于新建建筑规划与方案设计；CASBEE-NC（CASBEE for New Construction），用于新建建筑设计阶段；CASBEE-EB（CASBEE for Existing Building），用于现有建筑的绿色标签工具；CASBEE-RN（CASBEE for Renovation），用于改造和运行的绿色运营与改造设计工具。此外，还有六种扩展评价工具，分别是：CASBEE-TC（CASBEE for Temporary Construction），用于临时建筑；CASBEE ×××，地方版本；CASBEE-HI，针对热岛效应的具体评价工具；CASBEE-DR，对于区域尺度的延伸评价工具；CASBEE-DH，对独立式住宅的评价工具；因为利用CASBEE-NC进行评估需要耗时3～7天，因此开发了简化评估版本。建筑全生命周期的评估是CASBEE系统的一大特色，这一系列评估工具具体总结见表1.2。

表1.2　CASBEE的设计工具

项目	主要使用者	方案设计阶段	设计阶段	后设计阶段		
		规划阶段	设计阶段（初步设计、施工图设计）	完成阶段	运行阶段	改造阶段
工具0，方案设计工具	甲方、设计师、建筑师	评估规划阶段研究的相关问题（包括项目选址和规划）	评估方案设计阶段需要考虑的问题			
工具1，新建筑设计工作	甲方、建筑师、结构师、设备工程师		评估设计阶段研究问题 1.能源使用效率 2.资源使用效率 3.本地环境 4.室内环境	评估细部设计阶段研究的相关问题（包括设计的修改，直到整个设计过程结束）		
工具2，既存建筑工具 应用于建造完成投入使用的建筑	甲方、建筑师、结构师（甲方委托建筑师进行自评，然而向相关部门申请评估）			在建造完成初期，利用DfE工具进行评估，得出粗略的BEE值	在投入使用一年或者更长时间之后，对其运行效果进行评估，给出相应的经济标签	
工具3，改造工具 应用于建造完成投入使用的建筑	甲方、建筑师（甲方委托顾问进行评估）				在投入使用十年或者更长时间之后，对其运行效果进行评估，给出相应的经济标签	在建筑投入使用后，评价改造设计

1.1.4　荷兰GreenCalc+评估体系（模型）

荷兰的绿色建筑评价软件GreenCalc+是基于全生命周期分析而开发的，环境的影响因素起了重要的作用。GreenCalc+是荷兰可持续发展基金会协同另外四家荷兰公司一起在荷兰住房、空间发展与环境部的支持下开发的绿色建筑评价标准软件。

GreenCalc+是一个用于绿色建筑的环境负荷评价的软件包，它既可用于分析单体建筑，也可以用于整个小区的分析。使用GreenCalc+可以对单体建筑进行绿色建筑评估、对不同建筑进行对比、对小区进行绿色建筑评估、对不同小区的规划进行对比分析、比较建筑部分或某些产品的环境负荷以及评估开发商的绿色键互助的预期指标等。

GreenCalc+包括四个模块，分别定量计算建筑材料、能源、水和通勤交通的环境费用。其中，建筑材料是通过TWIN 2002评估模型来计算，该模型中忽略了健康影响部分的估算；能源利用造成的环境费用是通过正式的能源评估规范标准来计算，计算的结果直接换算为当量的立方米燃气消耗或者多少度电能消耗；水资源消耗的计算是基于咨询公司OpMaat和BOOM联合编写的荷兰建筑用水规范而实现的；通勤交通的环境因素是根据建筑的所在位置以及其易到达性的模型进行计算的，汽车或者公共交通所需消耗的燃料费用计入了环境费用中。

用户也可以指定一个参考建筑，GreenCalc+计算需分析的建筑的环境因子，然后给出与参考建筑相比的进步或者缺陷。

1.2 中国绿色建筑相关标准

1.2.1 《绿色建筑评价标准》(GB/T 50378—2006)

《绿色建筑评价标准》(以下简称《标准》)由原中华人民共和国建设部和中华人民共和国质量监督检验检疫总局于2006年3月7日联合发布，自2006年6月1日起实施。该标准是我国第一部从住宅和公共建筑全生命周期出发，多目的、多层次地对绿色建筑进行综合性评价的推荐性国家标准。

《标准》适用范围：用于评价已竣工并投入使用的住宅建筑和办公建筑、商场、宾馆等公共建筑。一般在投入使用一年后进行。对住宅建筑，原则上以住区为对象，也可以单栋住宅为对象进行评价。对公共建筑，以单体建筑为对象进行评价。

《标准》编制单位：由中国建筑科学研究院、上海市建筑科学研究院会同中国城市规划设计研究院、清华大学、中国建筑工程总公司、中国建筑材料科学研究院、国家给水排水工程技术中心、深圳市建筑科学研究院、城市建设研究院等单位共同编制。

《标准》编制原则：①借鉴国际先进经验，结合我国国情；②重点突出“四节”(节能、节地、节水、节材)与环保要求；③体现过程控制；④定量和定性相结合；⑤系统性与灵活性相结合。

《标准》内容：包括总则、术语、基本规定(基本要求、绿色建筑评价与等级划分)、住宅建筑、公共建筑五部分。

绿色建筑评价指标体系包括以下六大指标：

① 节地与室外环境；

② 节能与能源利用；

③ 节水与水资源利用；

④ 节材与材料资源利用；

⑤ 室内环境质量；

⑥ 运营管理(住宅建筑)、全生命周期综合性能(公共建筑)。

各大指标中的具体指标又分为控制项、一般项和优选项三类。其中，控制项为评为绿色建筑的必备条款；优选项主要指实现难度较大、指标要求较高的项目。对同一对象，可根据需要和可能分别提出对应于控制项、一般项和优选项的指标要求。上述六大指标分别包含的项数情况见表1.3和表1.4。绿色建筑的必备条件为全部满足《绿色建筑评价标准》第四章住宅建筑或第五章公共建筑中控制项要求。按满足一般项和优选项的程度，绿色建筑划分为三个等级（即1星、2星、3星，其中3星为最高等级）。

表1.3 住宅建筑六大评价指标分别包含的项数情况

评价指标	控制项	一般项	优选项	合计
节地与室外环境	8	8	2	18
节能与能源利用	3	6	2	11
节水与水资源利用	5	6	1	12
节材与材料资源利用	2	7	2	11
室内环境质量	5	6	1	12
运营管理	4	7	1	12
合计	27	40	9	

表1.4 公共建筑六大评价指标分别包含的项数情况

评价指标	控制项	一般项	优选项	合计
节地与室外环境	5	6	3	14
节能与能源利用	5	10	4	19
节水与水资源利用	5	6	1	12
节材与材料资源利用	2	8	2	12
室内环境质量	6	6	3	15
全生命周期综合性能	3	7	1	11
合计	26	43	14	

《标准》的优缺点：优点是简化了评价内容和评价体系，使得标准容易理解和便于操作；不足的是在具体评价指标特别是某些定性指标的评价上欠缺可操作性，且没有采用打分权重体系而是采用满足项数的多少确定等级，缺少了对相对重要评价指标的引导作用。

1.2.2 《绿色建筑评价技术细则（试行）》

为更好地实行《绿色建筑评价标准》，引导绿色建筑健康发展，受原建设部科技司委托，原建设部科技发展促进中心和依柯尔绿色建筑研究中心组织编写了本细则（以下简称《技术细则》），由中华人民共和国原建设部科技司于2007年6月发布实施。

《技术细则》适用范围：用于指导绿色建筑的评价标识、全国绿色建筑创新奖的评审和指导绿色建筑的规划设计、建造及运行管理。

《技术细则》特点：比较系统地总结了国内绿色建筑的实践，还借鉴了美国、日本、英国、德国等国家发展绿色建筑的成功经验。其内容既有符合中国国情的一面，也有与国际绿色建筑发展趋势相适应的一面，具有比较强的适应性的同时又有比较好的先进性。

《技术细则》编制单位：由中国建筑科学研究院、上海市建筑科学研究院、依柯尔绿色建筑研究中心、清华大学、浙江大学、深圳建筑科学研究院、原建设部科技发展促进中心共同编制。

《技术细则》编制总体原则：依照《绿色建筑评价标准》的内容和评价要求加以制订，细则的总体框架和评估内容与《绿色建筑评价标准》保持一致，即从节地、节能、节水、节材、室内环境质量和运营管理六个方面进行综合评价，但对具体评估项进行了分级并设定了分值，采用打分的方式对绿色建筑进行评估。其优点是既不违背《绿色建筑评价标准》的整体框架体系，同时又可以区分同一星级绿色建筑的相对水平，可用于绿色建筑的评价标识以及绿色建筑创新奖的评审工作。

《技术细则》的内容：包含正文和评分表两部分，其中正文主要包含评价内容的具体说明和解释，相关的评估计算公式和评价方法等内容，评分表主要用于对条文的具体评判，包含标准条文评价内容分值设定、得分和达标判定内容。六类指标一般项和优选项的得分汇总成基本分。汇总基本分时，为体现六类指标之间的相对重要性，其权值如表1.5所示。进行绿色建筑创新奖和工程项目评审，应附加对项目的创新点、推广价值、综合效益的评价，分值设定如表1.6所示。

表1.5　住宅建筑及公共建筑各类指标权值

建筑分类 / 指标名称	住宅建筑	公共建筑
	权值	权值
节地与室外环境	0.15	0.10
节能与能源利用	0.25	0.25
节水与水资源利用	0.15	0.15
节材与材料资源利用	0.15	0.15
室内环境质量	0.20	0.20
运营管理	0.10	0.15

注：基本分 = ∑指标得分 × 相应指标的权值 + 优选项得分 × 0.20。

表1.6　总得分汇总表

	评审要点	分值
基本分	见《细则》1.3.3条和1.3.4条	120
创新点	创新内容、难易程度或复杂程度、成套设备与集成程度、标准化水平	10
推广价值	对推动行业技术进步的作用、引导绿色建筑发展的作用	10
综合效益	经济效益、社会效益、环境效益、发展前景及潜在效益	10

注：总得分 = 基本分 + 创新点项得分 + 推广价值项得分 + 综合效益。

1.2.3 《绿色建筑评价标识管理办法（试行）》

为了规范绿色建筑评价标识工作，引导绿色建筑健康发展，原中华人民共和国建设部制定《绿色建筑评价标识管理办法（试行）》（以下简称《管理办法》），并于2007年8月印发。本办法中的绿色建筑评价标识是指对申请进行绿色建筑等级评定的建筑物，依据《绿色建筑评价标准》和《绿色建筑评价技术细则（试行）》，按照本办法确定的程序和要求，确认其等级并进行信息性标识的一种评价活动。标识包括证书和标志。

本办法适用于已竣工并投入使用的住宅建筑和公共建筑评价标识的组织实施与管理。评价标识的申请遵循自愿原则，评价标识工作遵循科学、公开、公平和公正的原则。绿色建筑等级由低至高分为一星级、二星级和三星级三个等级。

《管理办法》包括总则、组织管理、申请条件及程序、监督检查和附则五部分。

1.2.4 《绿色建筑评价标识实施细则（试行）》

为做好绿色建筑评价标识管理工作，推动绿色建筑工作的开展，由原中华人民共和国建设部科技发展促进中心根据《绿色建筑评价标识管理办法（试行）》、《绿色建筑评价标准》和《绿色建筑评价技术细则（试行）》制定本细则，并于2007年10月15日印发实行（详见建科工［2007］118号）。该细则适用于绿色建筑评价标识的组织管理。

《细则》主要包括8部分：总则，申请条件，申报材料，申报程序，评审，公示，公布与颁证，附则。

“绿色建筑设计评价标识”是根据《标准》、《技术细则》和《绿色建筑评价技术细则补充说明（规划设计部分）》，对处于规划设计阶段和施工阶段的住宅建筑和公共建筑，按照《管理办法》对其进行评价标识。标识有效期为2年。

“绿色建筑评价标识”是依据《标准》、《技术细则》和《绿色建筑评价技术细则补充说明（运行使用部分）》，对已竣工并投入使用的住宅建筑和公共建筑，按照《管理办法》对其进行评价标识。标识有效期为3年。

1.2.5 《绿色建筑评价技术细则补充说明（规划设计部分）》

为了更好地把绿色建筑的理念与工程实践结合起来，使《绿色建筑评价技术细则》更加完善，使绿色建筑评价更加严谨、准确，使评价结果更加客观公正，更加具有权威性，原中华人民共和国建设部科技司委托原建设部科技发展促进中心等单位共同编写了《绿色建筑评价技术细则补充说明（规划设计部分）》，对细则中30多条款进行了补充说明，并已于2008年6月24日通知实行（详见建科［2008］113号）。

该补充说明适用于绿色建筑设计评价标识（规划设计阶段）的项目。

1.2.6 《绿色建筑评价技术细则补充说明（运行使用部分）》

为了更好地把绿色建筑的理念与工程实践结合起来，使《绿色建筑评价技术细则》更加完善，使绿色建筑评价更加严谨、准确，使评价结果更加客观公正，更加具有权威性，原中华人民共和国建设部建筑节能与科技司委托原建设部科技发展促进中心等单位共同编写了《绿色建筑评价技术细则补充说明（运行使用部分）》，对细则中40多条款进行了补充说明，并已于2009年9月24日通知实行（详见建科函［2009］235号）。

该补充说明适用于参加绿色建筑评价标识（运行使用阶段）的项目。

1.2.7 《绿色施工导则》

《绿色施工导则》（以下简称《导则》）由原中华人民共和国建设部于2007年9月10日印发实行，用于指导建筑工程的绿色施工，并可供其他建设工程的绿色施工参考。目标是在保证质量、安全等基本要求的前提下，通过科学管理和技术进步，在工程建设中最大限度地节约资源与减少对环境负面影响的施工活动，实现四节一环保（节能、节地、节水、节材和环境保护）。

《导则》主要包括6部分：总则；绿色施工原则；绿色施工总体框架；绿色施工要点；发展绿色施工的新技术、新设备、新材料、新工艺；绿色施工应用示范工程。绿色施工总体框架见图1.2。

绿色建筑相关标准的发布时间及作用见表1.7。

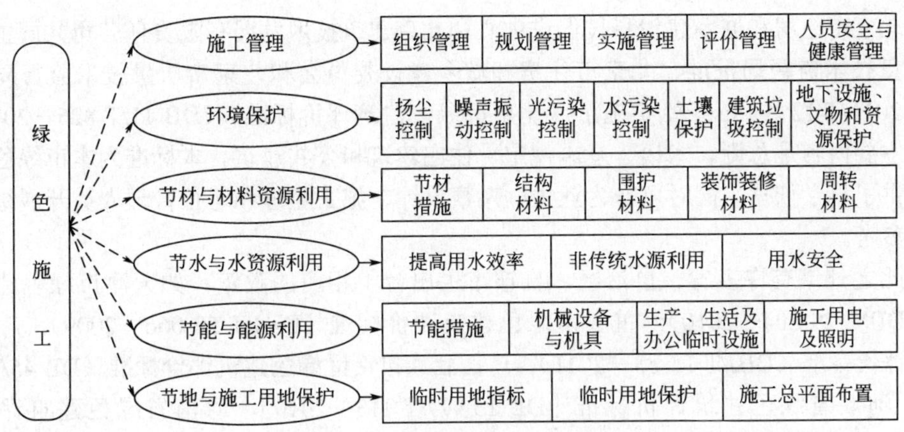

图1.2　绿色施工总体框架

表1.7　绿色建筑相关标准的发布时间及作用

序号	名称	发布时间	作用
1	绿色建筑评价标准	2006年3月	用于评价已竣工并投入使用的住宅建筑和办公建筑、商场、宾馆等公共建筑。一般在投入使用一年后进行
2	绿色建筑评价技术细则（试行）	2007年6月	用于指导绿色建筑的评价标识、全国绿色建筑创新奖的评审和指导绿色建筑的规划设计、建造及运行管理
3	绿色建筑评价标识实施细则（试行）	2007年10月	用于绿色建筑评价标识的组织管理
4	绿色建筑评价技术细则补充说明（规划设计部分）	2008年6月	用于参加绿色建筑设计评价标识（规划设计阶段）的项目
5	绿色建筑评价技术细则补充说明（运行使用部分）	2009年9月	用于参加绿色建筑评价标识（运行使用阶段）的项目
6	绿色施工导则	2007年9月	用于指导建筑工程的绿色施工，并可供其他建设工程的绿色施工参考

1.3　地方绿色建筑相关标准

1.3.1　地方绿色建筑评价标准

目前江苏、湖南、北京等地已经出台了适合于当地的绿色建筑评价标准。

由江苏省建筑科学研究院有限公司主编、原江苏省建设厅批准，于2009年4月1日起实施了《江苏省绿色建筑评价标准》(DBJ 32/TJ 76—2009)，本标准的主要内容包括总则、术语、基本规定、住宅建筑和公共建筑五部分。本标准用于评价江苏省新建和改、扩建住宅建筑和公共建筑（办公建筑、商场建筑和旅馆建筑）。在评价绿色建筑时，应依据因地制宜的原则，结合建筑所在地域的气候、资源、自然环境、经济、文化等特点进行评价，应统筹考虑建筑全寿命周期内节能、节地、节水、节材、保护环境、满足建筑功能之间的辩证关系。

由湖南省建筑设计研究院和中国建筑科学研究院上海分院共同主编、湖南省住房和城乡建设厅批准，于2010年实施了《湖南省绿色建筑评价标准》(DBJ 43/T 004—2010)，本标准的主要技术内容是总则、术语、基本规定、住宅建筑和公共建筑。该标准规定，在绿色建筑的评价与实践过程中，应遵循以下原则：在建筑的全寿命周期内，最大限度地节约资源，实现资源的可持续利用；在节约资源的同时为使用者提供安全、健康、适用的使用空间；保护环境，减少建筑对环境的负荷，与自然和谐共生；满足建筑功能之间的辩证关系。

由北京市住房和城乡建设科技促进中心和北京建筑技术发展有限责任公司共同主编、北京市质量技术监督局批准、北京市住房和城乡建设委员会和北京市质量技术监督局联合发布，于2011年12月1日开始实施了《北京市绿色建筑评价标准》（DB 11/T 825—2011）。本标准的主要内容是总则、术语、基本规定、住宅建筑和公共建筑。本标准为本市绿色建筑的评价提供了科学依据，同时可作为业主、勘察设计、施工监理和运行管理人员开展绿色建筑工作的参考。

除此之外，有许多省、自治区、直辖市也出台了相应的政策，如天津市绿色建筑评价标准（DB/T 29-204—2010），重庆市绿色建筑评价标准（DBJ/T 50-066—2009），广东省绿色建筑评价标准（DBJ/T 15-83—2011），广西壮族自治区绿色建筑评价标准（DB 45/T 567—2009），河北省绿色建筑评价标准［DB 13（J）/T 113—2010］，河南省绿色建筑评价标准（DBJ 41/T 109—2011）等。

这些地方标准有以下共同特点。

① 是以国家《绿色建筑评价标准》（GB/T 50378—2006）为基础，结合当地气候、资源、自然环境、经济、文化等特点。

② 评价指标体系均包括六类指标：节地与室外环境；节能与能源利用；节水与水资源利用；节材与材料资源利用；室内环境质量；运营管理。

③ 绿色建筑必须满足所有控制项的要求，这是最起码的要求。

④ 绿色建筑标识等级确定时，方法有所不同。

绿色建筑标识等级确定方法分两类，一类是按满足一般项数和优选项数的程度（未考虑指标的相对权重）评定项目星级，满足项数的程度越高，星级越高，比如北京、江苏绿色建筑评价标准；另一类是按照总得分（考虑指标的相对权重）评定项目星级，得分越高，星级越高，比如湖南绿色建筑评价标准。

1.3.2 地方绿色建筑评价技术细则

为推进绿色建筑的标识工作，大部分省、自治区、直辖市遵照国家《绿色建筑评价技术细则》、《绿色建筑评价技术细则补充说明（规划设计部分）》、《绿色建筑评价技术细则补充说明（运行使用部分）》。一些省、自治区、直辖市发布了适合于本地方的绿色建筑评价技术细则，比如江苏省、湖南省、重庆市、天津市等。

1.3.3 地方绿色建筑评价标识实施细则

大部分省、自治区、直辖市遵照《国家绿色建筑评价标识实施细则》，少部分省、自治区、直辖市发布了适用于本地的绿色建筑评价标识实施细则，比如上海市、江苏省等。

1.4 其他相关标准

1.4.1 中国香港HK-BEAM评估体系

《香港建筑环境评估标准》（the Hong Kong Building Environmental Assessment Method，HK-BEAM体系）在借鉴英国BREEAM体系主要框架的基础上，由香港理工大学于1996年制定。它是一套主要针对新建和已使用的办公、住宅建筑的评估体系。

HK-BEAM体系的目标是用合理的成本，使用最好的、可行的技术以减少新建建筑对环境的冲击。体系包括15个评估指标，87个标准；涵盖了全球、本地和室内3个环境课题；评分分为4级：优秀（70%或更高），很好（60%～70%），良好（45%～60%），符合要求（30%～45%）。评估对象包括：现有的办公楼建筑、新建办公楼设计和新建住宅。HK-BEAM体系可以在规划、设计及施工的任何阶段对建筑进行评估。

香港HK-BEAM体系与英国BREEAM体系相比，主要参数的单位换为耗电量（kW·h）或是CO_2排放量（kg），而HK-BEAM体系并不提倡新建建筑物的设计要满足所有的需求。HK-BEAM体系也包括三方面的内容：全球环境问题和资源利用、地区问题、室内环境问题。

1.4.2　与绿色建筑节能减排相关的标准及规范

（1）民用建筑热工设计规范（GB 50176—1993）

（2）民用建筑节能设计标准（采暖居住建筑部分）（JGJ 26—1995）

（3）住宅建筑节能设计标准（DG/TJ 08-205—2000）

（4）既有采暖居住建筑节能改造技术规程（JGJ 129—2000）

（5）采暖居住建筑节能检验标准（JGJ 132—2001）

（6）夏热冬冷地区居住建筑节能设计标准（JGJ 134—2001）

（7）太阳热水系统设计、安装及工程验收技术规范（GB/T 18713—2002）

（8）住宅建筑围护结构节能应用技术规程（DG/TJ 08-206—2002）

（9）城市热力网设计规范（CJJ 34—2002）

（10）采暖通风与空气调节设计规范（GB 50019—2003）

（11）建筑照明设计标准（GB 50034—2004）

（12）地面辐射供暖技术规程（JGJ 142—2004）

（13）城市环境（装饰）照明规范（DB 31/T 316—2004）

（14）公共建筑节能设计标准（DGJ 08-107—2004）

（15）黄浦江两岸滨江公共环境建设标准（DB 31/T 317—2004）

（16）住宅建筑节能检测评估标准（DG/TJ 08-801—2004）

（17）公共建筑节能设计标准（GB 50189—2005）

（18）地源热泵系统工程技术规范（GB 50366—2005）

（19）民用建筑太阳能热水系统应用技术规范（GB 50364—2005）

（20）住宅性能评定技术标准（GB/T 50362—2005）

（21）外墙外保温工程技术规程（JGJ 144—2005）

（22）绿色建筑评价标准（GB/T 50378—2006）

（23）民用建筑太阳能应用技术规程（热水系统分册）（DGJ 08-2004A—2006）

（24）外墙外保温专用砂浆技术要求（DB 31/T 366—2006）

（25）大型商场、超市空调制冷的节能要求（SB/T 10427—2007）

除此之外，一些省市也出台了一些地方标准。比如吉林省《公共建筑节能设计标准》（DB 22/436—2007），江苏省《公共建筑节能设计标准》（DGJ 32J96—2010），重庆市《公共建筑节能设计标准》（DBJ 50-052—2006），浙江省《公共建筑节能设计标准》（DB 33/1036—2007）等，绝大部分省市都有自己的公共建筑节能设计标准，这些标准均是以《公共建筑节能设计标准》（GB 50189—2005）为基础，结合当地的气候条件编制的。再比如，山东省《既有采暖居住建筑节能改造技术规程》（DB 37/T 848—2007），北京市《既有采暖居住建筑节能改造技术规程》（DB 11/381—2006）。

第❷章　绿色建筑的规划设计理念

在我国，随着近年来城镇化脚步的不断加快，我国绿色建筑行业迅速发展，在这其中建筑的设计环节最先受到挑战，如何实现合理的、可持续的建筑成为建筑设计行业首先需要解决的难题。相比于绿色建筑的技术、材料等问题，绿色建筑的规划设计理念显得更加重要。中国建筑节能技术合作协会的建筑学硕士Markus Diem先生就曾说过，“中国的绿色建筑与国际标准还有很大差距，主要原因不仅是技术问题，更在于中国还未普及绿色建筑的理念。最重要的不是技术，而是理念问题。”绿色建筑需要有明确的设计理念、具体的技术支撑和可操作的评估体系，在这其中，设计理念的正确定位是实现城市建设可持续发展的基础。

当前，绿色建筑及可持续发展的理念方兴未艾，发展势头一浪高过一浪，谈到绿色建筑的推广，行业专家纷纷表示，大好的发展局面得益于社会的广泛认知、从业人员的努力和各级政府的强势推动，其中，好的设计理念至关重要。所谓设计理念，是指设计师在空间作品构思过程中所确立的主导思想，它赋予作品文化内涵和风格特点。好的设计理念至关重要，它不仅是设计的精髓所在，而且能令作品具有个性化、专业化和与众不同的效果。从建筑的全生命周期角度考虑，好的设计理念应该贯穿于建筑生命周期的各个阶段，尤其是在设计阶段对建筑设计、能源系统等进行优化，对建筑方案本身进行模拟分析，是求得最佳节能设计的最快捷的途径。

2.1　绿色建筑规划设计的相关概念

2.1.1　绿色建筑概念

为了能够更好地进行绿色建筑设计，首先应该明确绿色建筑的基本概念，即“什么是绿色建筑”。根据我国《绿色建筑评价标准》（GB/T 50378—2006），绿色建筑（green building）是指在建筑的全寿命周期内，最大限度地节约资源（节能、节地、节水、节材，即“四节”）、保护环境和减少污染，为人们提供健康、适用和高效的使用空间，与自然和谐共生的建筑。

在我国住房与城乡建设部（以下简称住建部）主持召开的“贯彻节约能源法，推动建筑节能和绿色建筑"新闻记者见面会上，住建部提出了"绿色建筑"的明确定义，从概念上来讲，绿色建筑主要包含了三点，一是节能，这个节能是广义上的，包含了上面所提到的"四节"，主要是强调减少各种资源的浪费；二是保护环境，强调的是减少环境污染，减少二氧化碳排放；三就是满足人们使用上的要求，为人们提供"健康"、"适用"和"高效"的使用空间。只有做到了以上三点，才可称之为绿色建筑。其实"健康"、"适用"和"高效"这三个词就是绿色建筑概念的缩影，"健康"代表以人为本，满足人们使用需求；"适用"则代表节约资源，不奢侈浪费，不做豪华型建筑；"高效"则代表着资源能源的合理利用，同时减少二氧化碳排放和环境污染。

一座真正的绿色建筑可以被看作是一个全方位的立体环保工程。绿色建筑的存在既可以适宜当地地方生态而又不破坏地方生态，与周围环境和谐共生，具有节地、节水、节能、改善生态环境、减少环境污染、延长建筑物寿命等优点。

一般而言，绿色建筑包含三大方面：建筑的节能、提供舒适的人居环境以及建筑的可持续发展。这里既包含了生态建筑的理念，同时又强调了可持续建筑设计。因此我们在进行绿色建筑设计的时候，应当既要考虑当下建筑活动对环境、经济等各方面的影响，同时又要兼顾建筑未来的发展需要，是一个综合设计的结果。

狭义地解释，人们通常所说的绿色建筑，是说在建筑的使用阶段，尽量地节省资源，维护生态降低污染，为群众提供一个非常健康稳定的氛围。此处的绿色并非是我们平时说的绿化和草地等，它是一种代表性的内容，是说建筑对于生态没有干扰，可以切实地发挥出自然的优势，而且在不干扰外在环境的前提下，它是一种节能的建筑。

就建筑的节能来说，较之于过去的建筑，绿色建筑在能耗方面有所减弱。它关注所在区域的环境和天气等，结合所在区域的具体特点而设置，在所在区域之中寻求材料，不存在固定的模式等。它切实地结合自然来发挥效益，布局较为开放，和过去的模式有着很大的差异性，在整个时期都非常关注环保事项。

2.1.2 绿色建筑的本质及其内涵

关于绿色建筑的本质，主要表现在节约环保以及自然和谐两大方面。首先，绿色建筑的理念注重节约环保，即群众在使用建筑体的时候，尽量地节省资源，维护生态，降低污染，把由于人类对建筑体使用而导致的资源浪费减少到最小；此外，绿色建筑的建设强调与周围自然环境的和谐相处，其规定群众在使用建筑体的时候，关心和爱护我们的生态环境，确保人和建筑以及生态有机地共处。此时，才可以确保经济和社会以及生态等有机融合到一起，才可以确保经济高速发展，确保社会发展有序。

根据我国《绿色建筑评价标准》中对绿色建筑的定义可以看出，绿色建筑的内涵主要包含节能、节地、节水、节材、保护环境五大方面，通常人们所说的"四节一环保"即为此意。

（1）节地与室外环境　从绿色住宅建设的角度来看，节地与室外环境首先要保证建筑本身与周围环境的和谐共生，一方面要高效地利用好极为有限的土地资源，另一方面应该为居民创造良好的居住环境。

（2）节水与水资源利用　绿色建筑就是在房屋建设过程中、住宅小区整体规划中建立雨水收集系统、污水处理系统，就是把污水变成中水，把中水用来浇花草、洗车，甚至通过建立循环系统回送到住户家庭来冲洗卫生洁具，减少水资源浪费，提高住户生活质量。

（3）节能与能源利用　绿色住宅充分利用自然阳光照明和采暖，减少由于设计不合理而造成的用电浪费，在降低空调采暖等耗能的同时要保证在建筑中人们生活的舒适度。

（4）节材与材料资源利用　建筑需要耗费大量不同类型的建筑材料，绿色住宅建设需要系统全面地考虑节约材料问题。作为绿色建筑，建筑结构简约无大量装饰性构件造成的浪费，使用符合标准的建筑材料，尽可能多地使用环保型建材。

（5）环境质量问题　由于住宅小区功能相对集聚和对自然环境因素的影响，住宅环境由于居住者生活也会发生污染。绿色建筑应保证居住人群在日照、采光、通风、噪声等各个方面都能达到宜居舒适的标准。

2.1.3 绿色建筑应走出的三大误区

2.1.3.1 绿色并不等于高价和高成本

在楼盘销售以广告轰炸和概念炒作盛行的年代，“绿色建筑”也成了最受房地产商们欢迎的新词，铺天盖地打着“绿色地产”大旗的广告不断冲击着老百姓的感官，以至于让人们误以为绿色建筑就是高档建筑。

关于绿色建筑的成本，我国住房和城乡建设部副部长仇保兴做出了回答：绿色建筑是一个广泛的概念，绿色并不意味着高价和高成本。比如延安窑洞冬暖夏凉，把它改造成中国式的绿色建筑，造价并不高；新疆有一种具有当地特色的建筑，它的墙壁由当地的石膏和透气性好的秸秆组合而成，保温性很高，再加上非常当地化的屋顶，就是一种典型的乡村绿色建筑，其造价只有800元/平方米，可谓价廉物美。

在中国老百姓收入不太高的情况下，大家对房价和房屋成本是非常敏感的。我们引进绿色建筑标准和技术时，就充分考虑了这些问题，规定绿色建筑所采用的技术、产品和设施，成本要低，要对整个房地产的价格影响不大。值得一提的是，一旦应用了这些技术和设备后，投资回报率是很高的，因为住户可以最大限度地减少电费、水费和其他能源费的开支，一般5～8年之内，就可以把成本收回来。比如，德国一家公司援助的一项建筑节能改造项目，政府给每户出3000元钱，住户自己出2000元钱，国外援助2000元，总共一户投资7000元钱，对建筑进行了从外保温到供热、智能、玻璃、门、天花板和水循环系统的全面改造。改造后，住户一年所减少的开支就达到3000元以上，周边的许多老百姓也要求运用这些技术。

同样，并不是现代化的、高科技的就是绿色的，要突破这样的认识误区。把绿色建筑和建筑节能的发展道路定位在高端、贵族化，不会取得成功；事实证明把发展道路确定为中国式、普通老百姓式、适用技术式，绿色建筑才能健康发展。以前的智能化就走过弯路，许多智能建筑，停留在安保、音响控制等方面，线路搞得非常复杂，造价也非常高，甚至耗电量居高不下，这不是智能建筑应有的发展道路。信息时代，智能化应该是多用信息，少用能源。有些地方推行智能开关，用手机就可以控制家里的能源开关，冬天走的时候，就把供热开关关掉，下班之前半个小时，手机一按，就能把供热开关启动，这样回到家里时，屋里已经暖洋洋的。主人在外边工作的时候，家中不供热，能省1/3的能源。再如，许多南方地区，房子里的空调40%是为了应对室外的阳光，安装一个很小的智能测温装置，当太阳光正热时，遮阳帘自动升起来，减少射入室内的阳光，减少空调的能耗。这样的智能建筑才是绿色的，才是符合我们时代要求的建筑。

因为绿色建筑的标识不明确，人人都可以使用，“绿色建筑”也就成为个别房地产开发商提高房价的欺骗性概念。现在应大力推广绿色建筑的标识，通过对建筑的节能、节水、节地、节材和室内环境的具体性能进行实测，给出数据，规定对生态环境的保障。把绿色建筑从一个简单的概念变成定量化的检测标准，对达到标准的给予绿色建筑的标识，这样伪绿色就会现原形，最终会退出房地产市场。

2.1.3.2　绿色建筑不仅局限于新建筑

对于绿色建筑行业的推进，有部分业内专家表示，“我国新建建筑节能工作做得较好，基本遵循了绿色建筑的标准；但把大量既有建筑改造成绿色建筑的工作推进得不是很顺利，许多既有建筑仍是耗能大户。”

据原建设部统计，新建建筑在设计阶段执行强制性节能标准的执行率由2005年的53%提高到了2007年的97%；施工阶段执行强制性节能标准的执行率由2005年的21%提高到了2007年的71%，总共每年可节约700万吨左右标准煤。未来的30年之内，我们还要新建400多亿平方米的建筑，在现行建筑管理体系中，达不到绿色建筑标准就不得开工，所以新建建筑的节能只是执行问题，难度并不是很大。难度在于我国现在既有的400亿平方米建筑的节能改造，如何让既有建筑成为绿色建筑。

比如，北方地区集中供热的建筑面积是63亿平方米，占全国建筑面积总量的10%多一点，却占全国城镇建筑总能耗的40%。供热“大锅饭”中，有人是开着窗户享受暖气，非常浪费。我国单位面积采暖平均能耗折合标准煤为20千克/（米^2·年），为北欧国家等同纬度条件下建筑采暖能耗的1～1.5倍。我们需要在既有建筑中引入“集中供暖、分户计量”的概念，需要改革在我国实行了数十年的“单位包费、福利供热”的供暖体制。

既有建筑现在从楼上到楼下都是一条管道供热，是串联式的，每一户装一只计热表，不可行。现在技术上已经有所突破，引进欧洲的先进技术，在每个散热片上装一个计量表，成本低，非常适合中国的计量改造。这使得供热也像供水、供电一样，是严格计量的，是可以调控的。据估算，在北方地区，如果房间里供热是可以调节的，不用开窗，就可以节约15%的能耗；如果是可计量的，主人出差或者上班时把暖气关掉，回来以后再开，就可以节约30%的能耗。30%的能耗意味着北京市冬季采暖节省每年500万吨煤，就相当于减排1000万吨的二氧化碳气体。这是一个巨大的数字，也是一个艰巨的节能减排目标，需要加大推进城镇供热体制改革。

2.1.3.3　建筑节能不只是政府的职责

推广绿色建筑不只是政府的职责，广大居民也是绿色建筑的最终实践者和受益者。很多建筑本身的节能效果不错，可居民在装修过程中，把墙皮打掉了，或者换了窗户，拆掉天花板，这样就破坏了建筑本身的节能性和环保性。所以，建筑在全生命周期中想要做到尽可能多的节能，就不能只依靠政府部门，这里面更大部分需要有公众的支持，公众参与才是绿色建筑成败与否的关键核心。

现在我国规定，凡是财政投资的项目，都必须达到建筑节能的最低标准，一定要应用建筑节能的标识；廉租房和经济适用房，不管哪个公司或机构建造，都必须是节能的绿色建筑，这需要政府去实施，也需要广大市民关心监督。建筑节能和绿色建筑，不能只停留在专家、政府官员和一些大企业、大城市，应进入寻常百姓家。要让老百姓知道什么是绿色建筑，不是有鲜花绿草、喷泉水池、绿化得好的楼盘就是“绿色建筑”。如果老百姓都能关注到建筑节能和绿色建筑，都注意到房屋的能耗、材料、对室内环境的影响、二氧化碳气体的减排，那么大家的共识就会形成绿色建筑的市场需求。有了市场需求，建筑节能和绿色建筑才能在全社会广泛地推广应用。

2.1.4 绿色建筑设计的特征

节约资源、降低能耗应是绿色建筑的最重要的特征，体现的是人与自然的和谐相处，建筑与环境的和谐共生，通过科学合理的设计，最大限度地利用环境中的太阳能、风能、地热能、生物能等天然能源和可再生能源，降低对自然有污染的传统火力发电电能的利用，防止污染。

作为绿色建筑，还应有环保的特征。根据建筑的全生命周期，绿色建筑从最开始的设计阶段，到施工建造阶段、运营使用阶段以及最后的拆除回收阶段，都应该注重对周围环境的保护，合理利用土地资源，使用无污染的建筑材且尽可能最大限度地使用环保型建材。

绿色建筑应具有居住舒适安全的特征，该特征强调的是以人为本的建筑理念，建筑内部的布局设计应该注重居住人群的安全性，同时要有良好的采光和通风设计。

绿色建筑设计应该遵循以上概念和绿色建筑设计的特征进行合理的设计，充分体现绿色建筑设计的人性化和环保性。

2.2 绿色建筑规划设计的内容和原则

2.2.1 绿色建筑规划设计的内容

首先是建筑节能的设计。设计中的建筑节能包括两个方面，第一是如何做到有效、高效的利用能源，第二是要以何种方式利用能源。能源的节约不仅意味着节省能源，更重要的是要在恰当的时候选择恰当的能源形式。

其次是绿色建筑设计必须要为居住者提供舒适的人居环境。绿色建筑的节能设计必须要在舒适度和资源的合理利用间找到一个平衡点，其最终目的还是为人类的居住生活以及居住环境服务。这其中主要包括创造舒适的区域微环境、良好的室内空气质量、健康怡人的声环境、充足阳光带来的人工照明的减少、无污染的建筑材料以及使用过程中废弃物的无害化处理等。

再次，在绿色建筑的设计过程中要关注建筑的可持续发展。只有在设计阶段就开始考虑到建筑未来的可持续发展，才能更有效延长建筑的全寿命周期，避免资源的重复浪费以及环境的扩大破坏。

最后，作为绿色建筑，应当采用全寿命周期评价法（Life-Cycle Assessment，LCA）对其进行建筑活动的资源消耗评价，研究对象从设计、建造到拆除的每一阶段对环境产生的影响并因加以具体分析，寻求给人类、环境等带来最大综合效益的建筑设计方案及建造方式。

2.2.2 绿色建筑设计的基本原则

2.2.2.1 可持续性原则

作为绿色建筑，其首要原则即是要符合可持续发展的原则，做到人与自然的和谐相处，即不能影响当代人的利益，要能满足居住者的环境需求、物质需求等，同时也要能满足后代对于资源环境的需要。

2.2.2.2 整体性原则

生态系统作为一个整体，具有高度的相互依赖性和统一性。绿色建筑其实也相当于一个小型的生态系统，在设计上也必须要满足整体性原则，绿色建筑的任何细节都应该满足绿色建筑的特征。

2.2.2.3 共生性原则

作为生态建筑的典范，绿色建筑应该具备与人和其他生物之间普遍共生。绿色建筑的出现不能破坏该地区原有的生态环境，同时，长远地考虑，建筑本身还要与周围的环境达到和谐共生、互惠互利的关系。

2.2.2.4 反馈性原则

在进行绿色建筑的设计过程时，应该注重社会对于绿色建筑需求的信息反馈，及时调整设计。绿色建筑的主体是人类，建筑中的居住者才是绿色建筑最终的实践者和享受者，因此，居住者的参与和信息反馈才是重中之重。

2.3 我国绿色建筑规划设计的目标

随着绿色建筑的发展势头越来越迅猛，绿色建筑已经得到了我国各级政府的高度重视，同时对于绿色建筑的规划设计也已经纳入了我国整体发展的规划之中。概括来说，中国绿色建筑发展规划的总体目标为：绿色建筑理念为社会普遍接受，经济激励机制基本形成，技术标准体系得以明确，技术研发能力得到提高，示范带动作用明显，产业规模初步形成，基本实现城乡建设模式的科学转型。

近些年随着社会各界对绿色建筑越来越重视，国家的各级政府部门也纷纷出台了多项政策助推绿色建筑的发展，政策中也都提出了近年我国关于绿色建筑的发展目标。

2.3.1 《“十二五”绿色建筑和绿色生态城区发展规划》提出的目标

到“十二五”期末，绿色发展的理念为社会普遍接受，推动绿色建筑和绿色生态城区发展的经济激励机制基本形成，技术标准体系逐步完善，创新研发能力不断提高，产业规模初步形成，示范带动作用明显，基本实现城乡建设模式的科学转型。新建绿色建筑10亿平方米，建设一批绿色生态城区、绿色农房，引导农村建筑按绿色建筑的原则进行设计和建造。“十二五”时期具体目标如下。

① 实施100个绿色生态城区示范建设。选择100个城市新建区域（规划新区、经济技术开发区、高新技术产业开发区、生态工业示范园区等）按照绿色生态城区标准规划、建设和运行。

② 政府投资的党政机关、学校、医院、博物馆、科技馆、体育馆等建筑，直辖市、计划单列市及省会城市建设的保障性住房，以及单体建筑面积超过2万平方米的机场、车站、宾馆、饭店、商场、写字楼等大型公共建筑，2014年起率先执行绿色建筑标准。

③ 引导商业房地产开发项目执行绿色建筑标准，鼓励房地产开发企业建设绿色住宅小区，2015年起，直辖市及东部沿海省市城镇的新建房地产项目力争50%以上达到绿色建筑标准。

④ 开展既有建筑节能改造。“十二五”期间，完成北方采暖地区既有居住建筑供热计量和节能改造4亿平方米以上，夏热冬冷和夏热冬暖地区既有居住建筑节能改造5000万平方

米，公共建筑节能改造6000万平方米；结合农村危房改造实施农村节能示范住宅40万套。

2.3.2 《"十二五"绿色建筑科技发展专项规划》提出的目标

"十二五"期间，依靠科技进步，推进绿色建筑规模化建设，显著提升我国绿色建筑技术自主创新能力，加速提升绿色建筑规划设计能力、技术整装能力、工程实施能力、运营管理能力，提升产业核心竞争力，改变建筑业发展方式。

① 突破一批绿色建筑关键技术。针对不同建筑类型和资源条件，突破建筑节能、绿色建材、建筑环境、绿色性能改造、绿色施工、关键部品与设备开发等技术，形成围绕绿色建筑规划、设计、建造、运营、改造等阶段，研发拥有自主知识产权的成套适用技术。

② 建立较完备的绿色建筑评价技术和标准体系。研发标准化的绿色建筑评估技术，形成涵盖不同建筑类型的绿色建筑评价标准。

③ 研发一批绿色建筑新产品、新材料、新工艺及新型施工装备。研发新型建材和废弃物再生建材，开发绿色建筑关键设备产品，完成传统施工技术的绿色化改造。

④ 推动绿色建筑规模化应用示范。建设一批具有较大规模、覆盖不同气候区、针对不同建筑类型的绿色建筑示范工程，带动绿色建筑相关产业的健康发展。

⑤ 组建多层级的绿色建筑技术研发平台。形成相对固定、多层级的绿色建筑技术研发中心、绿色建筑技术创新服务平台、绿色建筑产业技术创新战略联盟等，培养一批绿色建筑技术研发和推广应用的人才队伍。

2.3.3 《绿色建筑行动方案》提出的目标

① 新建建筑　城镇新建建筑严格落实强制性节能标准，"十二五"期间，完成新建绿色建筑10亿平方米；到2015年末，20%的城镇新建建筑达到绿色建筑标准要求。

② 既有建筑节能改造　"十二五"期间，完成北方采暖地区既有居住建筑供热计量和节能改造4亿平方米以上，夏热冬冷地区既有居住建筑节能改造5000万平方米，公共建筑和公共机构办公建筑节能改造1.2亿平方米，实施农村危房改造节能示范40万套。到2020年末，基本完成北方采暖地区有改造价值的城镇居住建筑节能改造。

2.4 我国绿色建筑规划设计的重点任务

随着绿色建筑的地位在我国不断提高，在我国各层政府部门出台的政策中也都提到了2013年我国绿色建筑规划设计的重点任务，综合概括来看，主要包括以下十个方面。

2.4.1 切实抓好新建建筑节能工作

2.4.1.1 发展城镇绿色建筑，促进城镇发展

政府投资的国家机关、学校、医院、博物馆、科技馆、体育馆等建筑，直辖市、计划单列市及省会城市的保障性住房，以及单体建筑面积超过2万平方米的机场、车站、宾馆、饭店、商场、写字楼等大型公共建筑，自2014年起全面执行绿色建筑标准。积极引导商业房地产开发项目执行绿色建筑标准，鼓励房地产开发企业建设绿色住宅小区。切实推进绿色工业建筑建设。发展改革、财政、住房与城乡建设等部门要修订工程预算和建设标准，各省级人民政府要制定绿色建筑工程定额和造价标准。严格落实固定资产投资项目节能评估审查制

度，强化对大型公共建筑项目执行绿色建筑标准情况的审查。强化绿色建筑评价标识管理，加强对规划、设计、施工和运行的监管。

关于城镇新建绿色建筑的发展，一是探索绿色建筑全寿命周期的管理模式，注重建立规划、土地、设计、施工、运行和报废等阶段的政策措施，提高标准执行率，确保工程质量和综合效益。二是建立用能监督机制，完善绿色建筑相关标准和绿色建筑评价标识等制度。三是抓好绿色建筑规划建设环节，确保将绿色建筑指标和标准引入总体规划、控制性规划、土地出让等环节中。四是注重运行管理，确保绿色建筑综合效益。五是明确各级政府的责任。中央政府要建立有利于绿色建筑发展的体制机制，完善绿色建筑相关法规、政策、标准和规范，加强对绿色建筑的指导和监督；地方政府要制定有利于本地绿色建筑发展的政策和措施，完善地方政策法规和标准，切实推动本地绿色建筑的发展。六是明确部门责任。住房与城乡建设部门统筹负责绿色建筑的发展，机关事务管理部门负责国家机关系统内绿色建筑的发展。

2.4.1.2　推进农村绿色建筑，助推农村建设

各级住房与城乡建设、农业等部门要加强农村村庄建设整体规划管理，制定村镇绿色生态发展指导意见，编制农村住宅绿色建设和改造推广图集、村镇绿色建筑技术指南，免费提供技术服务。大力推广太阳能热利用、围护结构保温隔热、省柴节煤灶、节能炕等农房节能技术；切实推进生物质能利用，发展大中型沼气，加强运行管理和维护服务。科学引导农房执行建筑节能标准。

关于助推新农村建筑，一是中央政府制定村镇绿色生态发展指导意见和政策措施，建立村镇规划制度体系，出台绿色生态村镇规划编制导则，制定并逐步实施村镇建设规划许可证制度，对小城镇、农村地区发展绿色建筑提出要求。继续实施低碳生态小城镇示范项目。编制村镇绿色建筑技术指南，指导地方完善绿色建筑标准体系。二是省级政府组织各地开展农村地区土地利用、建设布局、垃圾污水、能源结构等基本情况的调查，在此基础上确定地方村镇绿色生态发展重点区域。出台地方鼓励村镇绿色发展的法规和政府令等。组织编制地方农房绿色建设和改造推广图集。研究具有地方特色、符合绿色建筑标准的建筑材料、结构体系和实施方案。三是市（县）级政府具体编制本地的新农村绿色生态发展规划。组织农民在新建和改建农房过程中按照地方绿色建筑标准进行农房建设和改造，集中连片推进，整合土地资源，合理配套道路基础设施和生活服务设施，集约利用资源和能源，保护生态环境。结合建材下乡，组织农民在新建、改建农房过程中使用适用材料和技术。

2.4.2　大力推进既有建筑节能改造

2.4.2.1　结合“十二五”任务，完成既有建筑的节能改造

以围护结构、供热计量、管网热平衡改造为重点，大力推进北方采暖地区既有居住建筑供热计量及节能改造，“十二五”期间完成改造4亿平方米以上，鼓励有条件的地区超额完成任务。

以建筑门窗、外遮阳、自然通风等为重点，在夏热冬冷和夏热冬暖地区进行居住建筑节能改造试点，探索适宜的改造模式和技术路线。“十二五”期间，完成改造5000万平方米以上。

2.4.2.2　创新既有建筑节能改造工作机制，助推既有建筑绿色改造

做好既有建筑节能改造的调查和统计工作，制定具体改造规划。在旧城区综合改造、城

市市容整治、既有建筑抗震加固中，有条件的地区要同步开展节能改造。制定改造方案要充分听取有关各方面的意见，保障社会公众的知情权、参与权和监督权。在条件许可并征得业主同意的前提下，研究采用加层改造、扩容改造等方式进行节能改造。坚持以人为本，切实减少扰民，积极推行工业化和标准化施工。住房与城乡建设部门要严格落实工程建设责任制，严把规划、设计、施工、材料等关口，确保工程安全、质量和效益。节能改造工程完工后，应进行建筑能效测评，对达不到要求的不得通过竣工验收。加强宣传，充分调动居民对节能改造的积极性。

对于既有建筑的绿色改造，一是中央政府制定推进既有绿色改造的实施意见，加强指导和监督，建立既有建筑绿色改造长效工作机制；二是制定既有居住、公共建筑绿色改造标准及相关规范；三是设立专项补贴资金，各地方财政应安排必要的引导资金予以支持，并充分利用市场机制，鼓励采用合同能源管理等建筑节能服务模式，创新资金投入方式，落实改造费用；四是各地建设主管部门负责组织实施既有绿色改造，编制地方既有建筑绿色改造的工作方案，结合旧城更新确定辖区内的既有居住建筑和公共建筑绿色改造的重点区域及项目，进行区域集成化绿色改造试点示范；五是各地建设主管部门将绿色改造实施过程纳入基本建设程序管理，对施工过程进行全过程全方面监管，确保节能改造工程的质量；六是各地建设主管部门在绿色改造中应大力推广应用适合本地区的新型节能技术、材料和产品。

2.4.3 开展城镇供热系统改造

实施北方采暖地区城镇供热系统节能改造，提高热源效率和管网保温性能，优化系统调节能力，改善管网热平衡。撤并低能效、高污染的供热燃煤小锅炉，因地制宜地推广热电联产、高效锅炉、工业废热利用等供热技术。推广“吸收式热泵”和“吸收式换热”技术，提高集中供热管网的输送能力。开展城市老旧供热管网系统改造，减少管网热损失，降低循环水泵电耗。

2.4.4 推进可再生能源建筑规模化应用

积极推动太阳能、浅层地能、生物质能等可再生能源在建筑中的应用。太阳能资源适宜地区应在2015年前出台太阳能光热建筑一体化的强制性推广政策及技术标准，普及太阳能热水利用，积极推进被动式太阳能采暖。研究完善建筑光伏发电上网政策，加快微电网技术研发和工程示范，稳步推进太阳能光伏在建筑上的应用。合理开发浅层地热能。财政部、住房与城乡建设部研究确定可再生能源建筑规模化应用适宜推广地区名单。开展可再生能源建筑应用地区示范，推动可再生能源建筑应用集中连片推广，到2015年末，新增可再生能源建筑应用面积25亿平方米，示范地区建筑可再生能源消费量占建筑能耗总量的比例达到10%以上。

2.4.5 加强公共建筑节能管理

加强公共建筑能耗统计、能源审计和能耗公示工作，推行能耗分项计量和实时监控，推进公共建筑节能、节水监管平台建设。建立完善的公共机构能源审计、能效公示和能耗定额管理制度，加强能耗监测和节能监管体系建设。加强监管平台建设统筹协调，实现监测数据共享，避免重复建设。对新建、改扩建的国家机关办公建筑和大型公共建筑，要进行能源利用效率测评和标识。研究建立公共建筑能源利用状况报告制度，组织开展商场、宾馆、学校、医院等行业的能效水平对标活动。实施大型公共建筑能耗（电耗）限额管理，对超限额用能（用电）的，实行惩罚性价格。公共建筑业主和所有权人要切实加强用能管理，严格执行公共建筑空调温度控制标准。研究开展公共建筑节能量交易试点。

2.4.6　加快绿色建筑相关技术研发推广

科技部门要研究设立绿色建筑科技发展专项，加快绿色建筑共性和关键技术研发，重点攻克既有建筑节能改造、可再生能源建筑应用、节水与水资源综合利用、绿色建材、废弃物资源化、环境质量控制、提高建筑物耐久性等方面的技术，加强绿色建筑技术标准规范研究，开展绿色建筑技术的集成示范。依托高等院校、科研机构等，加快绿色建筑工程技术中心建设。发展与改革、住房与城乡建设部门要编制绿色建筑重点技术推广目录，因地制宜推广自然采光、自然通风、遮阳、高效空调、热泵、雨水收集、规模化中水利用、隔声等成熟技术，加快普及高效节能照明产品、风机、水泵、热水器、办公设备、家用电器及节水器具等。

2.4.7　大力发展绿色建材

因地制宜、就地取材，结合当地气候特点和资源禀赋，大力发展安全耐久、节能环保、施工便利的绿色建材。加快发展防火隔热性能好的建筑保温体系和材料，积极发展烧结空心制品、加气混凝土制品、多功能复合一体化墙体材料、一体化屋面、低辐射镀膜玻璃、断桥隔热门窗、遮阳系统等建材。引导高性能混凝土、高强钢的发展利用，到2015年末，标准抗压强度60兆帕以上混凝土用量达到总用量的10%，屈服强度400兆帕以上热轧带肋钢筋用量达到总用量的45%。大力发展预拌混凝土、预拌砂浆。深入推进墙体材料革新，城市城区限制使用黏土制品，县城禁止使用实心黏土砖。发展与改革、住房与城乡建设、工业和信息化、质检部门要研究建立绿色建材认证制度，编制绿色建材产品目录，引导规范市场消费。质检、住房与城乡建设、工业和信息化部门要加强建材生产、流通和使用环节的质量监管和稽查，杜绝性能不达标的建材进入市场。积极支持绿色建材产业发展，组织开展绿色建材产业化示范。

2.4.8　推动建筑工业化

住房与城乡建设等部门要加快建立促进建筑工业化的设计、施工、部品生产等环节的标准体系，推动结构件、部品、部件的标准化，丰富标准件的种类，提高通用性和可置换性。推广适合工业化生产的预制装配式混凝土、钢结构等建筑体系，加快发展建设工程的预制和装配技术，提高建筑工业化技术集成水平。支持集设计、生产、施工于一体的工业化基地建设，开展工业化建筑示范试点。积极推行住宅全装修，鼓励新建住宅一次装修到位或菜单式装修，促进个性化装修和产业化装修相统一。

2.4.9　助推绿色建筑产业

提高自主创新能力，推动绿色技术产业化，加快产业基地建设，培育相关设备和产品产业，建立配套服务体系，促进住宅产业化发展。一是加强绿色建筑技术的研发、试验、集成、应用，提高自主创新能力和技术集成能力，建设一批重点实验室、工程技术创新中心，保留墙改基金5年，重点支持绿色建筑新材料、新技术的发展；二是推动绿色建筑产业化，以产业基地为载体，推广技术含量高、规模效益好的绿色建材，并培育绿色建筑相关的工程机械、电子装备等产业；三是建立与绿色建筑产业相配套的产业服务体系，培育绿色建筑咨询、规划、设计、建设、评估、测评等企业和机构，形成绿色建筑服务产业；四是大力推进住宅产业化，积极推广适合工业化生产的新型绿色建设体系，加快形成预制装配式混凝土、钢结构等工业化建筑体系，尽快完成住宅建筑与部品模数协调标准的编制，促进工业化和标准化体系的形成，实现住宅部品通用化，对绿色建筑的住宅项目，进行住宅性能评定；五是促进可再生能源建筑的一体化应用，鼓励有条件的地区对适合本地区资源条件及建筑利用条件的可再生能源技术进行强制推广，提高可再生能源建筑应用示范城市的绿色建筑的建设比例，积极培育国内市场，扶持产业链均衡发展；六是促进建筑垃圾综合利用，加快建筑垃圾的分选水平、处理能力、再生集料的品质和质量的稳定性，加快再生混凝土及制品的产品开发，建立并逐步完善建筑垃圾综合利用的标准体系，积极开展建筑垃圾综合利用的工程示范。

2.4.10　严格建筑拆除管理程序，推进建筑废弃物资源化利用

加强城市规划管理，维护规划的严肃性和稳定性。城市人民政府以及建筑的所有者和使用者要加强建筑维护管理，对符合城市规划和工程建设标准、在正常使用寿命内的建筑，除基本的公共利益需要外，不得随意拆除。拆除大型公共建筑的，要按有关程序提前向社会公示征求意见，接受社会监督。住房与城乡建设部门要研究完善建筑拆除的相关管理制度，探索实行建筑报废拆除审核制度。对违规拆除行为，要依法依规追究有关单位和人员的责任。

落实建筑废弃物处理责任制，按照“谁产生、谁负责”的原则进行建筑废弃物的收集、运输和处理。住房与城乡建设、发展与改革、财政、工业和信息化部门要制订实施方案，推行建筑废弃物集中处理和分级利用，加快建筑废弃物资源化利用技术、装备研发推广，编制建筑废弃物综合利用技术标准，开展建筑废弃物资源化利用示范，研究建立建筑废弃物再生产品标识制度。地方各级人民政府对本行政区域内的废弃物资源化利用负总责，地级以上城市要因地制宜设立专门的建筑废弃物集中处理基地。

2.5　绿色建筑规划设计的思想理念

2.5.1　绿色建筑设计理念产生的历史背景

2.5.1.1　绿色建筑理念的起源

20世纪60年代以来，工业化国家不断发生污染与破坏环境的事件，人们越来越感到生活在一个遭污染的环境中，因此提出了“人类只有一个地球”保护地球环境的口号。在住房方面，人们逐渐开始关注生态建筑，于是一场关注人类生态环境的绿色运动便逐渐形成与发展起来。

2.5.1.2　绿色建筑理念的发展

不断上涨的油价、建筑材料的过度使用，生活中采暖、空调等方面的大量耗能，都对环境造成了严重的影响，迫在眉睫的能源危机迫使人们越来越关注如何利用自然资源以及寻找替代性能源，在此机遇下，绿色建筑也得到了全面的发展。

2.5.1.3　绿色建筑理念深入人心

人们逐渐认识到环境问题和能源问题是关系到人类自身生存和可持续发展的两大核心问

题，随着可持续发展的理念逐渐深入人心，人类开始更加关注绿色建筑的发展，因此绿色建筑势在必行。

2.5.2　国外绿色建筑设计理念的发展及其现状

2.5.2.1　国外绿色建筑理念发展

20世纪60年代，美国建筑师保罗•索勒瑞把生态学和建筑学两词合并，提出了“生态建筑”（即绿色建筑）的新理念。

20世纪70年代，石油危机的爆发，使人们清醒地意识到，以牺牲生态环境为代价的高速文明发展史是难以为继的。耗用自然资源最多的建筑产业必须改变发展模式，走可持续发展之路。太阳能、地热、风能、节能围护结构等各种建筑节能技术应运而生，节能建筑成为建筑发展的先导。

1997年巴西的里约热内卢“联合国环境与发展大会”的召开，使“可持续发展”这一重要思想在世界范围达成共识。绿色建筑渐成体系，并在不少国家实践推广，成为世界建筑发展的方向。

2001年国际可持续能源解决方案奖金在能效和可再生资源方面进行了资助，该奖金当年吸引了来自75个国家的共1000多个项目的竞争，最终给予奥地利的林茨市10万欧元的资助。

2001年7月，联合国环境规划署的国际环境技术中心和建筑研究与创新国际委员会签署了合作框架书，两者将针对提高环境信息的预测能力展开大范围的合作，这与发展中国家的可持续建筑的发展和实施有着紧密关联。

30多年来，绿色建筑的由理念到实践，在发达国家逐步完善，形成了较成体系的设计方法、评估方法，各种新技术、新材料层出不穷。在世界上的一些国家，绿色建筑的发展已初见成效，并向着深层次应用发展。

2.5.2.2　各国绿色建筑的现状

在全世界范围内，绿色建筑已经渐成为潮流，绿色建筑也已经成为通行的理念。众多国家之中，德国的绿色建筑一直走在世界的前列。据德中建筑节能技术合作协会的建筑学硕士Markus Diem先生介绍，绿色建筑的设计要点在于，要使其前期设计中的整体规划合乎绿色标准。德国在绿色节能建筑方面秉承的理念为资源保护、可持续性和气候保护。

在德国，拥有公共绿地和具有环境友好性的建筑被大力发展，据统计，目前德国是欧洲太阳能利用率最高的国家之一。此外，在基础设施方面，德国非常注重种屋面屋顶绿化、透水路面铺装、各种排水设施、露天花园等低污染、低环境影响性的基础设施的利用。按照减少浪费、降低成本、创造健康社会的指导思想制定政策，正是德国在绿色建筑发展的关键。

自20个世纪80年代起，随着绿色建筑的在德国的迅速发展，德国房地产界为解决人均建筑面积不断增加而引发的需求问题，实现真正的建筑节能，更加趋向于关注暖通空调系统的设计；90年代开始，德国地产界则开始关注建筑整体设计，将建筑相关的各个元素，包括外部环境、建筑构造、技术装备等协同考虑，并将高品位的建筑创作和综合新技术融为一体；现在，德国房地产界已经将重点放在建筑的整体能源平衡上，不断开发可以调整建筑能源结构、降低建筑能耗的新技术，并在政府的支持下将这些新技术应用到办公和家居建筑中去。

除德国以外，英国在绿色建筑方面也做出了杰出的成绩。首先在政策方面，英国政府制定了一系列政策和制度来促进高能效在新建建筑和既有建筑的改造方面中的应用。在英国有很多来自于政府和其他组织的机制，这些机制和组织为推进新建建筑和既有建筑在能效和温室气体排放方面的不断进步做出了巨大贡献。此外，在技术方面，英国也取得了一定的创新，在很多可持续建筑领域都取得了显著的成果，例如太阳能光电系统、日光照明技术、低碳排量建筑、计算机模拟与设计、玻璃技术、地源热泵制冷、自然通风、燃料电池、热电联产等。在对绿色建筑的评估方面，美国做得较为突出，目前美国联邦政府已经颁布了很多绿色建筑政策，并已取得了显著成效。政府鼓励更多的人在进行新建筑设计以及建筑改造中结合能源之星（Energy Star）或LEED的方法开展工作。据统计，现在已有9个部门在其新项目中使用了LEED或者是其他类似的方法。目前，美国正在考虑成立一个更加权威的绿色建筑联合组织来引导绿色建筑的发展。这个组织要对绿色建筑的发展提供战略性指导，对绿色建筑相关的发展和实施政策进行识别，包括对行政法规的使用性进行识别。

除了以上大国之外，在欧洲的一些国家也都提出了推进绿色建筑的相关政策措施。在奥地利，目前有约24%的能源是由可再生能源提供。这在国际上都是发展较好的。在很多示范项目中，都大量应用了降低资源消耗和减少投资成本的技术；澳大利亚针对商业办公楼的绿色建筑评估工具近年来也发展很快，其绿色建筑委员会的评估系统——绿色之星（Green Star），已被誉为新一代的国际绿色建筑评估工具，充分利用太阳能、风能、水力作为能源生产的基础，其最大的太阳能应用项目就是将生物沼气和太阳能结合提供能量；为了保证环境和建筑的可持续发展，瑞典议会制定了14项用以描述环境、自然和文化资源可持续发展的目标；加拿大近年来在推进设备能效标准和建筑能源法示范方面做了很多工作，设备能效标准经过几年的努力已非常有效，其通过能效指导标签给出设备在一般情况下使用的能效情况。经济激励政策对于促进发展也是很有效的，目前已有300多个项目受到了相关奖励。

2.5.3 彰显绿色设计理念的世界十大绿色建筑

美国建筑师协会（American Institute of Architects，AIA）是美国一家专业的建筑师协会，协会总部位于美国首都华盛顿。美国建筑师协会提供教育、政府倡导、社区重建、公共扩展到支持建筑行业、提高其公众形象等内容。AIA还与其他成员的设计和施工队伍合作协调建筑行业发展。

据《科学美国人》报道，美国建筑师协会（AIA）旗下环境委员会日前评选出“世界十大绿色建筑”，获奖建筑因其关注公共健康，并将环境可持续性发展的理论与建筑设计相结合而受到好评。作为世界著名的十大绿色建筑，除了其设计本身值得后人学习之外，建筑所彰显出的设计理念更应该被后人反复斟酌。

这些建筑设计的宗旨都是要用来提高公众的健康。建筑位置距离周边的公共交通网络不远，从而鼓励人们选择步行、自行车或是骑马出行。设计师还充分考虑了如何最大限度地利用自然光源，及保证建筑内部的自然通风。在材料选择上，都使用环保建材，不会释放有害气体或可吸入颗粒物，从而保障建筑内部的良好空气质量。

随着生活水平不断提高，以及科学技术日新月异，人们对建筑的功能要求已不同往日。优秀的建筑设计不再是靠与周围环境不同的独特气质来脱颖而出，而是需要考虑如何更好地的融合入建筑所处的环境中，达到建筑与环境的和谐共生的最终目的。被评选出的十座优秀建筑，对其所处的环境做出了很大贡献，建筑与环境的融合使得人们更乐于选择居住其中。它们都将保护自然环境作为了建筑设计的要素。

2.5.3.1　诺里斯住宅

诺里斯住宅（见图2.1）是原诺里斯项目，即新政时期的社区发展计划推行七十五周年的标志性纪念项目。在保持原有设计理念的基础上，田纳西大学建筑与设计系的设计师们将一系列紧凑的房子延伸至中央公共区域的人行道和公路。他们补充道，该项目的重点在于其环境可持续性设计，开发商在这些路径种植原生草和四季常青的草地用以吸收相邻物业流径的雨水，并为野生动物提供食物和栖息地。该项目的屋顶采用了他们自己创新的环保设计：屋顶的雨水被收集，经过紫外灯和活性炭过滤处理之后，可用于冲洗厕所和洗涤衣服，而排放的灰色水则渗透到地下。在住宅内部，开发商采用具有挥发性有机化合物（VOCs）的涂料，保护室内空气质量和居民的健康。

图2.1　诺里斯住宅

2.5.3.2　基林公寓

以科学家Charles D. Keeling的名字命名的基林公寓（Charles D. Keeling公寓）（见图2.2）位于美国加州大学圣地亚哥校区西南角，可俯瞰该地区的海岸峭壁。利用其沿海的地理位置，建筑设计采用了自然加热和冷却方式，所以可以不使用空调。建筑以及建筑的窗户的设计使得建筑可以通过海风调节室内温度，所设计的一个室内庭院可以最大限度地吸收日光照射，提高朝阳的房间的温度。

图2.2　基林公寓

2.5.3.3 钟影大厦

Clock Shadow大厦（见图2.3）位于美国密尔沃基，是一座体现社会公平和具有环境可持续性发展的建筑：建筑采用废弃的材料建造，采用了自然的加热和冷却方式，一个非营利团体为大厦租户以及周边社区提供卫生医疗服务。例如位于大厦顶层的Walker's Point诊所则为那些没有医疗保险的病人提供免费的基础医疗。密尔沃基属于中大陆气候，温度和湿度变化较大；因此，采用地下水源热泵的供暖和制冷系统。然而，设计师通过环境可持续性设计努力减少了大厦对该系统的依赖，在每年的4月和10月间，温度变化较大，在气温较低的月份，朝南的房间使用阳光屏以获取更多的太阳能，在气温较高的月份，良好的通风将室外凉爽的空气引入，可以降低大厦内部的温度。

图2.3 钟影大厦

2.5.3.4 联邦中心

受2009年《美国复苏与再投资法案》（ARRA）的资助，在一块五英亩的棕色地块上将联邦中心南楼改建成为华盛顿州西雅图西北区美国陆军工程兵部队（USACE）总部（见图2.4），新的总部位列全美节能办公建筑前1%强并可能将以100分的好成绩获得最完美的“能源之星”标志。该地块使用了可再生材料、可再生地板、可再生木材，是全美第一个使用复合地板系统的建筑。建筑排放的废水经过过滤之后汇集到池塘和雨水花园。其雨水再利用系统收集的雨水经处理之后可重新用于厕所冲洗、屋顶灌溉，同时还可以为屋顶降温，该系统可以减少近80%饮用水的使用并削减14%灌溉水需求。

图2.4 联邦中心

2.5.3.5　玛琳乡村学校

玛琳乡村学校（见图2.5），位置环山，与旧金山湾分水岭相连。学校的设计主要是为了减少径流，恢复相邻溪流和收集屋顶雨水以循环再利用。学校的景观设计考虑了环境可持续发展的设计理念，采用本地耐旱植物，以此减少灌溉。因为建筑的功用性明确，所以设计师在设计时将为儿童提供自然光源和良好通风作为设计首要条件：学校周边开阔的空间创造了良好的空气流通效果；太阳能管天窗通风井将自然光源引入每间教室。学校地处加利福尼亚州，该州的建筑法律对发展可持续性的绿色建筑有着积极的推动作用。2004年，该州开展绿色建筑倡议，计划到2015年将全州建筑能耗总量减少20%。2010年，该州制定了一套绿色建筑标准，是全美第一个全州水使用、污染和废物处理的管理制度。

图2.5　玛琳乡村学校

2.5.3.6　梅里特高级公寓

梅里特高级公寓（见图2.6）位于奥克兰唐人街的边缘，这个经济实惠的高级住宅发展项目是近Lake Merritt BART 区域中转站地产发展项目中的第一个项目，该建筑所处的良好位置确保入住的居民可以方便地搭乘公共交通。另外，景观设计专门选用了当地原生植被，并优先考虑适合当地鸟类种群的植物，为居民提供观赏鸟类和聆听鸟鸣的生活享受。由于大部分梅里特的居民都是低收入者，建筑的能源系统采用了能降低能源消耗的设计，其结果是减少了居民支付的能源费用。建筑靠近城市的主要高速公路，建筑师设计了一个在每个房间增加吊扇的低容量通风循环系统。建筑所需热量的70%都由屋顶太阳能热水器提供。另外，屋顶上安装的光伏发电板可为建筑公共区域提供照明。

图2.6　梅里特高级公寓

2.5.3.7 福古斯大厦

福古斯大厦（见图2.7），是一个重建项目，位于德克萨斯州圣安东尼，占地超过26英亩。该项目将一座废弃的珍珠啤酒厂改建成一个多用途地产，其中既有住宅建筑也有商业建筑。新建筑采用屋顶光伏阵列供电系统，可满足建筑整体25%以上的用电量。雨水采集和回收系统可减少74%的饮用水消耗。主要利用吊扇来调节建筑内部温度。原有珍珠啤酒厂64%的地块都被重新利用。设计团队将啤酒厂部分进行翻修，如啤酒大桶和机械基础，将其改造为新建筑的功能组件，如雨水蓄水池。为了最大程度提高楼宇自然通风和引入自然光源，还设计了通风廊和导向灯光监控网。

图2.7 福古斯大厦

2.5.3.8 旧金山市公用事业委员会大楼

旧金山市公用事业委员会大楼（见图2.8）的设计焦点集中于建筑内部的灯光。该建筑的照明设计采用性能突出的高能效灯具，可为每一个空间提供高水准照明。光伏发电和风能为建筑提供高达70%的电能需求。预计可以在75年的使用年限中节约高达1.18亿美元的能源成本。整个建筑均采用低挥发性材料来保护用户健康，并确保室内空气质量。所有非饮用水都由水处理系统提供。

图2.8 旧金山市公用事业委员会大楼

2.5.3.9 斯文森工程大厦

斯文森工程大厦（见图2.9），位于明尼苏达州德卢斯大学校园北部，是一栋两层高的综合性大楼。该建筑结合了教师办公室、学生工作区、教室及结构和液压实验室为一体。因为该地区的排水系统与受保护的鳟鱼流域相连，所以设计团队采用透水性地砖铺装，并设计有雨水花园和一个地下雨水储存系统，用来收集与处理90%的降水。此外，几乎1/4的建筑屋顶表面都被植物所覆盖。

图2.9 斯文森工程大厦

2.5.3.10 阴阳楼

阴阳楼（见图2.10），位于加利福尼亚州威尼斯，是一个集家庭和办公空间于一体的住宅项目。该建筑为改建项目，保留了原有建于1963年的近1200平方米住宅部分，改建中增加了屋顶绿化、一个独立的雨水循环系统，景观设计选取了耐旱本土植物。为了改善室内空气质量，减少污染，阴阳楼设计团队采用了无甲醛的柜子、低挥发性有机化合物涂料、天然石材和低汞荧光灯具。业主为一个有孩子的家庭，设计中采用了12千瓦的太阳能电池阵列为住宅提供100%的电力需求。太阳能通风烟囱，可调节的窗户和天窗排除机械冷却的耗能；可调节的窗户经过设计师的精心规划设计，可以促进室内热空气上升，并流通至每个房间。

图2.10 阴阳楼

2.5.4 中国传统建筑设计中的绿色理念

在我国古代的建筑学发展中，虽未有人直接提出过“绿色建筑”这一名词性概念，但只要对我国的建筑理念稍加分析就可以看出，我国的建筑设计理念中一直存在着绿色理念。我国的古代建筑讲究天人合一，追求的是建筑和自然的高度协调统一，即我们现在所提出的建筑环境和谐共生。中国的古建筑，在特别主张天人合一的同时，还强应用环境，而不是破坏环境。

2.5.4.1 因地制宜，尊重环境

中国幅员辽阔，在各种自然条件不同的地区内，古代劳动人民因地制宜，因材致用，创造了各种不同风格的建筑。北方的建筑为了抵御严寒，朝向采取南向，以便冬季接受更多的阳光，并使用火炕，外墙与屋顶也较厚，建筑外观厚重庄严。在温暖潮湿的南方，建筑多南向或东南向，以利于自然通风；或底层架空起来，形成干阑式构造，避免潮湿；建筑材料除木、砖、石外，还利用竹与芦苇；并且墙壁薄，窗户多，建筑外观轻巧，与北方建筑形成鲜明对比。

从南北方不同的建筑类型就不难看出，祖先们讲究尊重自然本身，顺自然之势建造房屋，而非只考虑人为因素。祖先们注意到人与自然应该和谐共生，不以突出自身建筑风格、脱离周围环境来博取眼球。虽未有绿色建筑理念的文字流传下来，但在实际建造之时却已处处彰显着“绿色”的思想。

另外，中国地形多样，有平原、河谷、高原、山地、丘陵、沙漠，传统建筑往往顺应山形地势进行建设，减少土方，节约人力，节省造价，同时保持了生态和水土。

2.5.4.2 庭院天井，天人合一

中国的传统建筑和绿色理念很有关系，这主要表现在对自然的渴望与尊重上。我国众多建筑中，最主要、最基础的即为民居建筑，我国地大物博，根据地理位置的不同，民居建筑的变化很多。北京四合院，苏州、扬州的厅堂式、花园式，安徽“四水归堂”，四个房子，云南贵州“四合五天井”，福建“土楼”，广东“碉楼”，还有少数民族的吊脚楼、筒子楼（见图2.11）……形式各样，但很重要的特点是都有天井，天井充分体现了中国人在建筑理念上的智慧。

北京四合院

安徽“四水归堂”

云南贵州“四合五天井”

福建“土楼”

图2.11 带有天井的中国传统建筑

中国自古就有围城文化，为了保证居住者的隐私，房子通常是被围起来的，但同时人们又有着对自然的向往，不能离开天，不能离开地，阳光要能照进来，雨要能下来。这里反映出的需求，实际上与人和自然的需求密切相关。为了满足人类的种种需求，智慧的祖先就建造出了“天井”。此外，土楼围在一起，几十户人家住在一起，中间有共同活动的公共空间，这个天井是“大天井”。四合院到了上海就变成了里弄，虽然这个里弄是在外国租界盖给中国人住的，但中国就要有中国的形式，所以它房间的布局也是前楼，后楼，然后中间有天井，中间是客厅，这种形式反映了人们一种天人合一的理念。

在很多的传统住宅中，天井有着很重要的通风、采光的功能。我们现在都是空调暖气，过去的房子全靠自然通风来解决问题。扬州、苏州都有这种老房子，前面是一个大天井，后面是大厅，大厅后面有两个像螃蟹眼睛一样的设计，是用来通风的。风过来是穿堂风，所以天井中间的过堂是最绝妙的地方。没风的时候，由于这个构造，风自然就流通了，这都是中国传统建筑中，充分利用自然条件来创造出良好居住环境的例子。

2.5.4.3　就地取材，施工便利

在我国古代建筑分类中，除了居民住宅之外，还有一类建筑便是辉煌的宫殿庙宇等大型建筑。但无论是北方还是南方，无论是皇帝的宫殿还是大型的庙宇，建筑内容和结构的形式布置都差不多。

木材是传统建筑最重要的建筑材料，木构建筑虽然存在防火、防腐的缺陷，但在古代中国人部分地区，木材比砖石更容易就地取材，可迅速而经济地解决材料供应问题，同时古代建筑数量相对较少而木材来源相对较多，因此，木结构被广泛应用，除了房屋，还用于各种桥梁。同时，木材供应在有计划的种、伐制度下得到保障，做到了木材来源的可持续性。

2.5.4.4　框架承重，围护灵活

抬梁式木构建筑与现代框架结构类似，可形成柱网，柱网的外围，在柱子之间砌墙、装门窗，由于墙不承重，就使建筑物具有了灵活性，既可做成各种门窗大小不同的房屋，也可做成四面通风、有顶无墙的凉亭，还可做成密封的仓库。在建筑内部各柱之间，则用隔扇、板壁等做成隔断，可随需要装配拆除。穿斗式木建筑的柱网布置不及抬梁式灵活，但在承重和围护结构的分工方面如出一辙。

2.5.4.5　木材妙用，抗震减灾

中国古代建筑多应用木材，除了就地取材节约能源的优势之外，木材的应用再加上灵活的承重结构框架，就构成了我国古代建筑中另一个重要的绿色特点——能防震。

图2.12　独乐寺全景

图2.13　独乐寺观音阁

据传位于天津市蓟县城内的独乐寺观音阁（图2.12、图2.13），在历史上层经过八次大地震岿然不动，经过近一千年来的压缩，底层部分所有的斗拱都已经压扁了，但整个形式没有变，只有中国的木构体系才能承受这种情况。历史上记载，嘉庆十八年，发生了关西大地震，一直影响到北京，那时候没有讲级别，估计也有七级以上。整个太和殿都晃动了，上面有一块碑掉下来，但整个殿没受到损害，雍和宫柱子移位，但整个房子没有塌。所以说中国这种木构体系的建筑对我们有重要的影响，非但形成了华丽的建筑物，同时解决了人民居住的安全问题，更重要的是它能抵御外来的地震冲击。中国是一个多地震的国家，这种木构体系呵护了中国几千年。

2.5.4.6 装饰节制，反对铺张

中国的传统文化里一直有崇俭反奢的思想，《管子》曰："不饰宫室则材木不可胜用"。这是反对铺张、节省民力的言论。唐代以后，政府对各级官员住宅的规模和式样加以严格限制，这从客观上起到了反对浪费的作用。

建筑装饰的节制，这种绿色的理念至今仍然适用，减少装修，即为减少的材料的浪费，减少能源的使用，在不影响住户舒适度以及建筑美观的同时，继续发扬这种绿色理念是十分有必要的。

2.5.5 现代绿色建筑设计理念要素

2.5.5.1 以人为本，注重健康

无论是否为绿色建筑，其主体都是使用建筑的人，任何建筑都是为人服务的。对于绿色建筑亦是如此，居住者才是绿色建筑的最终使用者和实践者。因此，绿色建筑最基本的理念即是以人为本，和谐宜居。在追求高效节约的同时，不能以降低生活质量、牺牲人的健康和舒适性为代价。

在绿色建筑的运营过程中，保证人类健康是最为关键的事项，要确保屋内的大气质量对人的干扰最小。在建筑的设计阶段，必须使用无毒物质，比如吊顶要用没有毒的物质，建材要使用没有甲醛的，使用陶瓷等装修物质。在选取建筑体系和设备体系的时候要尽量减少木制品、地毯、涂料、密封膏、织物等潜在的对健康不利的污染物，合理组织自然通风，设置进风口和必需的出风口，引风入室。提升室内的空气质量，比如气温和湿度等，确保人的舒适感。提升水的质量，如果可以的话最好是使用直接的饮水。使用自然的光线，不但可以满足群众的生活质量，同时还符合审美的规定，还能够节省能源。经由完善细节，完善建设措施，使用吸声物质等来提升建筑的隔声作用。

2.5.5.2 因地制宜，与自然环境和谐共生

建筑是地域环境的产物，充分利用当地气候环境，因地制宜，不仅可以体现建筑的地域文化，还可以节省能源，这已成为当今建筑设计的大趋势。绿色建筑不再是依靠与周围的环境格格不入的特殊建筑风格来吸引眼球，而是应该充分根据当地的气候、地域条件等特点，最大限度地利用自然采光、自然通风、集热和制冷，减少能源消耗和污染，建筑应充分地与周围环境融为一体，使绿色建筑节能满足国家标准，充分利用绿色能源。

作为绿色建筑，在开展建筑设计工作的时候，要考虑到降低对自然的干扰，少产生一些污染，确保出现的污染物质对生态的干扰性最低。绿色建筑设计理念就是倡导回归自然，和谐生活。通常情况下，温馨舒适的建筑环境包括建筑物的外部地理环境，它对建筑的地理条件有明确的要求，土壤中不存在有毒、有害物质，地温适宜，地下水纯净，地磁适中，与周

围的建筑环境融为一体、和谐相处、动静结合。在维持环境的原生态的基础上，保护周边建筑环境。

现代经济的发展和科学技术的进步，使得人类可以用机械空调来改善生活和工作环境，这自然是人类的幸运，但这种违背气候环境的高能耗建筑使我们付出了巨大的经济和能源代价，同时增加了生态环境的污染，也在很大程度上使居者与自然环境人为地分离。为了克服现行建筑模式对人的负面影响，绿色建筑注重地区气候与建筑的关系，并将考虑地方气候特点的设计作为绿色建筑的一项基本方法，这是一种按人体的舒适要求和气候条件来进行建筑设计的系统方法，即根据当地气候特征，运用建筑物理的原理，合理组织各种建筑因素。

事实上，人类对于环境的舒适、健康需求，常常无需现行空调设备也能得到满足，如我国陕北的窑洞在−20℃左右的气候下，其室内被大地包围着，仍保持着15℃上下的舒适室温；还有西双版纳干阑住宅在酷热的气候中，仍可在室内创造出阴凉的空间。因此，以绿色建筑的设计观来看，大自然是主要的供给者，而辅助设备系统属于其次。因而大部分的照明可以由太阳光提供，制冷由流动的空气产生，采暖可以从人体以及办公设备中获得，这些资源还可以通过其他自然方式补充：太阳加热，以风压和太阳浮力产生自然通风，以水的蒸发产生制冷。考虑地方气候特点的设计是一种可以在任何技术层次上使用的方法，因为，在绿色建筑中气候所包含的各种因素是被当作资源来考虑的，充分利用气候资源，提高气候资源利用率，是考虑地方气候特点的设计的本质。如果将其原理与未来智能技术、信息技术、控制技术以及其他节能技术结合在一起，就会构成丰富多彩的绿色建筑前景。

2.5.5.3　全生命周期的整体性设计

中国正处于高速发展中，工程建设量巨大，能源消耗和浪费严重，因此引导建筑师梳理生态节能的绿色理念，不仅可以保护环境节约能源，同时可以丰富建筑设计学科的理论方法。绿色理念是指建筑设计的初期阶段，就以生态节能与环境的和谐共生作为建筑设计的出发点，并贯穿整个设计的全过程。值得注意的是，建筑设计中的绿色理念并不只存在于设计阶段或运营阶段，而是应该贯穿于建筑全生命周期。建筑从设计之初，到施工阶段再到运营阶段、拆除阶段等都强调绿色化，即节约能源、资源，无害化，无污染，可循环。

建筑师在设计中应充分考虑建筑用户的不同要求，采取适应性强、灵活性，提高建筑的使用寿命和使用效益，以提高整体资源利用率，减少寿命周期的能源资源消耗和环境影响。例如，设计两所住宅建筑，在材料和工艺都相同的情况下，设计者采用不同户型的话，一种是适应性差，可能在12年后无法满足使用功能，无法改造，只有拆除重建，而另一所由于可以灵活变换户型而得到更长时间的使用，相比之下，在相同的时间内，后者生命周期中耗费的资源和产生的污染比前者要少很多。

此外，推行绿色建筑的重要措施是整体设计，建筑设计应强调整体设计理念，结合本地实际气候、文化、经济等各方面的因素进行综合全面评价分析，整体设计，而不能着眼于一个局部而不顾整体。

2.5.5.4　绿色建材的应用

对于绿色建筑，绿色建材的应用是必不可少的，首先，环保节能型材料是绿色建筑所必需的，这也是我国绿色建筑评价标准的条款之一。所谓环保性建筑就是，必须对现有建材和技术进行环保、节能评估，提出技术改良、更新措施，使之符合环保、节能的要求。

随着信息技术、自动化技术、新能源技术、新材料技术日益走向成熟，在绿色建筑中这些高技术将得到广泛的运用，如建筑结构有可能引入有机体的原理，在混凝土中埋设光导纤维，可以经常地监视构件在荷载作用下的受力状况，自我修复混凝土可得到实际应用。建筑物表面材料，通过多功能的组织进行呼吸，可净化建筑物内部的空气，并降低温度，形状记忆合金材料可用于百叶窗的调整或空调系统风口的开闭，自动调节太阳光亮，建筑物表面的太阳能电池，可提供采暖和照明所需要的能源。无论使用何种技术，绿色建筑总是立足于对资源的3R原则，即节约（reduce）、再利用（reuse）、循环生产（recycle）。

其次，绿色建筑的形式必须利于能源的收集，建筑的外层将不再是“内部”与“外部”的分界线，而将逐步成为一种具有多种功能的界面。绿色建筑的材料和形式将是多样的，尤其是外层材料将是高度综合、高效多功能的，而且，随着高新技术的发展，建筑行业将最大限度地吸收各种先进技术，创造一种能更加适合人类生活的、与大自然高度和谐的高科技建筑环境。此外，对于绿色建材的选择应注意以下几个方面。

（1）确保材料对人体无害　绿色建筑所用建材应尽量采用天然材料。建筑中采用的木材、树皮、竹材、石块、石灰、涂料等，要经过检验处理，确保对人体无害。室内空气清新，温、湿度适当，使居住者感觉良好，身心健康。

（2）废旧建筑材料的回收利用　废旧建材并不是完全没有利用价值的垃圾，而是一种放错了地方的资源，既然是资源，就应该加以利用。加大旧建筑材料的回收利用，尽可能地降低能源和物质投入及废弃物和污染物的产出，这是绿色建筑体系最重要的内在机制。可将建筑拆除过程中的建筑材料，如木地板、木制品、混凝土预制构件、铁器、钢材、砖石、保温材料等，经过加工和改造，在满足规范和设计要求的条件下，利用到新建筑中。

（3）充分利用可再生材料　在建筑里使用可再生的物质，不但能够减少建筑的花费，还能够降低过量采伐导致的不利现象。作为绿色建筑，更应该充分使用可再生材料，不仅具有绿色的实际价值，同时也是绿色理念的彰显。

（4）所选建筑材料环境负荷小　在建筑的建设阶段，建筑人员选取建筑材料物质的时候，就要具有生态以及经济的思想，选取对生态干扰性低的物质，如生态水泥、绿化混凝土、高性能长寿建筑材料、家居舒适化和保健化建材等。可使用预制模数构件来减少建筑垃圾。

（5）选择材料需具有节能优势　对于绿色建筑建材的选择，首先必须注重研制、优化保温材料与构造，提高建筑热环境性能。如在建筑物的内外表面或外层结构的空气层中，采用高效热发射材料，可将大部分红外射线反射回去，从而对建筑物起保温隔热作用。目前，美国已开展大规模生产热反射膜，主要用于建筑节能。此外，还可运用高效节能玻璃，例如新型节能墙材硅气凝胶，以提高节能效率。

（6）选用材料需具有耐久性　延长建筑使用寿命设计中选用耐久性较好的建材，以延长建筑的使用寿命，最好做到建筑材料的使用寿命与建筑同步，减少材料的更换、维护，从而节约费用。

2.5.5.5　降低建筑能耗

现代建筑是一种过分依赖有限能源的建筑。能源对于那些大量使用人工照明和机械空调的建筑意味着生命，而高能耗、低效率的建筑，不仅是导致能源紧张的重要因素，并且是使之成为制造大气污染的元凶。据统计，全球能量的50%消耗于建筑的建造和使用过程。

为了减少对不可再生资源的消耗，绿色建筑主张调整或改变现行的设计观念和方式，使建筑由高能耗方式向低能耗方向转化，主要措施就是尽可能多地利用节能技术，提高能源使用效率，同时积极开发新能源，使建筑逐步摆脱对传统能源的过分依赖，实现一定程度上能源使用的自给自足。日本有关学者研究得出：在环境总体污染中与建筑业有关的环境污染所占比例为34%，包括空气污染、光污染、电磁污染等。而生态环境保护是绿色建筑的追求。因此，绿色建筑设计必须深入到整个建筑生命周期中考察、评估建筑能耗状况及其对环境的影响，建立全面能源观。

（1）清洁能源的应用　太阳能、风能等作为无污染可再生资源是绿色建筑能源的最佳选择，充分利用这些资源，不仅可以保护环境，还可以节省不可再生能源的过度开发。绿色思维正是需要建筑师从建筑本身来考虑与绿色能源利用结合的问题。

太阳能是一种资源丰富的清洁能源，在绿色建筑中应充分利用太阳能，如设计并建造太阳能光电屋顶、太阳能电力墙和太阳能光电玻璃，将太阳能转化为建筑本身需要的电能和热能。此外，还可以通过拥有节能设置的一些采暖设施和建筑围护结构，获取天然的太阳资源，支持建筑的采暖和空调的运转。又或者根据建筑物所在地区的太阳光照和日照强度，设计窗户朝向及建筑物布局。

此外，风能也是一种开发利用较为方便的清洁能源，除了建筑的自然通风外，还可以安装风力发电和风力致热设备，将风能转化为建筑内可直接使用的能源。此外，绿色建筑的设计应了解建筑物所在区域的主导风向信息，采取自然通风的原则进行建筑设计，以适应该地区的气候条件。

绿色建筑在发展原则上坚持可持续发展，认真贯彻绿色平衡，在建筑整体的设计上，讲究科学，集成绿化配置、通风和采光的设计上都强调自然化，对于围护结构采用低耗能材料，充分利用太阳能、风能等清洁能源，充分展示了人文与建筑、环境及科技的和谐统一。

（2）采用合理技术，降低建筑能耗　绿色建筑是一个能积极地与环境相互作用的、智能的可调节系统。因此，它要求建筑外层的材料和结构，一方面作为能源转换的界面，需要收集、转换自然能源，并且防止能源的流失；另一方面，必须具备调节气候的能力，以消除、减缓甚至改变气候的波动，使室内气候趋于稳定，而实现这一理想，在很大程度上必须有赖于未来高技术在建筑中的广泛运用。

建筑在施工过程中可能会有多种技术方法，施工过程本身也会具有能源消耗，因此施工技术选择的不同，能源的消耗也会有所不同。建筑设计要充分考虑施工过程中带来的污染，在建筑的造型设计、材料选用和工艺设计都应便于施工，减少施工的能耗和降低其带来的环境负荷。

在施工的整个过程当中，都要有节约资源的意识和举措。无论是设计阶段还是建筑材料的选择阶段或是建筑施工阶段，建筑节约是必不可少的。因为，在利用能源的基础上，如果对能源没有很好的节约利用的意识，再好的能源也是徒劳，绿色设计理念也仅仅是纸上谈兵罢了。节约资源是指用较少的原料和能源投入来达到既定的建筑目标，进而从源头就节约资源和减少污染。资源的二次利用，这个理念要求建筑物建设过程中所使用的建筑材料和能源是可循环使用的，这就要求建筑工程设计师在建筑设计时，尽可能地简单化和标准化，以便于对建筑物的一些产品进行回收再利用。然而，如何在建筑建设的工程里渗入绿色建筑设计理念？从建筑工程的不同环节及步骤出发，可以分为绿色材料设计、绿色结构设计、绿色能耗设计、绿色建造过程设计等。

2.5.5.6　注重建筑经济性

人们通常认为绿色建筑比普通建筑的投资成本要高很多，这也是其推广的最大障碍之一。但真正的经济收益要从长远来看，如果加强绿色建筑的管理，采取综合性的设计，可大大降低建筑的建造和后期运行的费用，取得较好的经济效益和社会效益，这也是可持续发展的另一个体现。

事实上，绿色建筑由于能源、资源的节约会大大降低建造和使用成本，其自适应性设计也会显著降低，并降低环境成本，其整体效益是非常可观的。在绿色建筑设计中应选择环境性和经济性平衡的建筑材料，并建立整体建筑系统投资优化的概念，从设计、建造和使用运行的全局来考虑其经济效益。

2.5.6 不同气候区绿色建筑的设计理念

2.5.6.1 影响建筑设计的气候要素

气候要素是指影响某地区气候状况的主要因素，取决于若干要素的变化特性及其组合情况，与人的热舒适有关的主要气候要素有太阳辐射、空气温度、气压与风、空气湿度、凝结与降水，这些要素是相互联系的，同时每一种要素不仅直接与人的舒适性相关，而且也影响到建筑设计和节能。

2.5.6.2 气候分区及不同气候区的气候特点

气候分类的方法很多，英国斯欧克莱编著的《建筑环境科学手册》中，根据空气温度、湿度、太阳辐射等要素将全球划分为四种气候类型：湿热气候区、干热气候区、温和气候区以及寒冷气候区。而我国则根据地理位置及热工需求分为严寒地区，寒冷地区，夏热冬冷地区，夏热冬暖地区以及温和地区。由于影响建筑设计的因素不单单只有热工的要求，同时还有太阳辐射、降水等多方面的影响，因此在本书中选择依据前一种气候分类方式进行设计理念的探讨。

（1）湿热气候区　湿热气候区主要位于赤道及赤道附近，该地区夏季炎热湿度大，气温最高可达 40℃，温度的振幅在 7℃以下，大气中水气压高，相对湿度大、降水量大。典型的湿热气候区最高气温年平均值为 30℃，最低气温年平均值为 24℃，年平均湿度在 75% 以上，由于常年较高的湿度环境，湿热气候较干热气候更让人难以忍受。我国的广东、台湾绝大部分地区都属于湿热气候区。另外渝、粤、闽、湘、鄂、苏、浙、皖以及四川盆地和黔、桂部分地区虽然有短暂的寒冬，但一年中相当长的时间内处于湿热的气候状态，也可以视为次湿热气候或亚湿热气候区。湿热气候区的建筑需要解决隔热、降温、排雨、防潮以及减少太阳辐射等诸多问题。

（2）干热气候区　干热气候区基本上分布在赤道两边南北纬 15° ～ 30° 之间，以非洲的撒哈拉沙漠最为典型，我国新疆的部分沙漠地带以及吐鲁番盆地属于干热气候区，四川南部的攀枝花市、西昌市等地，滇西北的大理、丽江等地为次干热气候区。这类地区天气炎热干燥，多风沙，气温高，昼夜温差大，太阳辐射强烈。干热气候区的建筑主要需要解决隔热和降温的问题。

（3）温和气候区　温和气候区包含干温气候区和湿温气候区，其主要气候特点是温度变化多样，夏季暖热冬季寒冷，春秋季温和，四季分明。

干温气候地区天气干燥、年温差较大，冬季较寒冷，而夏季又较炎热，且时有风沙。我国新疆的部分地区，西藏北部，宁夏、内蒙古、甘肃的局部，陕西，山西北部以及北京和天津等地属于这类气候类型。在冬季需要防寒、采暖、保温，又要在夏季隔热、通风，是这一气候类型下的建筑设计中所需要考虑的因素。

湿温气候地区的气候特点与干温气候相似，唯有其湿度大、降水量大。我国湿温气候地区主要集中在滇、贵、湘、鄂、闽、赣大部和豫、苏、皖、鲁、晋局部以及东北三省局部。通风防潮成为这一类气候类型下建筑设计中考虑的重要因素。

（4）寒冷气候区　寒冷气候区基本上分布于北纬45°以上的地区，包括北美、北欧、中国的东北部分地区以及北极等地区。在中纬度地区由于地形地貌等原因，也存在着部分寒冷地区，如我国的内蒙古西北和西藏大部分地区。寒冷气候特点是常年寒冷干燥，年温差大，夏季气候较为舒适，部分地区土壤还常年冻结。寒冷气候区的建筑需要重点解决冬季的防寒保暖同时还要兼顾夏季的通风降温，部分地区要考虑防风沙的措施。

2.5.6.3　不同气候区建筑设计各阶段绿色理念

（1）区域规划可持续设计理念　从自然的角度，地球的自然特征及其气候在某种程度上决定了定居点的模式与功能，然而随着现代科技的发展，定居点的限制条件不再取决于自然，而是取决于人类的意愿。这种主导思想低估了自然环境的价值并导致环境的过度开采，从而带来一系列的环境、能源危机。因此，对于区域规划的可持续设计首先应当正视自然环境的重要性，给自然环境及其生态系统尤其是环境对当地人口的支撑性作用方面以更大的权重，设计一个与现状环境相协调的发展模式，如城市设计要素应该以一种不规则的或者共生的形态进行组织构建绿化道路及自然栖息地的网络结构，而不是像传统城市的严格、正式、轴向发展的城市形态；其次，意识到区域中城市、乡镇、村落各个组成部分之间相互依赖的重要性。

在区域规划的可持续设计中，还有一个重要组成部分即是公共交通效率。通过合理的交通组织规划降低私家车使用率，提高公交、非机动车、人行交通系统的发展，是降低区域环境污染、减少不可再生资源浪费的最有效方式之一。例如，首先通过合理规划减少人们出行的机动车交通需求；其次，居住、办公、商业等建筑设施应尽可能靠近城市公共交通系统规划修建，降低私家车使用率。再次，在部分水运系统发达的地区可以考虑规划发展水上交通。

（2）绿色住区规划设计理念　绿色住区规划主要包含三个方面：道路系统规划、建筑群体布局形式以及场地绿化与景观设计。其中建筑群体布局是重点，合理的建筑群体布局形式是创造适宜的建筑微气候环境的基础，对建筑单体的节能起到事半功倍的效果。建筑群体布局形式又细分为建筑的朝向、日照间距、建筑间组合形式三个方面。

① 高效环保的道路系统规划　不论何种气候区，绿色住区的道路系统规划都应以实现人车分流为目标，同时住区的出入口尽量靠近城市公共交通设施。增加住区内非机动车及人行道路的数量，通过设计的手段引导提高人们选择非机动车及步行出行方式的概率，同时将机动车道路尽可能布置在住区外围，远离中心绿化带，这样可以有效降低汽车尾气给住区环境带来的破坏。此外，山地、丘陵地区的道路尽量顺势规划，减少土石方的开挖与回填，保护原始土壤植被。

② 合理的建筑群体布局形式　例如，湿热气候区应采用松散布局加大场地空间尺度以增强通风防湿的效果，单体建筑朝向尽可能南北朝向，降低太阳热辐射透过玻璃对建筑室内热工环境的影响，此外在总平面规划时还需要充分考虑场地排水设计。而像在重庆、四川等的山地丘陵地区，则可以顺势而建，在满足通风降温的前提下还能实现节地、排雨、降温等目标，同时还可以利用地形风创造持续稳定的通风效果。而干热气候区则应该采用较为紧密的布局，使建筑互为遮挡，并使与之交织的场地能带覆盖在阴影之中。像新疆喀什老区民居建筑彼此紧靠、相互依存，形成了一个较为密集聚合的格局特点。通过密集布局，可以有效

减少建筑外立面受热面积，从而最大程度减少室内外空气通过墙体发生的热量传导，同时建筑外墙彼此紧靠依存、遮挡成荫。在炎热的夏季，可大为缩短建筑物之间的狭窄巷道暴露在阳光下的时间，减弱阳光辐射带来的升温效应，使之成为聚落居民纳凉、聚会的理想场所。在寒冷地区则可以在东西向拉长建筑布局，让建筑在得到充分日照的同时不会遮挡其他建筑。建筑的日照间距由冬天的太阳高度角来确定。

③ 适宜的场地绿化与景观设计　在规划建筑布局的同时配以适当的植物和植被，冬天可以充当防风屏障，夏天可以作为遮阳和降温装置。同时还可降低噪声、粉尘以及其他大气污染物。在不同的气候区的住区规划时，根据气候特点只需要注意植物种植的位置、疏密、高度以及宽度对防风和遮阳效果的影响。

室外景观可设置遮阳措施，如格子架、凉亭等。在适当的位置设置水体既可美化环境，还可以通过水分的蒸发效应给住区降温，补充空气湿度。

同时在湿热、温湿气候区，由于年降雨量大，还可结合场地绿化设计雨水收集系统，提高雨水及中水利用率。

④ 规划预留未来的可拓展空间　任何一个居住区的人口组成模式、数量，甚至生活方式都会在经历一段相对稳定之后产生一定变化。因此在规划设计时应结合场地环境设计有意识地预留出可拓展的空间，实现住区规划的可持续性。

（3）绿色单体建筑设计理念　单体建筑是实现绿色建筑设计最关键的一个环节，也是涉及内容最具体的一个环节。建筑的节能、舒适的室内环境以及建筑的可持续发展都应当考虑到，不论是建筑的材料、空间的组合、细部的构造都应用全寿命周期的方法综合评价从施工、使用到拆除过程中带来的资源消耗以及社会效应。在对待资源消耗的问题上应本着以下三个原则：将建筑对资源的需求降到最低、对必要的需求尽可能选用可再生资源、如仍需要采用常规能源则尽可能采用高效率的技术与设备。

① 设计阶段　建筑在使用过程中的能耗主要来源于采暖、空调运行、热水供应、炊事、照明、家用电器、电梯、通风能耗，其中采暖、空调、通风能耗约占总能耗的2/3左右。因此在设计时应遵从低（火用）原则，同时关注不同能源资源的生产及其使用。例如在日照丰富的干热气候区及寒冷气候区可充分利用太阳能加热以及太阳能发电，而尽管寒冷气候区常年寒冷干燥需要防风固沙，但也可以利用其风大、风速快的特点进行风能发电，解决该地区采暖用电的问题。在湿热气候区及温和气候区，虽然太阳能及风能等清洁能源不及前两个区域丰富，但依然可以考虑综合利用地源热等可再生能源，同时这两个气候区的降水资源相对丰富，可以关注雨水的回收再利用，既解决了该地区排雨防潮的问题，又降低了自然水资源的浪费。除了上述对自然资源的主动式利用以外，还可以通过设计的手段进行被动式自然资源的利用。例如在既要满足夏季通风降温又要考虑冬季采暖保温的温湿地区及温和地区，可以采用阳光房、可“呼吸”的玻璃幕墙、可伸缩的遮阳等设计，在不同的季节进行室内热工环境的调节。

对于室内声、光及风环境的调控可以在不同气候区根据相应的测试和计算，合理选择建筑开窗形式及开窗的大小，确定是否需要增加吸声材料等。如寒冷气候区的建筑窗扇可开启面较湿热气候区的尺寸更小，窗扇的玻璃材料要求更高。在湿热地区及干热地区可以设计天井、中庭等建筑空间，利用烟囱效应增加建筑室内空气流动，带走热空气。

对于空间功能的组合及建筑尺度的选择上，应根据人体工效学、心理学及当地人们的生活习惯确定合理的功能空间以及开间、进深、层高，既不能让人们的居住显得压抑，又不能过度开发空间造成土地资源及其他资源的浪费。此外，还要可预见建筑空间未来的发展需要（如使用人数的改变、使用性质的改变等），设计预留出相应的可改造方案，提高同一建筑空间的使用率，延长建筑的功能寿命期。建筑材料的选取上除了尽量就地取材以外，尽可能地选择能改善环境特性的材料、可再生的材料以及生态绿色的材料。

② 施工阶段　建筑材料尽可能就地取材，降低生产、运输、销毁等带来的能源消耗、资源浪费以及环境的污染。此外尽量提高施工过程中的辅材使用率，辅材尽可能选用可回收再利用或者是可降解的材料，如钢材、木材等。

此外，智能化的管理施工过程，实现建筑施工的节水、节材与节能。同时尽量减少对施工场地及其周边环境的破坏。

③ 使用阶段　建立运营管理平台以及必要的预警机制。建立网络监管体系，对资源（包括能源、水、耗材、绿化、生活垃圾等）的使用情况进行有效监管，并根据具体的情况做出相应的调整。在使用过程中应定时根据使用情况对物理空间进行加固改造及完善，同时确保各个管道的正常运行。

此外，在环境管理方面建立健全ISO 14000环境管理体系，对住区的环境质量进行有效监管。

④ 拆除阶段　一栋建筑拆除以后首先是尽可能将其建筑构件直接或间接再利用。例如拆下的门、窗直接安装在新修建的建筑上；原有的梁、柱等不便改造的可以作为新建建筑的景观构筑物，墙地砖可做室外景观铺地；原有建筑的木材可用于新建工地的辅材等。其次将能降解的材料就近填埋降解。再者妥善地处理拆除建筑中不能回收再利用，也不能生物降解的建筑材料。

通过上述的一些方式使建设活动从原来的“从摇篮到坟墓”逐步转变到“从摇篮到摇篮”的模式上来。

气候与资源，尤其是能源资源，是自然环境系统作用于建筑并影响建造方式选择的两个重要因素，在环境问题给人类施加的巨大压力下，随着可持续发展思想日益得到重视，不考虑气候因素、高能源消耗的建筑设计观应彻底改变。尊重生态环境、关注气候条件、对环境负责的建筑设计观是把建筑与环境作为一个整体考虑，环境因素作用于建筑设计由浅入深的全过程。

第❸章　绿色建筑技术

一般而言，绿色建筑包含三大方面：建筑的节能、提供舒适的人居环境以及建筑的可持续发展。这里既包含了生态建筑的理念，同时又强调了可持续建筑设计。因此在进行绿色建筑规划、设计的时候，既要考虑当下建筑活动对环境、经济等各方面的影响，同时又要兼顾建筑未来的发展需要。

合理的建筑设计与规划描绘出了绿色建筑的雏形，绿色建筑技术垒砌出了真实的绿色建筑。可以说绿色建筑技术是绿色建筑成败的关键。本章根据《绿色建筑评价标准》，从节地与室外环境、节能与能源利用、节水与水资源利用、节材与材料资源利用、室内环境质量控制、施工与管理六方面对绿色建筑技术进行梳理。

3.1　节地及室内外环境技术

3.1.1　场地规划模拟技术

建筑场地规划涉及建筑选址、建筑布局、设计，与建筑节能、场地交通、建筑与周围环境是否协调等一系列《绿色建筑评价标准》关注的关键点。合理的建筑布局与结构影响着建筑的日照、光环境、声环境、自然通风等建筑环境因素。结合建筑场地所处环境，通过场地规划模拟，就建筑设计参数进行调整使其达到绿色建筑评价标准对各区域不同建筑类型的要求。

3.1.1.1　日照

（1）日照间距达标分析　根据建筑场地条件，计算并分析场地日照小时数，使之达到《城市居住区规划设计规范》（GB 50180）的要求。

（2）场地日照优化　可利用计算机日照模拟分析（见图3.1），以建筑周边场地以及既有建筑为边界前提条件，分析建筑物满足日照标准的可能建设的最大形体与高度分布，以优化设计。

3.1.1.2　声环境

（1）强噪声源掩蔽措施　场地内不得设置未经有效处理的强噪声源，对强噪声源应进行

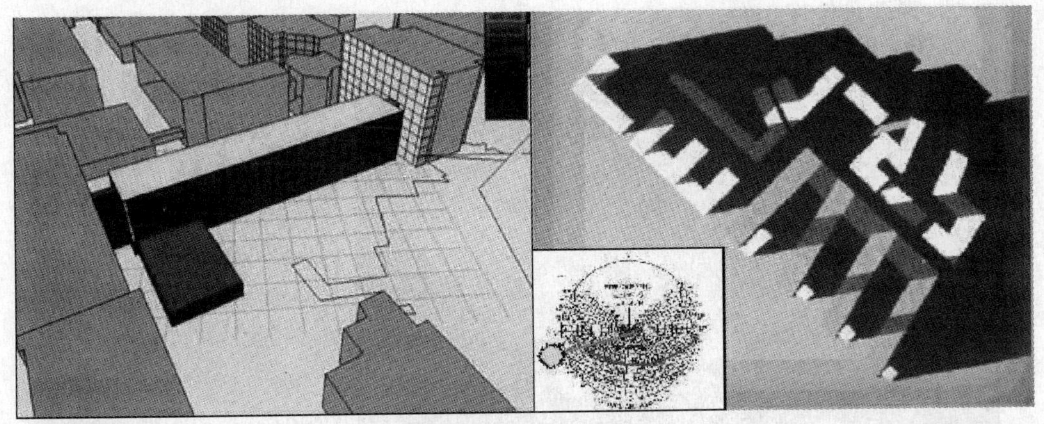

图3.1　日照模拟

掩蔽处理措施。

（2）基于声环境优化的场地分布　根据声环境模拟优化结果，将超市、餐饮、娱乐等对噪声不敏感的建筑物排列在场地外围临交通干道上，形成周边式的声屏障。将安静要求较高的建筑设置于本区域主要噪声源主导风向的上风侧。如图3.2所示。

3.1.1.3　光环境

（1）建筑外立面优化设计　建筑外立面设计选材不对周围环境产生光照污染，如不选用易产生眩光的玻璃制品等。如图3.3所示。

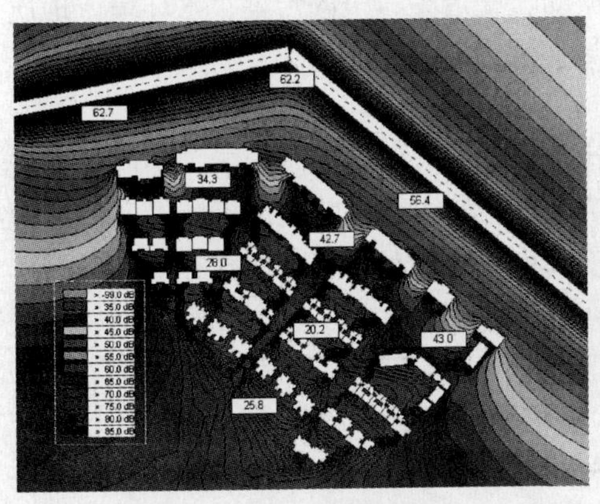

图3.2　场地声环境模拟分析

图3.3　绿化控制光污染

（2）室外景观灯具布局及截光技术　优化照明设计方案，严格按照《建筑照明设计标准》选择光源和灯具，控制室内外照明功率和照明强度。使用截光灯具，减少景观照明中射向天空的直射光。

3.1.1.4　自然通风

（1）建筑朝向与主导风向　建筑物的主立面与夏季主导风向宜成60°～80°夹角；建筑朝向宜在南偏东15°至南偏西15°范围内。

（2）CFD模拟　利用CFD等数字模拟软件优化设计。建筑布局不形成完全封闭的围合空间，在群体空间布局上可采取相对夏季过渡季节主导风向的前后错列、斜列、前短后长、前低后高、前疏后密等方式以疏导通风气流。如图3.4所示。

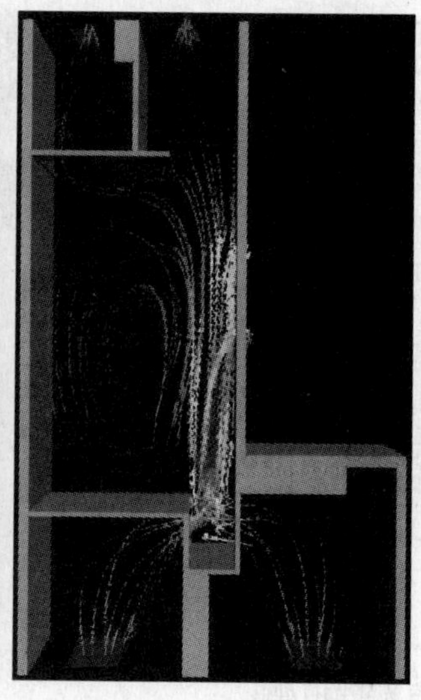

图3.4 自然通风分析模拟

3.1.2 室外热环境的控制营造技术

室外环境是保证良好的室内环境的基础，也是绿色建筑对环境控制的基本要求。本节主要从建筑室外环境营造技术的角度对室外环境的控制技术进行介绍。

建筑外环境的改善和控制对象包括全球环境与建筑区域环境。建筑区域环境控制要素主要有：大气质量、风环境、热岛效应、室外噪声和振动、光污染、电磁污染、水环境、地质环境、废物和资源利用、车辆停放等。

3.1.2.1 改善地表结构

地表覆盖物（草原、森林、沙漠和河海等）对建筑周边的气温有显著影响。不同的地表覆盖层，由于其蓄热特性、对太阳辐射的吸收及反抗本身温度变化的特性均不同，所以地面的增温也不同，从而导致了气温的差别。不同地表覆盖物与地表温度差别见表3.1。

表3.1 不同地表覆盖物与地表温度

单位：℃

湖泊	森林	农田	住宅区	停车场及商业区
27.3	27.5	30.8	32.2	36.0

（1）透水地砖铺设技术 设计时充分采用面积大于等于40%的镂空铺地和网格状透水材料等人工铺设透水地面。透水性路面须有与之相配套的开放式透水性路基。如图3.5所示。

图3.5 透水地砖铺设

（2）乡土植物比例最大化　景观设计阶段，应采用当地植物进行造景，选用当地苗圃繁育的苗木以降低运输成本，使绿化景观中乡土植物种类达到一定的比例，保证植物成活率。植物选用可参照各地区乡土植物和常见植物列表。

（3）乔灌草复层绿化　绿化设计采用乔、灌、草结合的方式，选用绿量大的植物，构成复层结构的植物群落，参见各地区常见植物配置加以优化。

3.1.2.2　建筑底部营建通风廊道

在南方炎热潮湿地区，常常在建筑底部营建通风廊、合理设计底层架空或空中花园改善通风效果，同时起到防潮、遮阳的效果，提供良好的活动空间。如图3.6所示。

图3.6　首层架空

3.1.2.3　改变屋面构造结构（屋面绿化）

建筑屋面绿化分三种形式：开敞型绿化屋面，又称粗放型屋面绿化，是屋面绿化中最简单最常用的一种形式；半密集型绿化屋面，介于开敞型与密集型之间的一种形式；密集型绿化屋面，指植被绿化与人工造景、亭台楼阁、溪流水榭等互相组合而形成的屋面绿化形式。各种绿化屋面的型式及基本特征如表3.2所示。

表3.2　屋面绿化的型式及其基本特点

绿化屋面类型	基本特点
开敞型绿化屋面（Extensive Green Roofs）	低养护；免灌溉；绿化植物包括苔藓、景天和草坪；基质层厚度3～8cm；质量为60～200kg/m^2
半密集型绿化屋面（Simple Intensive Green Roofs）	适时养护；需及时灌溉；绿化植物包括草坪及灌木；基质层厚度8～25cm；质量为120～250kg/m^2
密集型绿化屋面（Intensive Green Roofs）	经常养护；需经常灌溉；绿化植物包括草坪、常绿植物、灌木及乔木；基质层厚度最低12cm，通常12～100cm；质量为150～1000kg/m^2

目前，我国对屋面绿化分为两大类：植被屋面和花园屋面。花园屋面类似于密集型绿化屋面，种植植物包括地被、灌木和乔木等，基质层厚度为20～100cm，要求屋面荷载大于250kg/m^2。植被屋面类似于开敞型绿化屋面和半密集型绿化屋面的综合，即以景天类、耐旱的乔草类植物、宿根花卉以及低矮灌木等各种地被植物为主进行的绿化。基质层厚度为10～25cm，要求荷载大于100kg/m^2，实施粗放管理，一年只需进行3～4次维护管理。如图3.7所示。

图3.7　组合式种植屋面

屋面绿化根据区域功能划分，可以分为种植区、园路区、水池区、人员活动区等，这里主要针对种植区的构造进行分析。

绿化屋面种植区主要由防水层及保护层、排（蓄）水层、过滤层、基质层、植被层组成。其基本构造及特征如图3.8和表3.3所示。

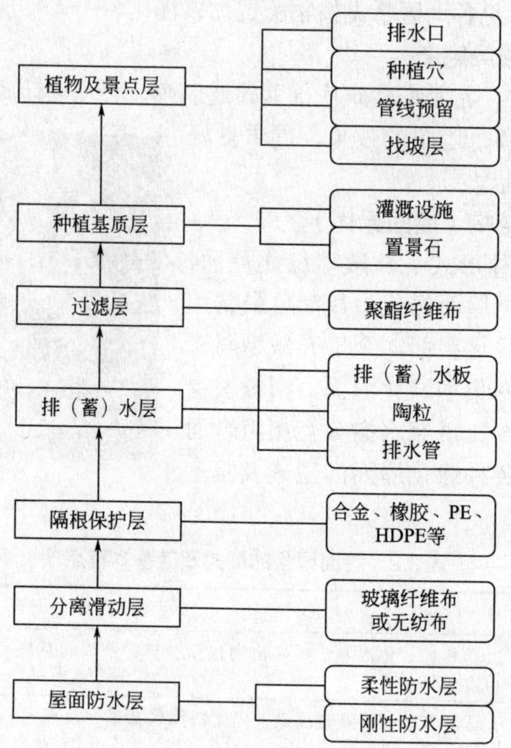

图3.8 绿化屋面基本构成

表3.3 绿化屋面构造及其特征

构造层	型式或组成	作用或功能	常用材料
保护层	包括防水层和防根层	防水； 防根	合金、橡胶、PE（聚乙烯）、HDPE（高密度聚乙烯）等
排（蓄）水层	排（蓄）水板； 陶砾（载荷允许时采用）； 排水管（屋面坡度大时使用）	改善基质通气状况、迅速排除多余水分、有效缓解瞬时压力、蓄存少量水分	沙砾、碎石、珍珠岩、陶砾、膨胀页岩、建筑拆除混凝土、砖砌体或砖瓦、膨化旧玻璃、塑料等 传统做法：2 ～ 3cm粒径的碎石或卵石，厚度100 ～ 150mm；陶砾、碎石、轻质集料，厚度100 ～ 200mm；200mm厚砾石；或50mm焦渣层
过滤层	HDPE	阻止基质进入排水层，具有排水功能，还要防止排水管泥沙淤积	聚酯纤维无纺布； 粗纱（50mm厚）； 玻璃纤维布； 稻草（30mm厚）
基质层	满足植物生长条件，有一定的保水保肥能力，透气性好，有一定的化学缓冲能力，保持良好的水、气和养分比例，重量轻，理想基质表面密度为0.1 ～ 0.8t/m³，最好为0.5t/m³		改良土：田园土、蛭石、珍珠岩、泥灰、堆肥以及加工的建筑废弃物如旧砖等组成； 超轻量基质由表面覆盖层、栽植育成层和排水保水层组成
植被层	景天类：八宝、胭脂红、六棱、光亮假、反曲、佛甲草等； 灌木：绣球菊、凤尾兰、紫叶等； 苔藓类		

3.1.2.4 其他降低热岛强度的技术

① 小区自然通风：规划设计时，确定适宜的建筑密度和建筑布局，保证小区内良好的风环境。

② 景观遮阳：合理利用景观特征遮挡建筑表面和硬质地面。

③ 渗透路面：采用植物表面、透水地面等替代硬质表面（屋面、道路、人行道等）。

④ 步行道路连续遮阳：步行道路采用绿化进行连续遮阳。

⑤ 冷屋顶及浅色饰面：屋面采用高反射率材料以减少吸热，外墙采用浅色饰面以减少吸热。

⑥ 水体冷却优化技术：可在热环境不利点（热岛效应高处）布置水池、喷泉、人工瀑布等水体景观，既可降温，又美化了环境。

⑦ 排热装置设计：合理设计空调室外机和厨房排热装置等摆放位置，减少由于排热对住区热环境造成的不良影响。

⑧ 室内环境质量控制包括建筑隔声、采光日照、室内通风、视野与私密性、室内空气质量等内容。部分内容前述部分已经介绍，如日照、室内通风，可通过模拟进行优化设计从而达到最佳，故本节不再赘述。

3.1.3 建筑室内隔声技术

建筑隔声包括空气声隔声和结构隔声两个方面。所谓空气声，是指经空气传播或透过建筑构件传至室内的声音；如人们的谈笑声、收音机声、交通噪声等。所谓结构声，是指机电设备、地面或地下车辆以及打桩、楼板上的走动等所造成的振动，经地面或建筑构件传至室内而辐射出的声音。在建筑物内空气声和结构声是可以互相转化的。因为空气声的振动能够迫使构件产生振动成为结构声，而结构声辐射出声音时，也就成为空气声。减少空气声的传递要从减少或阻止空气的振动入手，而减少结构声的传递则必须采取隔振或阻尼的办法。

3.1.3.1 选定合适的隔声量

对特殊的建筑物（如音乐厅、录音室、测听室）的构件，可按其内部容许的噪声级和外部噪声级的大小来确定所需构件的隔声量。对普通住宅、办公室、学校等建筑，由于受材料、投资和使用条件等因素的限制，选取围护结构隔声量，就要综合各种因素，确定一个最佳数值。通常可用居住建筑隔声标准所规定的隔声量。

3.1.3.2 采取合理的布局

在进行隔声设计时，最好不用特殊的隔声构造，而是利用一般的构件和合理布局来满足隔声要求。如在设计住宅时，厨房、厕所的位置要远离邻户的卧室、起居室。对于剧院、音乐厅等则可用休息厅、门厅等形成声锁，来满足隔声的要求。为了减少隔声设计的复杂性和投资额，在建筑物内应该尽可能将噪声源集中起来，使之远离需要安静的房间。避免问题点面向强声源辐射方向，如将住宅的主要空间（客厅、卧室）布置在背声面，辅助空间（厨房、卫生间等）布置在迎声面。将建筑造型与隔声降噪有机结合，如建筑布局构件设计应尽量防止流体扰动、涡流等现象发生。

3.1.3.3 采用隔声结构和隔声材料

某些需要特别安静的房间，如录音棚、广播室、声学实验室等，可采用双层围护结构或其他特殊构造，保证室内的安静。在普通建筑物内，若采用轻质构件，则常用双层构造，才能满足隔声要求。对于楼板撞击声，通常采用弹性或阻尼材料来做面层或垫层，或在楼板下增设分离式吊顶等，以减少干扰。主要空间宜采用自然通风降噪窗、隔声门、隔声楼板等隔声、减噪措施。如图3.9所示。

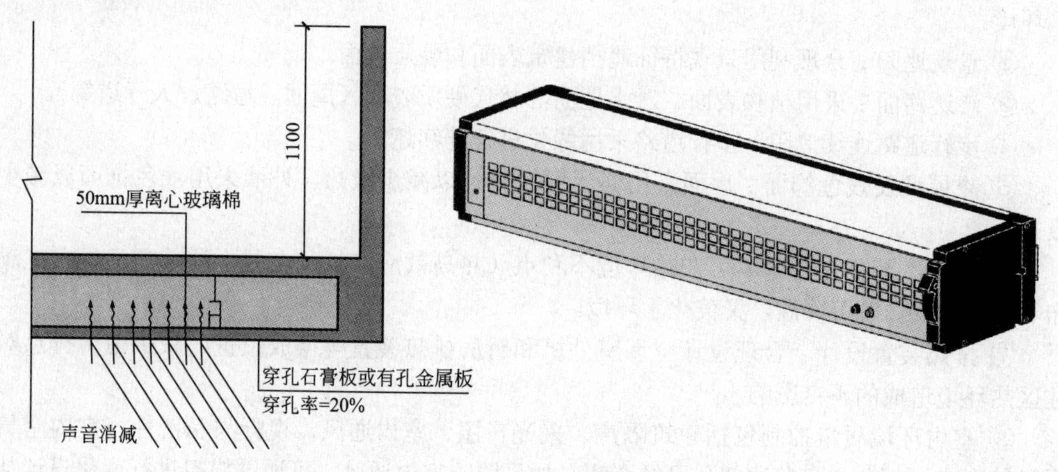

图3.9　通风隔声技术（降噪阳台、隔声通风器）

楼板撞击声的隔声关键技术主要靠在混凝土结构楼板上增设弹性减振垫板，使上层住户跑跳、硬底鞋走路、拖动桌椅等活动对地面产生的撞击振波，大部分被弹性减振垫板吸收，不传或少传至结构混凝土楼板，从而达到减少对下层的干扰声。

经反复比较试验，我们最后发现有两种减振垫板的隔声效果较为显著，即5mm厚单面带圆形凹坑的发泡橡胶板和电子交联发泡聚乙烯板。这两种薄板弹性部较好，直接铺设在结构混凝土楼板上，上面浇筑40mm厚的C20细石混凝土，此混凝土垫层内配双向钢筋，既可以防止开裂又能起到很好的隔声效果。上面楼面面层可铺地砖、花岗石板、大理石板、木板等各种材料。增设发泡橡胶垫板后，楼板撞击声压级降至63dB，增设交联聚乙烯垫板后楼板撞击声压级为65dB，超过和达到一级标准。据调查，楼板撞击声压级小于65dB时，除敲打声外，一般声音都听不到，椅子跌倒、小孩跑跳声能听到，但声音较弱，65%的住户对此楼板的隔声表示满意，35%的住户表示可以，无一户住户表示不满意。为适应分户热计量对楼板保温的要求，设有既保温又隔声的楼面，即在隔声减振垫板上，加铺20mm厚挤塑聚苯板，再浇40mm厚C20混凝土垫层，其隔声量可进一步降至60dB，隔声效果更佳。

减振垫板接缝处需用胶带纸封严，防止浇灌混凝土时水泥浆渗入造成传声桥。住宅采取二次装修方式时，在初装修时做完减振垫板及上面的细石混凝土垫层即可，各住户可自行铺装地砖、花岗石板、木地板等地面。一次精装修依次完成隔声构造，更不成问题。

3.1.3.4　采取隔振措施

建筑物内如有电机等设备，除了利用周围墙板隔声外，还必须在其基础和管道与建筑物的联结处，安设隔振装置。如有通风管道，还要在管道的进风和出风段内加设消声装置。

3.1.4　室内通风技术

通风是借助换气稀释或通风排除等手段，控制空气污染物的传播与危害，实现室内外空气环境质量保障的一种建筑环境控制技术。通风系统就是实现通风这一功能，包括进风口、排风口、送风管道、风机、降温及采暖、过滤器、控制系统以及其他附属设备在内的一整套装置。通风可分为自然通风、机械通风；全面通风、局部通风等。

建筑中常用的自然通风实现方式主要有以下几种。

3.1.4.1　利用风压实现自然通风

自然通风最基本的动力是风压和热压。在具有良好的外部风环境的地区，风压可作为实现自然通风的主要手段。在我国大量的非空调建筑中，利用风压促进建筑的室内空气流通，改善室内的空气环境质量，是一种常用的建筑处理手段。风洞试验表明：当风吹向建筑时，因受到建筑的阻挡，会在建筑的迎风面产生正压力。同时，气流绕过建筑的各个侧面及背面，会在相应位置产生负压力。风压通风就是利用建筑的迎风面和背风面之间的压力差实现空气的流通。压力差的大小与建筑的形式、建筑与风的夹角以及建筑周围的环境有关。当风垂直吹向建筑的正立面时，迎风面中心处正压最大，在屋角和屋脊处负压最大。另外，伯努利流体原理显示，流动空气的压力随其速度的增加而减小，从而形成低压区。依据这种原理，可以在建筑中局部留出横向的通风通道，当风从通道吹过时，会在通道中形成负压区，从而带动周围空气的流动，这就是管式建筑的通风原理。通风的管式通道要在一定方向上封闭，而在其他方向开敞，从而形成明确的通风方向。这种通风方式可以在大进深的建筑空间中达到较好的通风效果。

3.1.4.2　利用热压实现自然通风

自然通风的另一原理是利用建筑内部空气的热压差——即通常讲的“烟囱效应”——来实现建筑的自然通风。利用热空气上升的原理，在建筑上部设排风口可将污浊的热空气从室内排出，而室外新鲜的冷空气则从建筑底部被吸入。热压作用与进、出风口的高差和室内外的温差有关，室内外温差和进、出风口的高差越大，则热压作用越明显。在建筑设计中，可利用建筑物内部贯穿多层的竖向空腔——如楼梯间、中庭、拔风井等满足进排风口的高差要求，并在顶部设置可以控制的开口，将建筑各层的热空气排出，达到自然通风的目的。与风压式自然通风不同，热压式自然通风更能适应常变的外部风环境和不良的外部风环境。

3.1.4.3　风压与热压相结合实现自然通风

在建筑的自然通风设计中，风压通风与热压通风往往是互为补充、密不可分的。一般来说，在建筑进深较小的部位多利用风压来直接通风，而进深较大的部位则多利用热压来达到通风效果。位于英国莱彻斯特的蒙特福德大学女王馆就是这方面的一个优秀实例。建筑师肖特和福特将庞大的建筑分成一系列小体块，既在尺度上与周围古老的街区相协调，又能形成一种有节奏的韵律感，同时小的体量使得自然通风成为可能。位于指状分支部分的实验室、办公室进深较小，可以利用风压直接通风；而位于中间部分的报告厅、大厅及其他用房则更多地依靠“烟囱效应”进行自然通风。同时，建筑的外维护结构采用厚重的蓄热材料，使得建筑内部的得热量降到最低。

3.1.4.4　机械辅助式自然通风

在一些大型建筑中，由于通风路径较长，流动阻力较大，单纯依靠自然风压与热压往往不足以实现自然通风。而对于空气污染和噪声污染比较严重的城市，直接的自然通风还会将室外污浊的空气和噪声带入室内，不利于人体健康。在这种情况下，常常采用一种机械辅助式的自然通风系统。该系统有一套完整的空气循环通道，辅以符合生态思想的空气处理手段（如土壤预冷、预热、深井水换热等），并借助一定的机械方式加速室内通风。

图3.10中，新鲜空气从室外通过采气口进入通风系统，经由地下预埋管道进入热回收新风换气机，利用旧空气所有的热量将新风加入，减少能耗，同时保持恒定的室内温度。之后，新鲜空气经由红色管道通过新风分配箱分配到各房间。与此同时，室内的污浊空气则通

过回风口进入回收系统，由黄色管道进入热回收新风换气机，经过换热器之后排到室外。

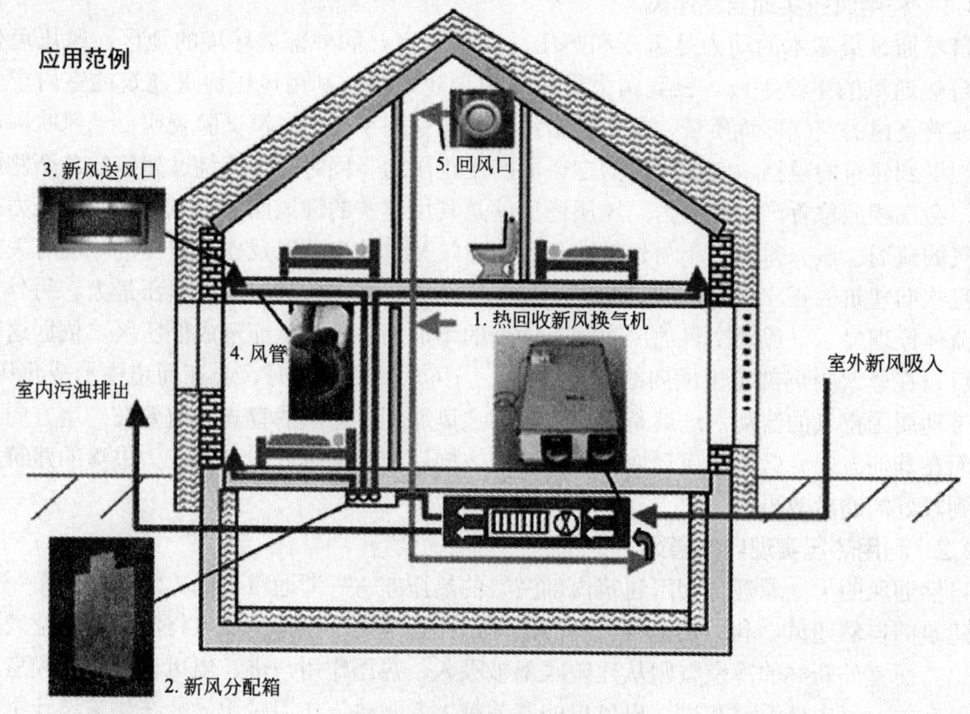

图3.10 机械辅助自然通风方式

此系统具有舒适健康、温度恒定，运行耗能少、经济适用，节能环保等优点。它通过连续均匀地将新风送入室内（有序通风），给室内补充足够的新鲜空气（即氧气），同时将室内的污浊空气经热回收（节能）后排向室外。新鲜空气经过滤网（过滤灰尘）后再进入高效热回收器，然后送入室内。通过热回收，送入室内的新鲜空气的温度接近室内温度，体感舒服。它弥补了传统节能房屋的缺陷，创造了一个隔声、无尘、洁净、节能、舒适的居住空间，并且保护了房屋的建材和建筑结构，延长了房屋的寿命。目前，在德国已经得到较为广泛的使用。

3.1.5 室内空气质量

室内空气质量即一定时间和一定区域内，空气中所含有的各项检测物达到一个恒定不变的检测值，是用来指示环境健康和适宜居住的重要指标。主要的标准有含氧量、甲醛含量、水汽含量、颗粒物等，是一套综合数据，能够充分反应一地的空气状况。

随着工业企业不断发展，空气中不同程度地夹带了各种各样的污染物，通常在自然通风的空旷室外，空气中的污染物不会影响人们的身体健康，但随着人们居住条件的提高，家庭装修普遍化，且为了节约能源，室内通常处于密闭状态，从而导致室内污染物（CO_2等）浓度过高，而影响到人们生活、工作状态甚至是身体健康。为了规范装饰材料、建材等的质量达标，保护人们的身体健康，国家颁布了《民用建筑工程室内环境污染控制规范》（GB 50325—2001）对室内空气污染中对人体影响最严重的五种污染物提出浓度限制，详见表3.4。

表3.4　民用建筑工程室内环境污染控制指标

控制污染物	Ⅰ类民用建筑工程	Ⅱ类民用建筑工程
氡/（Bq/m^3）	≤200	≤400
游离甲醛/（mg/m^3）	≤0.08	≤0.12
苯/（mg/m^3）	≤0.09	≤0.09
氨/（mg/m^3）	≤0.2	≤0.5
TVOC/（mg/m^3）	≤0.5	≤0.6
主要包括工程项目	住宅、医院、老年建筑、幼儿园、学校教室等	办公楼、商店、旅馆、文化娱乐场所、书店、图书馆、展览馆、体育馆、公共交通等候室、餐厅、理发店等

改善室内环境的绿色技术如下。

（1）空气质量预评估　装修设计前对室内空气质量进行预评估，通过预评估结果选择装修材料和确定装修材料的污染物的排放限制性能。

（2）新风来源控制　将新风进口安装在远离可能是污染源的地方（装卸场地、建筑排气扇、冷却塔、交通干道、停车库、卫生设备排放口、垃圾倾倒车，以及室外吸烟场所等可能污染源）。

（3）污染物独立排风和排水系统　选择满足相应产品质量标准要求的室内装饰装修材料，材料中醛、苯、氨、氡等有害物质必须符合有关标准要求；可选用水性涂料，低挥发性地毯、墙纸、地板，不含甲醛的黏合剂或其他带有环保卷标的产品。

（4）通风换气设备应用　结合建筑特征和室内需求，规划设计高效通风换气装置和新风系统，在排出室内污浊空气的同时，引入室外新鲜空气并进行净化过滤，完成室内外空气的置换。

（5）建筑入口截尘系统　安装永久性建筑入口通道系统，以吸附和阻挡用户身上携带的污染物进入建筑内部，以及设置室内除尘系统。在北方一些受雾霾天气影响较为严重的城市、区域，应重点加强室内外环境$PM_{2.5}$的监测监管力度，避免室内环境受到区域环境的影响。

（6）室内空气监测　宜在主要功能房间设计和安装室内污染监控系统，如采用二氧化碳监测传感器，并将传感器集成到楼宇自控系统。在美国的LEED评价标准中，单独将室内空气中CO_2监测列为一个考查要点，要求室内二氧化碳的浓度在任何时候都不能比室外浓度高出53×10^{-6}（体积分数）。

3.2　节能与能源利用技术

建筑节能旨在减少能源消耗和成本增加，提高建筑物的外在质量，以及通风、采光和节能等方面的内在质量。通常可通过合理的建筑布局规划、热工设计、遮阳进行，同时选用高效能的空调系统、采用节能照明提醒、充分利用可再生能源等同样会减少建筑能耗，实现节能减排，达到绿色建筑的要求。

3.2.1　建筑规划设计

3.2.1.1　建筑规划布局

利用场地自然条件，合理设计建筑体形、朝向、楼距和窗墙面积比，使居住建筑获得良好的日照、通风和采光，并根据需要设遮阳设施。但需注意建筑平面布置时，不宜将主要的卧室、起居室设置在正东、正西和西北方向；不宜在建筑的正东、正西、西北方向和东北方向设置大面积的玻璃幕墙或玻璃门窗。避免因大面积采用玻璃幕墙或门窗产生的室内温室效应，降低室内空调系统负荷。

3.2.1.2 开敞空间建构

依据建筑形式，建构敞厅、敞廊、敞阳台，满足建筑的功能要求与服务要求。

3.2.1.3 空中花园建构

依据建筑形式，建构高层空中花园。增加建筑立体绿化和开放的休闲空间，为住户、使用者提供生活休闲场所，提高生活、工作环境质量，丰富建筑视野与建筑功能。

3.2.1.4 自然通风设计

采用穿堂通风，使进风窗迎向主导风向，排风窗背向主导风向。采用单侧通风时，则通风窗所在外墙和主导风向所在的夹角宜为40°～65°，且窗户的设计应使进风气流深入房间，同时防止其他房间的排气进入本房间的窗口。

3.2.2 建筑热工设计

建筑热工设计主要围绕建筑围护结构墙体、门窗、屋顶展开，本书中主要介绍墙体及屋面隔热技术和门窗节能技术。

3.2.2.1 墙体隔热技术

墙体屋面隔热技术主要是通过合理采用外墙保温系统、屋面保温或屋面构造技术来保证围护结构的热工性能参数满足标准要求，并提高建筑围护结构的保温隔热性能。采取措施提高屋顶和东、西向房间隔热性能，改善其热舒适性。在自然通风条件下，房间的屋顶和东、西外墙内表面的最高温度不大于夏季室外计算温度最高值。

（1）外墙自保温　外墙自保温系统是墙体自身的材料具有节能阻热的功能，如当前使用较多的加气混凝土砌块，尤其是砂加气混凝土砌块。由于加气混凝土制品里面有许多封闭小孔，保温性能良好，热导率相对较小，砌体达到一定厚度后，单一材料外墙即可满足节能指标要求的平均传热系数和热惰性指标。加气混凝土外墙自保温系统即为加气混凝土块或板直接作为建筑物的外墙，从而达到保温节能效果。其优点是将围护和保温合二为一，无需另外附加保温隔热材料，在满足建筑要求的同时又满足节能保温的要求。但是作为墙体材料，该制品的抗压强度相对较低，故只能用于低层建筑承重或用作填充墙。

尽管外墙自保温优势明显，但其推广仍然存在较大的难度。首先是由于自保温材料强度比较低，抗裂性能不很理想，时间一长容易产生墙体开裂。即使用在一般框架结构的建筑上，由于框架变形性能好，而填充墙的变形性能差，两者的控制变形难以取得一致。若增设过多的构造柱和水平抗裂带会增大冷热桥处理难度。而且，对于大量高层建筑，随着短肢剪力墙的大量使用，填充墙所占比例不高，使得外墙自保温系统受到限制。

（2）外墙内保温　内保温技术对材料的物理性能指标要求相对较低，具有施工不受气候影响、技术难度小、综合造价低、室内升温降温快等特点。外墙内保温是在外墙结构的内部加做保温层，将保温材料置于外墙体的内侧，是一种相对比较成熟的技术。

它有以下优点。

① 它对饰面和保温材料的防水性、耐候性等技术指标的要求不是很高，纸面石膏板、石膏板抹面砂浆等均可满足使用要求，取材方便。

② 自保温材料被楼板所分隔，仅在一个层高范围内施工，不需要搭设脚手架。内保温施工速度快，操作方便灵活，可以保证施工进度。

③ 内保温应用时间较长，技术成熟，施工技术及检验标准是比较完善的。在2001年外墙保温施工中约有90%以上的工程应用到内保温技术。

在多年的实践中，外墙内保温显露出以下缺点：

① 许多种类的内保温做法，由于材料、构造、施工等原因，饰面层出现开裂。

② 不便于用户二次装修和吊挂饰物。

③ 占用室内空间。

④ 由于圈梁、楼板、构造柱等会引起热桥，热损失较大。

⑤ 对既有建筑进行节能改造时，对居民的日常生活干扰较大。

（3）外墙夹芯保温　外墙夹芯保温即为将保温材料置于同一外墙内、外侧墙片之间，内外侧墙片均可采用传统的黏土砖、混凝土空心砖砌块等。

外墙夹芯保温可以采用砌块墙体的方式，即在砌块空洞中填充保温材料，或采用夹芯墙体的方式，即墙体由两叶墙组成，中间根据不同地区外墙热工要求设置保温层。

这种保温形式的优点：传统材料的防水、耐候等性能均良好，对内侧墙片和保温材料形成有效的保护，对保温材料的选择要求不高，聚苯乙烯、玻璃棉、岩棉等各种材料均可使用，对施工季节和施工条件要求不高，不影响冬季施工。

（4）外墙外保温　外墙外保温是将保温隔热体系置于外墙外侧，是建筑达到保温的施工方法。目前，在欧洲国家广泛应用的外墙保温体系主要为外贴保温板薄抹灰方式。保温材料有两种：阻燃型的膨胀聚苯板及不燃型的岩棉板，均以涂料为外饰层。美国则以轻钢结构填充保温材料居多。

在我国，外保温也是目前大力推广的一种建筑保温体系。外保温与其他保温形式相比，技术合理，有其明显的优越性，使用同样规格、同样尺寸和性能的保温材料，外保温比内保温的效果好。外保温技术不仅适用于新建的结构工程，也适用于酒楼改造，适用范围广，技术含量高；外保温包在主体结构的外侧，能够保护主体结构，延长建筑物的寿命；有效减少了建筑结构热桥，增加了建筑的有效空间；同时消除了冷凝，提高了居住的舒适性。

外墙外保温由于从外侧保温，其结构能满足水密性、抗风压以及高温、湿度变化的要求，不致产生裂缝，并能抵抗外界可能产生的碰撞作用。然而，外保温层的功能，仅限于增加外墙保温效能以及由此带来的相关要求，而对墙体的稳定性起不到较大作用。因此，其主体墙，即外保温层的基底，除必须满足建筑物的力学稳定性要求外，还应能使保温层和装修层得以牢牢稳固。

《外墙外保温技术规程》推荐的做法有EPS板薄抹面浆料保温系统、胶粉EPS颗粒浆料外保温系统、EPS板现浇混凝土外保温系统、机械锚固EPS钢丝网架板外保温系统等。

3.2.2.2 屋面隔热技术

建筑屋面是建筑节能的薄弱环节，结合不同建筑结构形式，常采用以下几种屋面隔热形式组合，以期达到节能的目的。

（1）采用浅色外饰面，减少当量温度　当量温度反映了围护结构外表面吸收太阳辐射使室外热作用提高的程度，而水平面接受的太阳辐射热量最大。要减少热辐射作用，必须降低外表面太阳辐射热吸收系数ρ_s。但是由于屋面材料品种及类型多样，ρ_s值差异较大，加之地域环境、气候类型的影响，合理地选择材料和构造显得尤为重要。

正确合理的采用太阳辐射热吸收系数较小的屋面材料，可有效地降低室外热辐射作用，从而达到隔热的目的。这种措施简便适用，所增加的荷载小，无论是新建房屋，还是改建的屋顶都适用。然而，对于非透射材料构成的屋顶，减少对太阳辐射热的吸收，则表示相应地增大了吸收及反射。若在高低错落的建筑群的低位建筑屋面上采取这种措施，将增大对高位建筑的太阳辐射反射热，恶化高位建筑的室内热环境，最好选择其他途径。因此，在选择型材时，必须综合考虑辐射、透射、反射及吸收热值的影响。

（2）增大热阻与热惰性　围护结构总热阻的大小，关系到内表面的平均温度值，而热惰性指标却对谐波的总衰减度有着举足轻重的影响。通常，平屋顶的主要构造层次是承重层与防水层，另有一些辅助性层次。因此，屋顶的热阻与热惰性都不足，就会导致其隔热性能达不到标准的要求。为此，常在承重层与防水层之间增设一层实体轻质材料，如炉渣混凝土、泡沫混凝土等，以增大屋顶的热阻与热惰性。如屋顶采用构造找坡，也可利用找坡层材料，但其厚度应按热工设计确定。这种隔热构造方式的特点在于，它不仅具有隔热的性能，在冬季也能起到保温的作用，特别适合夏热冬冷地区。不过，这种方式的屋面荷载较大，而且夜间也难以散热，内表面温度的高温区段时间较长，出现高温的时间较晚。若用于办公、学校等以白天使用为主的建筑最为理想，同时也可用于空调建筑。

（3）蓄水隔热屋顶　利用蓄水来进行隔热的屋顶有蓄水屋顶、淋水屋顶和喷水屋顶等不同形式。水之所以能够起到隔热作用，主要是因为水的热容量大，而且水在蒸发时要吸收大量的汽化热，从而减少了经屋顶传入室内的热量，降低了屋顶内表面的温度。

屋顶蓄水之后具有以下优点：

① 屋顶外表面温度大幅降低；

② 大大降低了屋顶内表温度；

③ 大大减少了屋顶的传热量；

④ 蓄水深度增加，内表温度最大值下降增多。

蓄水屋顶的隔热效果虽然显著，但是由于屋顶蓄水后的夜间外表面温度始终高于无水屋顶，不但不利于散热，反而会继续向室内传热；其次，屋顶蓄水增加了屋顶静荷载，要求建筑承载能力能够达到要求，对于下部结构和抗震性能不利。此项技术在既有建筑改造中需慎重考虑。

（4）种植隔热屋顶　在屋顶上种植植物，利用植物的光合作用，将热能转化为生化能；利用植物叶面的蒸腾作用增加蒸发散热量，均可大大降低屋顶的室外综合温度。同时利用植物培植基质材料的热阻和热惰性，降低内表面平均温度与湿度振幅。综合上述各方面，达到一定的隔热目的。

3.2.2.3　门窗节能技术

门窗具有采光、通风和围护的作用，还在建筑艺术处理上起着很重要的作用。然而门窗又是最容易造成能量损失的部位。为了增大采光通风面积或表现现代建筑的性格特征，建筑物的门窗面积越来越大，更有全玻璃的幕墙建筑。这就对门窗的节能提出了更高的要求。

由于受太阳辐射的影响较大，建筑门窗的节能应侧重于夏季隔热，冬季保温。因此，在建筑节能设计时应注意以下几方面，以提高门窗的保温隔热性能。

（1）控制窗墙面积比　由于建筑外门窗传热系数比墙体的大得多，节能门窗应根据建筑的性质、使用功能以及建筑所处的气候环境条件设计。外门窗的面积不应过大，窗墙比宜控制在0.3左右。

（2）加强窗户隔热性能　窗户的隔热性能主要是指夏季窗户阻挡太阳辐射热射入室内的能力。采用各种特殊的热反应玻璃或热反应薄膜有很好的效果。特别是选用对太阳光中红外线反射能力强的热反射材料更为理想，如低辐射玻璃。但在选用这些材料时要考虑房间的采光问题，不能以损失窗的透光性来提高隔热性能，否则，它的节能效果会适得其反。

采用合理的遮阳措施。根据冬季日照、夏季遮阳的特点，合理地设计挑檐、遮阳板、遮阳棚和采用活动遮阳措施，以及在窗户内侧设置镀有金属膜的热反射织物窗帘或安装具有一定热反射作用的百叶窗，以降低夏季空调能耗。

改善窗户保温性能。改善建筑外窗户的保温性能主要是提高窗户的热阻。选用热导率小的窗框材料，如塑料、断热金属框材等；采用中空玻璃，利用空气间层热阻大的特点；从门窗的制作、安装和加设密封材料等方面，提高其气密性等，均能有效地提高窗体的保温性能，同时也提高了隔热性能。

目前，对门窗的节能处理主要是改善材料的保温隔热性能和提高门窗的密闭性能。从门窗材料来看，近些年出现了铝合金断热型材、铝木复合型材、钢塑整体挤出型材、塑木复合型材以及UPVC塑料型材等一些技术含量较高的节能产品。其中使用较广的是UPVC塑料型材，它所使用的原料是高分子材料——硬质聚氯乙烯。它不仅生产过程中能耗少、无污染，而且材料热导率小，多腔体结构密封性好，因而保温隔热性能好。UPVC塑料门窗在欧洲各国已经采用多年，在德国塑料门窗已经占了50%。

中国20世纪90年代以后塑料门窗用量不断增大，正逐渐取代钢、铝合金等能耗大的材料。为了解决大面积玻璃造成能量损失过大的问题，人们运用了高新技术，将普通玻璃加工成中空玻璃、镀贴膜玻璃（包括反射玻璃、吸热玻璃）、高强度LOW2E防火玻璃（高强度低辐射镀膜防火玻璃）、采用磁控真空溅射方法镀制含金属银层的玻璃以及最特别的智能玻璃。

3.2.3　建筑遮阳技术

太阳辐射通过窗进入室内的热量是造成夏季室内过热的主要原因。遮阳是获得舒适温度、减少夏季空调能耗的有效方法，特别是对于我国南方地区夏热冬暖地区气候特点，有效的外遮阳设施可以显著地减少夏季的太阳辐射，降低空调能耗，大幅度节约能源。虽然建筑自遮阳及外遮阳会相应地增加建设成本，但对于住房节能效果明显。

遮阳的目的是为了防止直射阳光射入，减少透入室内的太阳辐射热量，避免夏季室内过热以及产生眩光，实现阻热、保护物品等作用。

设计窗口遮阳的要求：主要防止夏季阳光的直接照射，并尽量避免散射和辐射的影响；其次要有利于窗口的采光、通风和防雨；同时要注意不阻挡从窗口向外眺望的视野以及它与建筑造型处理的协调，并且力求构造简单，经济耐久。

遮阳形式的选择，则必须结合地区气候特点和窗口朝向来考虑。冬冷夏热和冬季较长的地区，宜采用竹帘、软百叶、篷布等临时性轻便遮阳；冬冷夏热和冬、夏时间长短相近的地区，宜采用可拆除的活动式遮阳；冬暖夏热的地区，一般采用固定的遮阳设施，尤以活动式较为优越。另外，需要遮阳的地区，还可以考虑利用建筑周边环境进行阶段性遮阳，利用绿化树、藤蔓和周边建筑构件的阴影在一定时段内实现遮阳。

3.2.3.1　外窗遮阳技术

居住建筑的外窗，尤其是东、西朝向的外窗宜采用活动或固定的建筑外遮阳设施。且遮阳设施不阻碍自然通风和冬季房间太阳热辐射的吸收。典型形式的建筑外遮阳系数见表3.5。

表3.5 典型形式的建筑外遮阳系数SD

遮阳形式	SD
可完全遮挡直射阳光的固定百叶、固定挡板、遮阳板	0.5
可基本遮挡直射阳光的固定百叶、固定挡板、遮阳板	0.7
较密的花格	0.7
非透明活动百叶或卷帘	0.6

注：1. 位于窗口上方的上一楼层的阳台也作为遮阳板考虑。
2. 可完全遮挡是指在整个夏季（4月21日～10月21日）能完全遮挡太阳的直射。

3.2.3.2 自遮阳技术

遮阳设计应结合地区气候特点、建筑群布置和房间的使用要求。另外，要合理选择建筑的朝向，处理好建筑的立面，尽量避免夏季太阳光直射室内。

在总平面布置中，利用建筑互相造影以形成遮挡方法，形成建筑互遮阳。通过建筑构件本身，特别是窗户部分的缩紧形成阴影区，形成自遮阳。

3.2.3.3 固定外遮阳

结合建筑形体，采取有效的遮阳措施，且遮阳系数满足建筑节能设计标准的要求。如图3.11和图3.12所示。

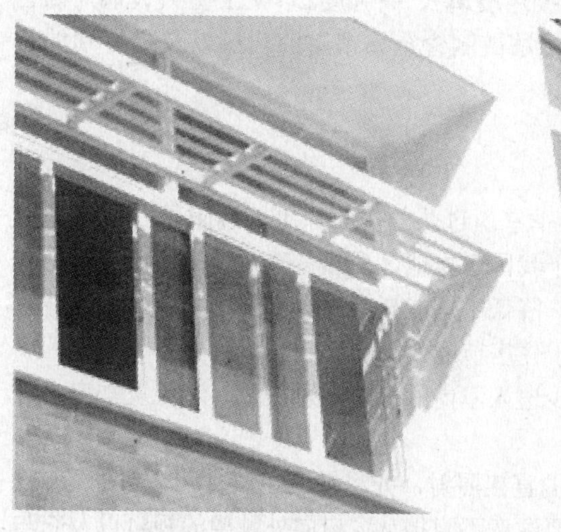

图3.11 百叶水平遮阳板

图3.12 磨砂玻璃挡板遮阳

3.2.3.4 活动外遮阳

建筑活动外遮阳主要分为百叶帘遮阳，卷帘遮阳（见图3.13），格栅遮阳，机翼遮阳和织物遮阳（见图3.14）等，活动外遮阳可以通过手动或机电器件实现自动控制遮阳效果。活动遮阳最大的优点是可以有效地减少建筑因太阳辐射和室外空气温度通过建筑围护结构的传导得热以及通过窗户的辐射得热，改善夏季室内热舒适性，防止强烈的阳光透过窗户玻璃照到室内引起居住者的不舒适。

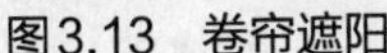

图3.13　卷帘遮阳

图3.14　织物遮阳

采用可调节外遮阳措施时需要考虑与建筑的一体化设计与施工，并综合比较遮阳效果、自然采光和视觉影响等因素。外遮阳系统能根据太阳方位角和高度角进行调节，并同时采用增强自然采光等措施。

3.2.4　节能照明技术

建筑照明节能旨在通过建筑光环境塑造过程充分利用天然光，采用节约能源、保护环境的照明系统，充分发挥人的视觉效能，以优良的照明振奋人的精神，提高工作效率和产品质量，保障人身安全与视力健康，对人的精神状态和心理感受产生积极的影响。

目前全球照明用电占到总用电量的19%，我国照明用电占全社会用电量的13%左右。如果把我国在用的14亿只白炽灯全部替换为节能灯，每年可节电480亿千瓦时，相当于每年减少二氧化碳排放4800万吨，节能减排潜力很大。

建筑照明节能发展主要关注节能、环保和健康，选用优质照明产品，重视天然光利用，强调综合技术支持，逐步在加强实施。据了解，根据我国逐步淘汰白炽灯路线图，2012年10月1日起，禁止进口和销售100瓦及以上普通照明白炽灯。2014年10月1日起，我国将禁止进口和销售60瓦及以上普通照明白炽灯；2015年10月1日～2016年9月30日为中期评估期；2016年10月1日起禁止进口和销售15瓦及以上普通照明白炽灯。

3.2.4.1　人工光照明

人工光照明主要是采用节能照明器材，如光源、灯具、镇流器、智能控制系统等。

（1）光源　光源是能量转换成光的器件，是实施照明节能的核心。目前主要发展趋势有以下几方面。

① 紧凑型节能灯　紧凑型节能灯是目前替代白炽灯最适宜的光源。国外最近研制生产的紧凑型节能灯与白炽灯相比，节能达80%，功率范围5～23W，寿命长达1万小时，降低了维护和替换费用。这种光源使用稀土三基色荧光粉，使被照物体更真实、更自然，光色从

暖色到冷色，满足不同应用需求，还适用于可调光路。

② 高强度气体放电灯　气体放电光源光效优于热辐射光源，其中紧凑型荧光灯、高压钠灯、金属卤化物灯主要适用于高大工业厂房、体育馆、道路、广场、户外作业场所。

有企业设计和研制出320W高效节能型照明金卤灯，该灯采用脉冲启动，为保证灯的长寿命和良好的启动特性，在设计上采用了单电极紫外辐射管帮助灯启动。该灯与相对应的节能电感镇流器、电子触发器配套，使照明系统的能源效率比普通标准型金卤灯节能25%，用它取代400W金卤灯照明系统，节能效果显著。

③ 电磁感应灯　电磁感应灯是继传统白炽灯、气体放电灯之后在发光机理上有所突破的新型光源。它是由高频发生器、功率耦合线圈、无极荧光灯管组合构成，而且不用传统钨丝，可以节约大量资源。它的使用寿命长达10年以上，比荧光灯节电1倍以上，功率为25～350W的电磁感应灯可实现30%～100%的连续调光功能。电磁感应灯作为人们公认的新一代光源，高光效、长寿命、高显色、光线稳定，是理想的绿色照明光源之一。

④ LED光源　半导体照明是21世纪最具发展前景的高技术领域之一，它具有高效、节能、安全、环保、寿命长、易维护等显著特点，被认为是最有可能进入普通照明领域的一种新型第四代“绿色”光源。美、日等国政府均启动LED照明工程计划，以期站在世界的前沿。白光LED可应用于建筑照明领域，以替代白炽灯、荧光灯、气体放电灯。目前，白光LED发光率已从15 lm/W提高到30 lm/W，在研究水平上为40 lm/W，最高已达到50 lm/W，人们正向着100 lm/W的目标不断努力。白光LED的显色性能已达到$Ra>80$，较低色温的产品也在加紧研制。

（2）灯具　灯具性能对节能至关重要，主要是灯具效率和配光的作用。灯具效率是在规定条件下照明灯具发射的光通φ_L与灯具内的全部光源在灯具外点燃时发射的总光通φ_S之比，用“η”表示，即$\eta=\varphi_L/\varphi_S$。一般来说，η同灯罩材料的反射比与透射比成正比，敞开式灯具的效率取决于灯具开口面积S_0与反射面积S比值及反射罩的形状。为了尽量减少灯光在灯具内的损失，S_0/S愈大愈好。

因此，选择灯具应考虑以下方面。

① 灯具的反光率　目前市面上的灯具反光内衬有镀膜材料、国产铝、进口铝、不锈钢材料等。纯度高的电化铝反射率能达到94%，亚光铝反射罩比镜面铝反射效果好。因为镜面格栅控制光线的效果很差，在格栅上能清晰地看到灯管的影像，眩光严重，一般选用高纯度亚光铝格栅，能起到较好的反射、控光、防止眩光作用。镀膜的灯具易发生氧化变色、吸光较大。

② 灯具的形状　灯具的形状以尽量减少灯光在灯具内的多次反射作为基本要求，以免造成灯光浪费，还要考虑防止眩光的最小保护角，格栅灯格子的宽度和高度的保护角一般在25°～45°之间，筒灯的保护角一般在10°～30°之间。可以根据不同要求，按配光曲线选择灯具。目前使用较多的是半直接型、半间接型和间接型灯具，灯具利用系数应在0.5以上。

（3）镇流器　荧光灯的主要附件电感镇流器是耗能产品，电感镇流器由扼流线圈、漏磁变压器等构成，属于感性负载，会使电流滞后，产生无功损耗。采用荧光灯的场合，镇流器的损耗约占20%～30%，功率因数仅0.4～0.5。因此，除了安装电容器进行无功补偿外，应积极推广低损耗的节能型镇流器，如电子镇流器、节能型电感镇流器。各类荧光灯镇流器性能对比见表3.6。

表3.6 各类荧光灯镇流器性能对比

型号品种	自身功率	光效比	电磁干扰	抗电源瞬时过电压	连续使用寿命
电感式	9W	0.9～0.98	无	无问题	10年
感容式	4～5.5W	1.0～1.05	无	无问题	10～20年
漏磁变压器式	≤3.5W	1.1	在允许范围	能承受	2～4年
超前峰式	≤3.5W	1.1	在允许范围	能承受	3～5年
H型电子镇流器	≤3.5W	1.1	明显、超标	不能承受	1～3年

电子镇流器主要优点是：高效节能，本身功耗很低，功率因数达0.9以上，启动速度快、无噪声、无频闪，使灯管寿命延长20%等。现在已有不少单位能够生产多种功能因数高、谐波含量低、异常状态保护功能齐全、性能可靠的电子镇流器。所谓异常状态保护系指荧光灯开路、不正常启动以及电网异常时，镇流器能自我保护而退出工作；当荧光灯或电网恢复正常时荧光灯仍能正常启动和工作。

（4）智能控制系统　照明控制装置是国内占销售比例最大的照明节能设备。目前普遍采用的控制系统有人工红外感应灯、声控、光控、程控等高科技控制系统，目的都是为了在无人需要或需要量小时能有效节能。

智能照明调控装置是国际上比较成熟的照明控制解决方案，其工作原理是采用微电脑控制系统，实时采集输出、输入电压信号与最佳照明电压比较，通过计算自动调节，从而保证输出最佳的照明系统工作电压。

智能照明调控装置可实现的功能如下。

① 为满足不同用户对照明灯具控制的需要，智能调控装置提供三种运行模式供设计师、用户选用，即端子控制节能运行模式、时间控制节能模式和通信控制节能运行模式。在选择方案时，可按现场实际情况，通过天文钟、智能探头或内部编程、远程计算机遥控，实现时控、光控、程控等多种智能化控制。针对不同功能需求，可根据不同时段、不同灯具、不同亮度要求，每项实现独立调节，可实现100%不平衡的区域化照明控制。

② 适用于白炽灯和所有气体放电的高效光源，如高压汞灯、高低压钠灯、荧光灯、金属卤化灯等。其特有的软启动和过渡功能可保证光源不受冷启动大电流冲击，延长光源的使用寿命。

③ 完善的保护功能。当过载威胁到装置的自身安全时，它将自动转到静态旁路工作，既保护了设备又保证了对电源的连续供电。当装置内部的电气、电子器件受损时，由手动旁路将其隔离，既可保证对光源的供电，又可由智能控制器连续对供电进行控制。

④ 具有快速响应的电子稳压系统，保证负载以额定工作电压工作，瞬间过压不会传到负载，而瞬间电压下降不也会使气体放电灯熄灭。

⑤ 装置工作的各个阶段均能输出精度±2%的稳定电压，而且所有参数均可用面板按键进行设定。也可用微机在Windows平台上的专用软件设定。

公共场所和部位的照明控制应采用节能控制措施，并与自然采光系统相结合。

住房楼梯间、公共走道的照明，应当采用节能自熄开关控制；道路照明和泛光照明定时控制。

3.2.4.2 绿色照明与节电技术清单

如表3.7所示。

表3.7 绿色照明与节电技术清单

技术类目	序号	技术（产品）名称	主要技术特点	适用范围	技术咨询单位
绿色照明与节电技术	1	CHF高频智能镇流器技术及荧光灯具	芯片产生50kHz高频振荡可使光源光效提高；比使用普通镇流器的灯具节能20%以上，CHF高频智能镇流器自身功耗低于4W，而普通镇流器功耗6～10W。预热启动和恒功率输出使灯管寿命延长，并具有异常状态保护功能	适用于建筑、工业等室内照明系统	北京中环优耐特照明电器有限公司
绿色照明与节电技术	2	大功率高亮节能型氙气路灯	在灯泡壳里充有带氙气及金属卤化物，可有效保护电极的使用寿命，使灯泡寿命达到2.5万小时以上，发光时的光效达到105～130 lm/W，显色指数达到70%～80%	适用于道路照明	漳平昌胜节能光电科技有限公司、佛山市昌胜电子电器有限公司
绿色照明与节电技术	3	LED照明产品及灯具配光技术（室内、路灯、隧道灯）	具有电压低、寿命长、光效高、功耗小、紫外红外辐射小、防水、防尘、耐高温、耐振动等特点，比传统白炽灯可节电85%～95%，使用寿命可达1.5万至5万小时	适用于建筑、工业等室内照明，同时也适用于道路和隧道照明	北京勤上光电科技有限公司、北京爱友恩新能源技术研究所、北京陆源泉商贸有限公司、北京信能阳光新能源科技有限公司
绿色照明与节电技术	4	低频无极	光效为65～90 lm/W；显色指数CRI≥80；功率因数≥0.98；工作频率为100～300kHz，光线柔和无闪烁；低光衰，6万小时光通量维持率不低于70%；可选色温范围广（2720～6500K）；电源电压波动为±10%，输出灯功率变化为±3%，保证光输出恒定；谐波含量THD≤10%；快速启动，即开即亮（具有热灯瞬时启动能力）；环境适应性强，在-20～+50℃的环境下正常工作	体育场馆、展览馆、机场、车站、加油站、游乐场、工矿企业车间、仓库、大型超市等公共场所的室内照明。道路照明、隧道照明，建筑物泛光照明等	英智特（北京）科技发展有限公司
绿色照明与节电技术	5	有源滤波器	有源电力滤波器并联在电网侧和谐波源负载之间，能对谐波源产生的动态变化的电流谐波进行迅速地跟踪补偿，节能率达到5%以上，并能够提高配电设备的使用效率和电气设备的使用寿命，增加配电设备可靠性，提升产能	适用于替代无源电容滤波器与无功补偿器	英智特（北京）科技发展有限公司
绿色照明与节电技术	6	路灯节能监控系统	运用信息采集、监控系统对路灯实现合理控制，合理分配路灯开关时间，同时也可用于电网质量较差的路灯系统，应用案例节能率达到30%以上	适用于市政路灯控制系统	济南格林节能有限公司北京分公司
绿色照明与节电技术	7	纳米反光技术（高效纳米节能路灯）	纳米反射技术充分发挥光源反色率，使光量大量增加。纳米光学与照明主要技术运动反色光学原理，配合纳米镀膜镜面处理，以修整改良的光学曲率，配合纳米界面90%～99%的反射率，有效提升各类光源本身亮度	适用于提高灯具效率	深圳三一纳米节能技术股份有限公司
绿色照明与节电技术	8	高效电子镇流器	电子镇流器部分采用可衡功率智能、高效的电能驱动，可生产大功率的电子镇流器，最高可实现1千瓦的大功率电子镇流器，并且能够稳定高效运转，寿命长	需要使用镇流器的照明灯具	深圳三一纳米节能技术股份有限公司
绿色照明与节电技术	9	电磁平衡技术	采用特殊的电磁式三相结构，使电源的三相电量在通过线圈的同时，相互补偿三柱型铁芯的磁通量，最大限度地控制各相感应电动势的一致性，从而消除各相位间的电压和电流的不均衡，维持控制其平衡性。可以起到降低冲击电流、平衡三相电压电流、提高功率因数、抑制高次谐波的作用，从而实现节能的效果	适用于建筑、工业等耗电量较大的用能单位	北京兴华景成科技发展有限公司

续表

技术类目	序号	技术（产品）名称	主要技术特点	适用范围	技术咨询单位
绿色照明与节电技术	10	即热式净化开水器	即时速热，使水流过即开，杜绝千沸水，不用水时不耗电；瞬时加热，提高加热效率；微电脑精确控制水温和水质，把出水温度控制在开水临界温度，无超温损耗	适合安装在政府机构、学校教学楼、学生公寓楼、办公写字楼、企事业单位等	北京净道科技有限公司、北京国铁科林科技股份有限公司
绿色照明与节电技术	11	热转印标识打印头无缝连接技术	热转印是运用热升华原理，将数码图像转印到经过特殊处理的介质上。利用热转印不用制版，不用印刷，不用冲印，可以在各种各样的瓷器、金属、玻璃木头等器皿和布料上任意制作，较传统打印方式节能约15%左右	适合各种需要打印的办公场所	北京鼎一伟信科技发展有限公司

注：上述节能技术来自《北京市2013年节能低碳技术产品推荐目录》。

3.2.5　其他建筑节能技术

如表3.8所示。

表3.8　建筑节能技术清单

技术类目	序号	技术（产品）名称	主要技术特点	适用范围	技术咨询单位
建筑节能技术	1	纳米透明遮阳技术（纳米透明节能玻璃涂料）	使用半导体材料，采用纳米技术制成透明遮阳膜，该膜具有很高的红外屏蔽效果和良好的可见光区透过率，利用这种特性，采用纳米透明节能玻璃涂料在门窗玻璃表面涂覆成膜，可使门窗阻隔太阳光谱中的红外线进入室内，以降低夏季建筑物室内的空调能耗。该产品技术成本低	适宜我国除严寒地区外的大多数气候区，适用新建建筑的门窗玻璃节能及既有建筑的门窗玻璃节能改造	北京建筑技术发展有限责任公司
建筑节能技术	2	建筑用玻璃隔热膜	采用有机无机纳米复合材料技术，将纳米级金属氧化物涂覆在高分子透明薄膜上，可阻隔太阳光谱中绝大部分红外和紫外线，并让可见光线充分通过，达到高透明和高隔热的功能，对中远红外也有高阻隔率，起到较好的隔热效果，施工简便，环保，成本较低	适合我国除严寒地区外的大多数气候区，适用新建建筑的门窗玻璃节能及既有建筑的门窗玻璃节能改造	北京化工大学、池州市英派科技有限公司
建筑节能技术	3	空调余热回收热水技术（具有供冷、供热、供热水的空气源热泵三效机组）	能够用高效节能的方式实现供暖、制冷和提供生活热水，节能效果好，使用成本为电热水器的1/4，燃气热水器的1/3	居住建筑、公共建筑等	北京振兴华龙制冷设备有限责任公司
建筑节能技术	4	复合式风冷-水冷热泵机组	风冷热泵机组和水冷式机组通过连接在两个机组之间的水循环装置，配合形成一个复合式风冷-水冷热泵机组。改善了机组的运行环境，拓宽了机组的工作范围，可将机组的最高制冷温度从35℃提高到40～45℃，可将制热的最低温度从-5℃降低到-25～-10℃，可有效解决夏季高温天气风冷机组制冷量下降以及北方地区冬季空调供暖问题	居住建筑、公共建筑等	北京振兴华龙制冷设备有限责任公司

续表

技术类目	序号	技术（产品）名称	主要技术特点	适用范围	技术咨询单位
建筑节能技术	5	建筑垃圾利用环保型扣压穿合式抗震结构砌块及应用技术	该砖砖体内空，呈长方体阴阳状：砖面设有凹槽，砖底设有可扣固于凹槽中的凸块，砖的中央和两端呈圆形或半圆形，开有可贯穿至砖底的穿合孔。具有转配方便，节能效果好等特点	适用于替代低层普通建筑用空心砖	北京太极金圆新型材料技术有限公司
建筑节能技术	6	轻质保温混凝土复合板	部分原料采用粉煤灰、矿渣粉等工业垃圾，产品具有良好的保温、隔热性能，使用时可以根据不同地区的气候特点采用适宜的厚度，复合板通过了国家测试中心的抗疲劳测试，具有防火防噪、耐久性好、轻质等特点	适用于建筑非承重保温墙体	北京中体板业建材有限公司
建筑节能技术	7	建筑一体储能空调	利用逆卡诺循环原理和智能控制技术，将不锈钢微孔管敷设在建筑结构的楼板或墙体上，利用混凝土储能特性，将冷（热）能量存于建筑墙、楼板中，使能量以辐射形式释放，达到室内制冷、取暖的目的。微孔管中的冷（热）能为通过空气源热泵提供，由于充分利用了建筑结构材料的特点，可将夏季制冷蒸发温度设定为18℃，冷凝温度为35℃，室内温度在23～25℃；冬季制热，蒸发温度设定为-15℃，冷凝温度为30℃，室内温度20℃左右	住宅、小型公共建筑等	北京远大天益生态建筑设计院有限公司
建筑节能技术	8	节能保温防火装饰板（岩棉复合板及成型工艺）	以超细岩棉（板）作为保温芯材，将超强抗热辐射铝箔、玻璃纤维网格布和聚合物砂浆等材料复合在岩棉板的外表面，经养护处理后制成外墙保温复合板。该复合板的超细纤维岩棉板中的连通孔隙被封闭，减少了空气对流作用，使其热导率降低，提高了节能效果	建筑外墙防火保温	北京卓效节能装饰建材科技有限公司
建筑节能技术	9	STP超薄绝热保温板	该产品运用真空绝热原理，通过高强度包覆膜的制备以及板材内部真空度的提高，有效降低热量传导及辐射，是目前国内技术领先的建筑保温产品，同时，板材整体采用无机材料，增强了其安全性和实用性。主要技术指标：热导率≤0.008W/(m•K)，是传统保温产品效果的3～8倍；A级防火，符合公安部建筑外保温要求；单位面积质量≤10kg/m²；与水泥砂浆的拉伸黏结强度≥0.1MPa	适用于新建、扩建民用及公用建筑外墙内、外保温与屋面的保温工程，亦适用于既有建筑的节能改造工程。此外，该产品通过复合工艺制作的保温装饰一体化板材，适用于目前新兴的装配式建筑领域	青岛科瑞新型环保材料有限公司
建筑节能技术	10	建筑垃圾再生材料混凝土	建筑垃圾再生集料具有与天然集料接近的力学性能和耐久性能，可部分替代天然集料掺入混凝土中；建筑垃圾再生粉体具有较高的活性，可部分替代水泥掺入混凝土中；达到节能减排和资源综合利用的效果。将建筑垃圾经过破碎、筛分、研磨或粉磨等工艺得到再生集料、再生粉体等再生材料，掺加一定比例再生材料配制的混凝土即建筑垃圾再生材料混凝土。利用建筑垃圾再生粉体较好的活性，作为混凝土掺合料，混凝土产品质量得到保证，节能减排效果显著	建筑用混凝土	北京新奥混凝土集团有限公司

续表

技术类目	序号	技术（产品）名称	主要技术特点	适用范围	技术咨询单位
建筑节能技术	11	新型燃气冷热电联产技术	是解决建筑冷、热、电等全部能源需要并安装在用户现场的能源中心，是利用发电废热制冷制热的梯级能源利用技术，使能源利用效率能够提高到80%以上。该技术取消了传统方式的余热锅炉，在相同条件下能效可提高20%；费用降低20%；减少投资；提高可靠性，提高安全性	公共建筑、能源中心等	远大能源利用管理有限公司
建筑节能技术	12	无甲醛节能环保玻璃棉制品	采用离心喷吹法生产工艺，玻璃棉纤维直径为5～7μm，纤维长度为200mm，且杜绝了煤渣球的存在，在保证节能、环保、保温、降噪性能和力学性能的前提下，尽可能降低有机树脂的用量；选用热固性环保丙烯酸有机硅树脂为黏结剂，产品的憎水率高，强度大，且富有韧性；可防止细菌的滋生，延长使用寿命	作为吸声降噪材料可用于天花板、风管、吸声壁等处	世纪良基投资集团有限公司
建筑节能技术	13	吸收式热泵技术	溴化锂吸收式热泵机组是以热能驱动运行，从低品位热源（或废热热源）吸取热量，制取满足工艺或采暖用中、高温热水或蒸汽，实现余热回收利用、从低温向高温输送热能的供热设备。其驱动热能可为蒸汽、高温烟气、直接燃烧燃料（燃气、燃油）产生的热量，甚至是废热热水或废热蒸汽，其最大优势在于余热回收利用，在节能降耗和余热供热领域中将发挥越来越重要的作用	大型公建、工业企业等	远大能源利用管理有限公司
建筑节能技术	14	多孔位通配节水便器	通过马桶出水点优化设计，增强冲洗效果，减少马桶用水，达到节水的目的	居住建筑、公共建筑等卫生间	征星联宇环保科技（北京）有限公司
建筑节能技术	15	半导体管式外加热低压负真室水暖机	该类水暖机是将锅炉、管道、暖气片、加湿器、温控器五大产品及功能于一体的供暖设备，能够实现能源的综合利用，提高能源利用效率，同时能够满足多种需求	居住建筑、公共建筑、工业厂房等	北京纽伯恩电器科技有限公司
建筑节能技术	16	智能电力供热系统	智能电力供热系统能够合理分配用电量，保障户内生活用电及电热地暖运行的可靠性、安全性，在传统电力供暖系统上进行了全面的升级，在小区电网不增容、户内电容量确定的情况下，能够实现采暖的需求	适宜于分户电力供暖的居住建筑、公共建筑等	北京大秦纵横科技有限公司
建筑节能技术	17	热管式机房排热设备	通过自然冷却，实现小温差、智能化排热，将机房内的热量高效迅速地传递到室外，有效解决机房排热问题，延长空调使用寿命	计算机或通信设备机房	北京纳源丰科技发展有限公司、北京中环瑞德环境工程技术有限公司

注：上述节能技术来自《北京市2013年节能低碳技术产品推荐目录》。

3.2.6 可再生能源利用技术

可再生能源是指在自然界中可以不断再生、永续利用、取之不尽、用之不竭的资源，主要包括太阳能、风能、水能、生物质能、地热能、海洋能等。从目前国内外发展情况来看，可再生能源在建筑中的应用模式主要有太阳能光伏、光热利用，水体冷热资源技术，生物质能技术等。

3.2.6.1 太阳能利用技术

太阳能是各种可再生能源中最重要的基本能源，能源总量大且分布范围广泛。这里的太阳能是指太阳所负载的能量以阳光形式，照射到地面的辐射总量。辐射总量包括太阳直接辐射和太空散射辐射的总和。太阳能的利用主要有：太阳能光热利用和光伏利用。太阳能光热利用技术包括太阳能热水器、太阳房、太阳灶、采暖和空调、制冷技术等。目前在我国，发展最快、技术最成熟的是家用太阳能热水系统。与光热利用相比，太阳能光伏利用在我国起步比较晚，太阳能光伏技术在建筑中的应用才刚刚开始。总体来讲，太阳能利用技术难度不高且经济性好。

（1）被动式太阳能建筑　被动式太阳能建筑是指利用建筑本身作为集热装置，依靠建筑方位的合理布置，以自然热交换的方式（传导、对流和辐射）使建筑达到采暖和降温目的的建筑。这种太阳能利用方式适用于高纬度寒冷地区。

被动式太阳能建筑在建筑物上采取技术措施，而无需机械动力（有时需要借助换气风扇加强热量交换），利用太阳能进行采暖，它既不需要太阳集热器，也不需要水泵或风机等机械设备，只是通过合理布置建筑物的方位，改善窗、墙、屋顶等建筑物构造，合理利用建筑材料的热工性能，以自然热交换的方式使建筑物尽可能多地吸收和储存热量，以达到采暖的目的。被动式太阳房构造简单、造价低廉，是太阳能热利用技术在建筑中应用的一个重要方面。被动式太阳能温室（采暖房）的一般结构主要包括温室、采暖房、蓄热层和围护结构。温室在采暖房的南面，顶部向南倾斜。温室和采暖房的隔墙上下端设有通风口，温室侧隔墙表面对太阳光的吸收率较大，隔墙内为保温材料。温室顶部和东面、西面、南面为透明玻璃结构。温室及采暖房底部为蓄热床，充填岩石等蓄热介质。按采集太阳能的方式区分，被动太阳房可以分为以下几类。

① 直接受益式　冬天阳光通过较大面积的南向玻璃窗，直接照射至室内的地面墙壁和家具上，使其吸收大部分热量，因而温度升高。所吸收的太阳能，一部分以辐射、对流方式在室内空间传递，一部分导入蓄热体内，然后逐渐释放出热量，使房间在晚上和阴天也能保持一定温度。采用这种方式的太阳房，由于南窗面积较大，应配置保温窗帘，并要求窗扇的密封性能良好，以减少通过窗的热损失。窗应设置遮阳板，以遮挡夏季阳光进入室内。

② 集热蓄热墙式　这种太阳房主要是利用南向垂直集热蓄热墙吸收穿过玻璃采光面的阳光，通过传导、辐射及对流，把热量送至室内。墙的外表面涂成黑色或某种深色，以便有效地吸收阳光。集热蓄热墙的形式有：实体式集热蓄热墙，花格式集热蓄热墙，水墙式集热蓄热墙，相变材料集热蓄热墙，快速集热墙等。

③ 屋顶池式　屋顶池式太阳房兼有冬季采暖和夏季降温两种功能，适合冬季不太寒冷，而夏季较热的地区。用装满水的密封塑料袋作为储热体，置于屋顶顶棚之上，其上设置可水平推拉开闭的保温盖板。冬季白天晴天时，将保温板敞开，让水袋充分吸收太阳辐射热，水袋所储热量，通过辐射和对流传至下面房间。夜间则关闭保温板，阻止向外的热损失。夏季

保温盖板启闭情况则与冬季相反。白天关闭保温盖板，隔绝阳光及室外热空气，同时用较凉的水袋吸收下面房间的热量，使室温下降；夜晚则打开保温盖板，让水袋冷却。保温盖板还可根据房间温度、水袋内水温和太阳辐照度，进行自动调节启闭。此法与蓄水隔热屋顶类似。

（2）太阳能热水系统 太阳能热水系统一般由集热器、管路、水箱、辅助加热及控制系统组成。按照集热器的形式可分为真空管型和平板型。

真空管型集热器又分为全玻璃真空管、热管式真空管和金属-U形玻璃真空管三类。推荐使用的是热管式和金属-U形玻璃真空管。

平板型集热器的结构形式和性能特点与建筑材料最为适应，单位面积成本相对较低，也易于实现建筑一体化，是普遍使用的集热器形式。

按与建筑结合的太阳能应用形式有单户分散式（见图3.15）、阳台分体式、屋面分体式、集中集热-集中供热式（见图3.16）、集中集热-分户供热式5类。

图3.15 太阳能热水系统（分户式）

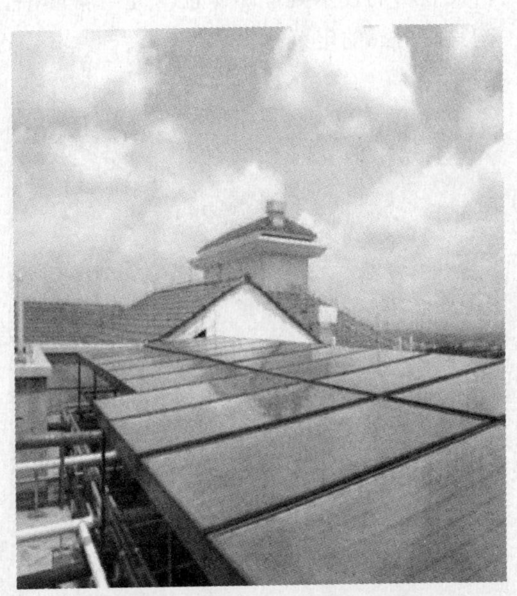

图3.16 太阳能热水系统（集中式）

太阳能热水系统与建筑有机结合，不仅是外观、形式上的结合，重要的是技术质量的结合。在明确建筑方位之后，对建筑物屋面的日照进行分析，以日照时数大于4h作为有效屋面，合理布置太阳能集热器。按照同程连接方式对集热器进行连管，选用合适的太阳能热水系统，计算所需的贮水箱、热交换器、循环水泵等，最后系统集成，设计成图。设计应遵循与建筑工程统一规划、同步设计、同步施工、同步验收、同时投入使用。

现阶段，绝大部分的住宅都仅希望解决太阳能一体化的问题。从开发商角度，希望一次投资尽量节省费用，维护管理简单；从客户角度，希望能在不增加或少增加费用的基础上，能尽可能多地使用太阳能热水，以节省热水费用。因此，建议6层及6层以下建筑采用分户式太阳能热水系统，6层以上小高层建筑采用集中集热-分户供热太阳能热水系统，推广要求的公共建筑采用集中集热-集中供热太阳能热水系统。没有纳入推广范围的高层建筑，建议设计和施工时进行必要的管路、固定件的预设、预埋，以供后期的安装与使用。同时，建筑界与太阳能界应继续密切配合，通过工程实践不断提高太阳能供热技术水平，实现太阳能与建筑的完美结合。

我国已成为世界上容量最大、最有发展潜力的太阳能热水器市场：年生产量$1500\times10^4m^2$，年产值过亿元有10家企业，5000万元以上近20家；2007年年产量$2340\times10^4m^2$（$16380MW_{th}$），全国太阳能热水器的使用量约为$10800\times10^4m^2$（$75600MW_{th}$）（按10年寿命计算，1997年前安装的作废），占世界使用量的40%；每1000人的太阳能热水器使用面积为$50m^2$左右，列世界第10位；2020年$3\times10^4m^2$；$200m^2$/ 1000人。

（3）太阳能光电系统　利用光伏效应太阳电池可以将太阳能转换成电能。许多先进国家如德国、日本、美国、澳大利亚等，不仅将光伏独立电站和并网发电系统成功地引入了市场，同时各国政府在政策方面也给予了大力支持。

目前太阳能光电系统应用较多的是光电幕墙技术（见图3.17）。光电幕墙的技术原理主要是将太阳能转化成电能；安装原理与普通幕墙类似，主要的区别是光电幕墙通过对幕墙横料及竖料的技术处理，保证了光电幕墙铝合金框架与光电系统可靠的分离，使得光电幕墙结构具有可靠的电绝缘性。

图3.17　太阳能光电建筑一体化

随着节能和环保的需要，我国正在逐渐接受这种光电幕墙。为了满足国内市场需求，已经有多家企业通过与海外企业合资、合作，引进、生产这种光电幕墙产品。在研发具有自主知识产权的光电幕墙产品方面，国内业界紧紧追踪国际先进技术，于2002年开发出具有自主知识产权的光电幕墙产品，并成功应用在位于深圳高新技术产业园区的某集团科技中心大厦工程中，其采用的光电幕墙有效面积为$93.8m^2$，设计峰值发电功率10.3kW，建筑标高97m，是我国第一幢光电幕墙建筑。

光电幕墙制品可广泛用于建筑物的遮阳系统、建筑物幕墙、光伏屋顶、光伏门窗等，具有以下特点：节能——有效降低墙面及屋面温升，减轻空调负荷，降低空调能耗；环保——不需燃料，不产生废气，无余热，无废渣，无噪声污染；实用——舒缓白天用电高峰期电力需求，解决电力紧张地区及无电少电地区供电情况；效果——玻璃中间采用各种光伏组件，色彩多样，使建筑具有丰富的艺术表现力。

3.2.6.2　其他新能源及可再生能源利用技术

如表3.9所示。

表3.9　其他新能源及可再生能源利用技术

技术类目	序号	技术（产品）名称	主要技术特点	适用范围	技术咨询单位
新能源及可再生能源技术	1	污水源、再生水源热泵技术	利用污水源、再生水源作为低温冷热源体，实现制冷或供热，具有节能、高效、环保等优点	适用于再生水资源充足、建筑冷热负荷集中地区的供热制冷	北京市华清地热开发有限责任公司 北京瑞宝利热能科技有限公司
新能源及可再生能源技术	2	地源热泵技术	利用浅层地温能资源，实现对建筑物的高效节能供热制冷；地源热泵机组具有节能运行、自动控制、自动能调、自动诊断、自动屏蔽保护等功能	各类公共、住宅建筑采暖及空调系统	北京依科瑞德地源科技有限责任公司
新能源及可再生能源技术	3	热泵专用风机盘管	采用热泵专用风机盘管，由于其供回水温差大，配合热泵系统使用可使系统的效率得到提升。夏季供水温度的提高、冬季供水温度的降低，使得同样型号的热泵机组制冷量可以提高约15%，制热量可提高约6%，因而热泵设备的初投资可相应降低。在初夏、末夏阶段负荷较小且环境湿度不大，可全采用土壤源的循环水来供应建筑负荷，这样冷热源的能耗仅为常规热泵系统能耗的20%，能耗降低节能效果更为突出	适用于采用热泵技术供暖制冷的建筑	北京英沣特能源技术有限公司
新能源及可再生能源技术	4	光伏并网发电技术	通过太阳能电池将太阳光直接转化为电能，传递到与之相连的逆变器上，逆变器将直流电转变成交流电，输出电力与公共电网相连接，为用户提供电力，发电过程绿色无排放	阳光不被遮挡的建筑屋面、外围护结构、空闲荒地和工农业设施等区域	中海阳（北京）新能源电力工程有限公司
新能源及可再生能源技术	5	太阳光采集及光纤（导光管）传输照明技术	采用大数值孔径石英光纤传导太阳光，提高了太阳光的耦合效率和传输效率，在耦合端采用“冷光碗”技术进行红外滤波，减少了进入室内太阳光的热量；采用太阳光与人工光源复合照明的方式，实现照明方式的自动切换；通过无线遥控模式进行亮度调节	大型公建采光照明	北京玻璃研究院、北京东方风光新能源技术有限公司
新能源及可再生能源技术	6	太阳能集热系统（平板、真空管）	采用平板、真空管等集热器系统将太阳能转化为热能，由于加热热水，并采用自动控制系统，能够实现自动补水、温度监测、自动控制等功能，能够在晴好天气替代常规能源提供生活热水	适用于太阳能热水系统、太阳能供热采暖系统及太阳能建筑一体化	北京海林节能设备股份有限公司、北方首能国际能源管理（北京）有限公司、东晨阳光（北京）太阳能科技有限公司
新能源及可再生能源技术	7	建筑物阳台栏板陶瓷太阳能热水系统	有铝合金边框、金属边框及混凝土边框多种边框，吸热板芯为黑瓷复合陶瓷太阳板，热转换效率高，不腐蚀；阳光吸收比0.93，阳光吸收比不随时间而衰减，寿命长；价格低，建筑物阳台栏板陶瓷太阳能热水器是垂直90°安装，它是建筑构件的一部分，可真正实现与建筑一体化，维修方便，冬季水温可达45℃以上	适用于太阳能热水系统、太阳能供热采暖系统及太阳能建筑一体化（从2012年到现在，已在114栋农村农宅太阳能取暖工程应用，生活热水2栋高层的示范）	北京天能通太阳能科技有限公司
新能源及可再生能源技术	8	空气源热泵机组	风换无霜（少霜、缓霜）设计技术，过冷抑冰的防冻增效技术，采用了世界领先的补气增焓技术——解决了热泵机组在低环境温度下高效制热问题，采用了同方独有的世界领先的四区四维霜控技术	空气源热泵可以在-24℃以上的室外环境下稳定可靠运行，是寒冷地区替代传统采暖方式最经济的清洁采暖方式	清华同方人工环境有限公司

注：上述节能技术来自《北京市2013年节能低碳技术产品推荐目录》。

3.3 节水与水资源利用技术

节水与水资源利用旨在制定水系统实施方案，增加水资源循环利用率，减少市政供水量和污水排放量，保证建筑水系统的正常运行，实现水资源优化利用。利用人工或自然水体，如池塘、湿地或洼地等，收集和调蓄雨水，并采用适当技术将这些雨水净化至所需要的水质后，作为冲厕、绿化、浇洒、消防及景观用水等。对北京市已建成的274项公共建筑与住宅建筑雨水利用工程的统计显示，各雨水利用技术所占比例（面积比）分别为：雨水池37%（封闭式雨水池28%，敞开式雨水池9%），人工湖9%，下凹式绿地17%，渗透路面21%，嵌草砖4%，渗井6%，其他6%。

3.3.1 水系统规划技术

节水系统规划方案设计：用水定额的确定、用水量估算及水量平衡分析、确定再生水利用形式，提出总体节水比选方案。

给水系统规划方案设计：避免管网漏损技术措施设计、给水系统减压限流技术措施设计、集中供应生活热水系统节水设计、节水器具选择。

中水处理与回用技术方案比选：通过技术经济比较，合理确定中水处理与回用技术方案。

景观水体生态设计：景观水体水量平衡分析；景观水体的设计；景观水体水质安全保障措施设计。

再生水回用系统设计：再生水回用管网设计；再生水回用水质保障技术措施设计；绿化灌溉的节水技术。

节水总体方案和工程量清单：通过单项节水措施方案比选后明确节水设计总体方案；节水率与非传统水源利用率的估算；通过单项节水措施设计确定工程量；绿色保障性住房结合水与水资源利用经济效益分析。

3.3.2 节水技术

3.3.2.1 管网漏损控制技术

密闭性能好的管道系统：建筑给排水塑料管道系统中使用的管材、管件，必须符合现行产品行业标准的要求；管道系统宜选用性能高的阀门、零泄漏阀门等，如选用直埋式软密封闸阀。

管网直连式建筑增压供水技术：合理设计供水压力，避免供水压力持续高压或压力骤变。

水计量技术：选用高灵敏度计量水表，而且根据水平衡测试标准安装分级计量水表，计量水表安装率达100%。

3.3.2.2 节水器具和设备

节水器具：节水便器（见图3.18）、节水淋浴器、节水洗衣机。

3.3.2.3 节水灌溉技术

喷灌技术：喷灌技术应用较普遍，利用专门的设备（动力机、水泵、管道等）把水加压，或利用水的自然落差将有压水送到灌溉地段，通过喷洒器（喷头）将水喷射到空中散成细小的水滴，均匀地散布，比地面漫灌要省水30%～50%。喷灌时要在风力小时进行，当采用再生水灌溉时，应避免采用喷灌方式。

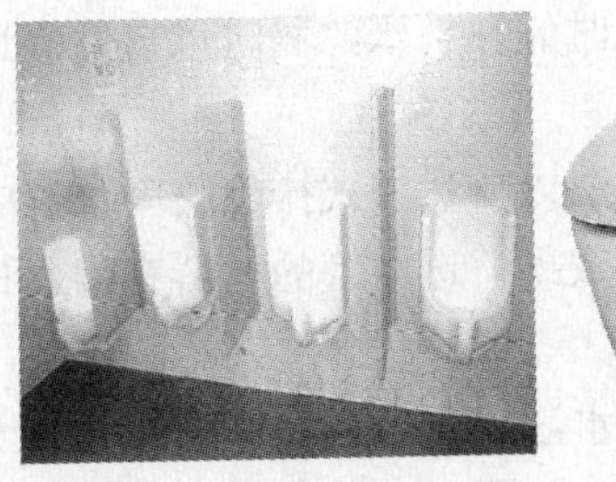

图3.18　节水器具（无水小便器、节水坐便器）

微灌技术：微灌包括滴灌、微喷灌、涌流灌和地下渗灌（图3.19），是通过低压管道和滴头或其他灌水器，以持续、均匀和受控的方式向植物根系输送所需水分，比地面漫灌省水50%～70%，比喷灌省水15%～20%。微灌的灌水器孔径很小，易堵塞。微灌的用水一般都应进行净化处理，先经过沉淀除去大颗粒泥沙，再进行过滤，除去细小颗粒的杂质等，特殊情况还需进行化学处理。

(a) 滴灌技术

(b) 微灌技术

(c) 渗灌技术

图3.19　高效灌溉技术

湿度传感控制技术：有条件时采用湿度传感器或根据气候变化的调节控制器。

渗透性排水管：有条件时采用兼具渗透和排放两种功能的渗透性排水管，可增加雨水渗透量和减少灌溉量。

3.3.3　雨水利用技术

由于天然雨水具有硬度低、污染物少等优点，因此它在减少城市雨洪危害、开拓水源方面正日益成为重要主题。对于大型公用建筑、居住区、建筑群体等屋面及地面雨水，经收集和一定处理后，除用于浇灌农作物、补充地下水，还可用于景观环境、绿化、洗车场用水、道路冲洗、冷却水补充、冲厕及一些其他非生活用水用途。厂房雨水可根据生产工艺需要，将雨水进行适当处理后用于补充部分生产用水。因此，通过因地制宜的规划设计结合雨水收集、利用设备的实施，减少用于以上用途的自来水用量，可以节约水资源，大大缓解我国的缺水问题。

3.3.3.1　雨水渗透技术

（1）景观储留渗透水池　将水池做成高低水位两个阶段，低水位的水池底部可以用不透水构造建造，高水位面可以用溢流口连接到排水系统，高低水位之间的池边做成缓坡绿地，如蓄水库，其蓄水量可慢慢渗入地下。

（2）储留渗透空地　通常利用停车场、广场、草地的空间，将它做成较低洼的高透水性的地面，平时为活动区，下雨时可以暂时储存雨水，同时以自然渗透方式将储留的雨水排至地表下。

（3）渗透井与渗透管　将基地内无法以自然方式排除的降水集中在管内后，再慢慢由土壤孔隙渗透到地表中，达到辅助入渗的效果。透水管的材料有陶、瓦管，多孔混凝土管，蜂巢管，尼龙纱管等。

（4）绿地或草沟设计　最直接的雨水渗透方法，保留大自然的土壤地面，留设绿地、被覆地、草沟，作为雨水直接入渗的面积。如图3.20所示。

(a) 透水铺面

(b) 下凹式绿地

(c) 浅草沟

图3.20　雨水渗透技术措施

3.3.3.2　雨水收集利用技术

（1）屋顶花园雨水蓄存和利用系统　该系统由多层材料构成，包括植被层、土壤媒介、人造排水层及为了加强屋顶安全而设置的绝缘层、隔膜保护层、支持结构等。种植一些易存活、维护需求低的植物或者种植更多样化、更具有欣赏价值的植物。

（2）屋面雨水积蓄利用系统　屋面雨水积蓄利用系统由集雨区、输水系统、截污净化系统、储存系统以及配水系统等组成，主要用于小区家庭、公共场所等非饮用水，如浇灌、冲刷、洗车等。

（3）地上式储水槽　直接在地面上设置水槽，施工简单，设置弹性大，容易装设，因地制宜，接受度高，但是储水容量小。

（4）地面开挖式储水　在地面挖掘土方储水或者利用自然地形筑坝储水，适于社会和公共用水的供给，容量大，水质不易维护，适当规划具有休憩功能。

（5）地下储水槽　利用建筑物地下空间储存雨水，建于地面下不影响地面可用空间，地下储存槽可以用管子相互接续成连接槽，以增加雨水利用率。单位储存容量单价造价较高，适合高密度或者高地价的地段。

3.3.3.3　雨水净化处理技术

人工湿地处理技术：雨水利用前，采用人工湿地处理等技术对雨水进行净化处理。

（1）沉淀　用于雨水沉淀处理的主要构筑物是雨水池。根据构造形式雨水池分为封闭式雨水池、敞开式雨水池和雨水罐等。雨水贮存于雨水池中经过进一步的沉淀处理后，可以有效去除其中的固体物质和悬浮物。但是自然沉淀得到的雨水水质较差，需结合混凝、过滤、消毒等工艺，达到理想的出水效果。

（2）过滤　用于雨水过滤处理的主要构筑物有多介质滤池和土壤快渗滤池等。多介质滤池滤料的级配由上到下依次增大，滤料依次为石英砂、陶粒、焦渣和鹅卵石等。雨水由上到下流经多介质滤池，经过截留和净化得到具有良好水质的出水。土壤快渗滤池属于生态模式，其机理是雨水在土壤、植被和微生物的共同作用下得到净化。

（3）消毒 消毒常在雨水处理的末端进行。当雨水的用途要求较高时，可以采用物理或化学方法对收集的雨水进行消毒处理，以杀灭水中有害的病原微生物。常用的消毒方法有紫外线消毒和加氯消毒等。

3.3.4 中水利用技术

中水是相对于上、下水而言的，指生活污水中的部分优质杂排水经过处理后，达到生活杂用水水质标准，作为一些回用用途的非饮用水。在用水量大的建筑或建筑群中常设有中水回用系统，优质杂排水经过处理就地回用，作为冲厕、绿化、浇洒用水等（见图3.21）。据北京市节约用水办公室提供的资料，对北京市143项公共建筑与住宅建筑的中水工程进行统计，结果显示，各中水回用技术所占比例分别为：生化技术47项，占32.9%；物化技术11项，占7.7%；生化、物化组合技术85项，占59.4%。

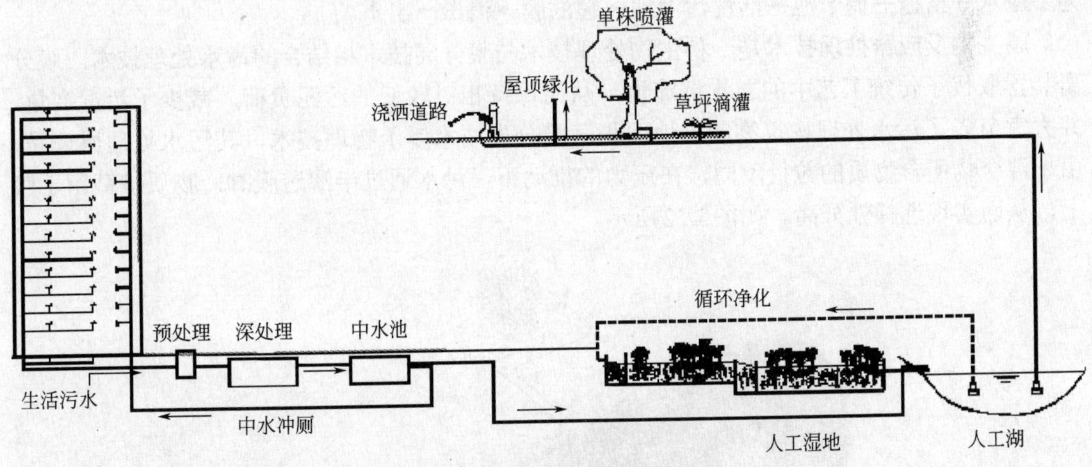

图3.21 建筑中水收集处理利用

3.3.4.1 中水利用方案

根据中水原水的水质、水量和使用要求等因素，经过技术经济比较后确定中水处理和利用设计方案。

3.3.4.2 生化处理技术

生物化学处理技术（生化法）可以分活性污泥法、生物膜法、生物氧化塔、土地处理系统、厌氧生物处理法等方法。常用的工艺为：原水→格栅→调节池→接触氧化池→沉淀地→过滤→消毒→出水。

生物接触氧化技术由生物膜技术派生而来。在生物接触氧化池内填充一定数量的填料，通过向生物接触氧化池内曝气，利用附着在填料上的生物膜的净化作用，使污水中的有机物被高效生物氧化分解，达到理想的出水水质。

当以厨房、厕所冲洗水等生活污水为中水水源时，一般采用生化法为主或生化、物化结合的处理工艺。

3.3.4.3 物化处理技术

物理化学处理技术（物化处理技术）既可以是独立的处理系统，也可以是生物处理的后续处理措施。物化法一般流程为混凝、沉淀和过滤，经过合理的工艺组合，达到最佳处理效果。

（1）混凝沉淀法　指混凝、沉淀、过滤、吸附相结合的中水回用技术。向污水中投入适当的混凝剂，使其与水充分混合、反应，污水中微小悬浮颗粒和胶体颗粒凝聚成体积较大且沉淀性能更好的絮凝体，经过沉淀、过滤后去除，再经过活性炭的吸附，可以大幅度提高污水处理效率，使其达到回用水水质标准。

（2）混凝气浮法　利用混凝沉淀技术去除污水中的悬浮物和胶体物质后，再进行气浮处理。气浮池中的微小气泡可以黏附带有极性的表面活性剂且易上浮分离，因此可以获得良好的出水效果。

当以洗漱、沐浴或地面冲洗等优质杂排水为中水水源时，一般采用物理化学法为主的处理工艺流程即可满足回用要求。

（3）膜生物反应器（MBR）处理技术　膜生物反应器（简称MBR）处理技术是将生物降解作用与膜的高效分离技术结合而成的一种新型高效的污水处理与回用工艺。常用的工艺为：原水→格栅→调节池→活性污泥池→超滤膜→消毒→出水。

膜生物反应器处理技术是一种生物处理技术与膜分离技术相结合的污水处理技术。膜分离装置取代了传统工艺中的二次沉淀池，从而保持相对较低的污泥负荷，减少了污泥产量，并大大节省了污水处理构筑物的占地面积。膜分离技术属于物理技术，其污水处理原理是，由于混合物所含物质的粒径不同，在压力的推动下，污水通过半渗透膜时，物质被截留于膜上，从而实现选择性分离。如图3.22所示。

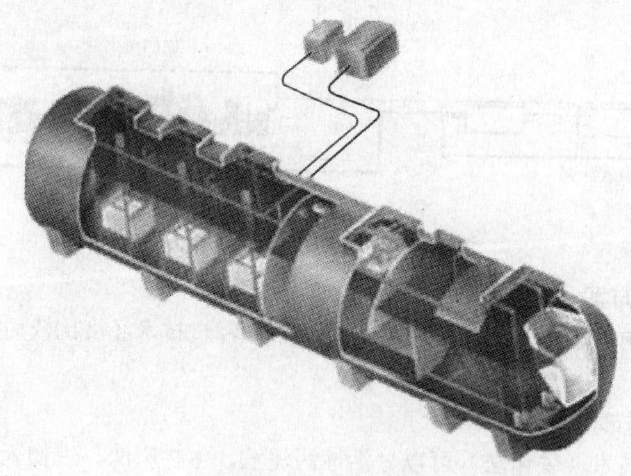

图3.22　MBR处理技术

3.3.5　景观用水技术

3.3.5.1　景观用水系统规划

结合城市水环境规划、周边环境、地形地貌及气候特点，提出合理的建筑区域水景面积比例与规划方案。

3.3.5.2　人工湿地处理系统

为保障景观水体水质，宜在景观水体中修建人工湿地（见图3.23）、生态湖岸或景观水体生态圈对水质进行净化和保持。

图3.23　人工湿地

3.3.5.3　景观水体水质管理

加强景观水体的日常水质管理，进行景观水体中漂浮物（如树叶等）的撇除与打捞；充分注意水体底泥淤积情况，进行季节性或定期清淤等。

3.3.5.4　景观水体循环泵运用

加强水体的水力循环，利用水泵形成内外循环，使水体循环通过人工湿地、生态湖岸或生态圈进行生态恢复与重建，可进一步净化和保持水质。景观循环用水处理间见图3.24。

图3.24　景观循环用水处理间

非传统水源在公共建筑与住宅建筑中的有效利用，可以替代部分自来水用量，缓解城市化、工业化带来的城市生活用水危机，同时减少对受纳水体的排污量。在实际工程中，非传统水源利用技术多种多样，应因地制宜，选用适当的技术，以达到资源、环境、经济效益的最优化。

采用雨水利用技术时，宜因地制宜采用技术组合，即对直接利用、土壤渗透、雨水调节等技术体系中一些技术进行组合利用，既可以节省自来水用量，又可以补充地下水，具有良好的环境与生态效益；采用中水回用技术时，可以采用颇具前景的膜生物反应器技术，该技术具有污染物去除效率高、污泥产量少、出水水质好等优点，也可以采用应用较多的生物接触氧化、混凝沉淀等技术。

3.4 节材与材料资源利用技术

我国是人均资源相对贫乏的国家，而目前我国建材行业在建筑材料生产和使用过程中存在高能耗、严重的资源消耗以及对环境的重污染，更加剧了这种资源短缺和经济快速发展之间的矛盾。因此，提倡绿色建筑，在建筑的全生命周期中，最大限度地节约资源，将成为可持续发展的必然选择。其中，节材是资源节约的核心内容。

3.4.1 节材

目前较为可行的建筑节材技术主要在建筑设计、建筑工程材料应用、绿色施工三个层面实行。

3.4.1.1 建筑设计层面

（1）尽可能地少用材料　实现建筑所耗资源最小化的简单而直接的途径就是从根本上减少建材的用量，建筑造型要素简约，无大量装饰性构件。在设计中控制并减少建筑造型要素中没有实用功能的纯装饰性构件，避免以较大的资源消耗为代价达到美观或艺术效果。对于一般公共建筑的艺术体现手法，应更多地着眼于功能性构件，采用将其实用性和标志性相结合，并赋予其更多的文化和艺术意蕴的形式，来体现公共建筑特有的文化内涵，突出其艺术效果。

（2）尽可能地采用工厂化生产的标准规格预制成品　通常一般工厂化生产出来的作业条件容易控制，这样可以确保在结构工程和装饰工程中产品的高质量；其次，预制构件的精度更高，更容易控制施工精度，提高施工质量；再次，预制构件安装速度快，可以缩短工期；最后，预制构件可以重复使用，从而减少对自然资源的需求和耗费。此外，一般工厂化的标准预制品的制作能耗通常低于需要特别制作的产品构件，而且更容易采用各种可更新资源生产。

（3）以结构体系优选来促进建筑节材　不同类型和功能的建筑，采用不同的结构体系和材料，对资源、能源消耗及其对环境的影响存在显著差异。绿色建筑应从节约资源和保护环境出发，在保障安全性和耐久性的前提下，突出因地制宜的原则，根据建筑的类型、用途、所处地域和气候环境的不同，尽可能地选用钢结构体系、砌体结构体系、木结构体系和预制混凝土结构体系或其他结构体系。

钢结构和轻钢结构体系具有性价比高、使用中无污染、回收回用率高等特点，其资源化再生程度可达90%，是一种有利于建筑可持续发展的建筑结构形式，以此来取代目前我国广泛采用的现浇混凝土结构，可避免产生在建筑物废弃后所带来的大量建筑垃圾，减轻环境负荷。

（4）从节材角度进行方案的优化设计　在建筑结构设计中，对不同方案进行优选并应用新工艺、新材料和新设备对优选方案进行再优化，如对基础类型的选用、进深和开间的确定、层高与层数的确定以及结构形式的选择等进行技术经济分析。

3.4.1.2 建筑工厂材料应用

（1）尽可能采用绿色建材　建筑材料中有害物质含量应符合现行国家标准GB 18580～GB 18588和《建筑材料放射性核素限量》(GB 6566）的要求。

（2）使用耐久性好、易替换、维护量小的建筑材料　建筑材料的耐久性以及替代性和表面修复能力是影响建筑物生命周期的重要因素。建筑材料耐久性好，意味着建筑材料的生命周期相对较长，在一定时间内所需的建筑材料较少，可减少固体垃圾的产生。建材易替换和较高的表面修复能力，意味着建筑物的维护性好。

（3）尽可能地使用生产能耗低的建筑材料　建筑的能耗降低不仅可以在使用阶段进行，在建筑的全生命周期中都可以努力减少能源消耗。建筑材料的生产阶段也是全生命周期中的一个重要部分，在该阶段减少能源消耗，即使用生产能耗低的材料，从总体上来说，对建筑能耗的降低也可以产生明显效果。

（4）使用可大幅度减少建筑能耗的建材　如采用具有轻质、高强、防水、保温、隔热、隔声等功能的新型墙体材料，可提高建筑的热环境性能，降低运行能耗。

（5）使用具有高效优异的使用功能的建筑材料　使用具有高效优异的使用功能的建筑材料可降低建材的消耗，减少使用量，如高性能混凝土、轻质高强混凝土。

（6）尽可能少使用占用不可再生资源生产的建筑材料　采用由可再生、可降解原料制成的建材产品和可循环使用的建筑构件和材料可以节省自然资源，减少固态垃圾，降低生产过程中的能源消耗。

3.4.1.3　绿色施工

① 优化施工方案，选用绿色建材，积极推广新材料、新工艺，促进材料的合理使用，节省实际施工材料消耗量。

② 根据施工进度、材料周转时间、库存情况等制定采购计划，合理确定采购数量，避免采购过多造成积压或浪费。

③ 选用耐久性好的周转材料并进行保养维护，延长其使用寿命。

④ 制定科学可行的材料预算方案，依照施工预算，实行限额领料，严格控制材料的消耗。

⑤ 施工现场建立可回收再利用物资清单，制定并实施可回收废料的回收管理办法，提高废料利用率。

⑥ 根据场地建设现状调查，对现有建筑、设施再利用的可能性和经济性进行分析，合理安排工期。

⑦ 建设工程施工所需临时设施应采用可拆卸、可循环利用材料。

⑧ 对建筑垃圾实行分类处理，实现建筑垃圾减量化和无害化。将建筑施工、旧建筑拆除和场地清理时产生的固体废物分类处理并将其中可再利用材料、可再循环材料回收和再利用。

a. 对所有废弃物实行分类管理，将废弃物分为可回收利用的无毒无害废弃物、不可回收的无毒无害废弃物、有毒有害废弃物三类。

b. 对废弃物进行标识，同时设置统一的废弃物临时存放点，配备收集桶（箱），以防止流失、渗漏、扬散。

c. 办公区域和食堂垃圾每日由清洁员进行清理、收集。有毒有害废弃物送固体废物回收中心进行处理；可回收无毒无害废弃物（纸类、塑料类、瓶罐类）由清洁员统一收集，定期送废品回收站，生活垃圾送环卫部门进行处理。

d. 现场施工垃圾采用层层清洁、集中堆放、专人负责、统一搬运的方法。对于可回收垃圾如钢筋头、金属材料、木模板、木方等，按累积数量定期回收送废品站；无毒无害废弃物如碎混凝土块、隔墙碎块等，每日由专车运至垃圾消纳地点；有毒有害废弃物如废涂料桶、涂料、防水卷材边角料等，由厂家回收。

3.4.2 材料的资源化利用

材料的资源化利用分为再生利用和循环利用两种。再生利用是指在不改变回收建材的形态的前提下进行材料的直接再利用，或经过再组合、再修复后再利用。可再生利用的建筑材料有砌块、砖石、管道、板材、木制品、钢材、钢筋、部分装饰材料等。循环利用是指改变了建筑材料的性状，作为一种新材料在工程中使用。对于砂石等固体废物可以加工成各种墙体材料。可循环利用的建筑材料有金属材料（钢材、铝材、铜等）、玻璃、石膏制品、木材等。材料的资源化利用的基本原则如下。

3.4.2.1 选用能充分利用绿色能源的建筑材料

绿色能源主要是指从自然界获取的、可以再生的非化石能源，包括风能、太阳能、水能、生物质能、地热能和海洋能等。利用太阳能发光发电的装置或材料，如透光材料、吸收涂层、反射薄膜和太阳能电池中的特种玻璃，具有高透光率、低反射率、高温不变形等特性。

3.4.2.2 充分利用各种废弃物生产的建筑材料

充分利用可再生材料和可循环利用材料，可以延长尚存使用价值的建材的使用周期，减少生产加工新建材所带来的资源和能源消耗及环境污染，对于实现建筑的可持续性意义重大。《绿色建筑评价标准》中要求在保证性能的前提下，使用以废弃物为原料生产的建筑材料，其用量占同类建筑材料的比例不低于30%。可实现资源化利用的废弃物有建筑垃圾、废弃混凝土、废玻璃、废塑料、废橡胶轮胎、工业废渣、生活垃圾等。

3.4.3 建材的资源化利用技术

3.4.3.1 建筑垃圾中固体废物的综合利用

建筑垃圾中的可再生资源主要包括渣土、废砖瓦、废混凝土、废木材、废钢筋、废金属构件等。对建筑垃圾的资源化利用，可分为三类：一是“低级利用”，如回填利用，用于路基加固等；二是“中级利用”，如生产再生集料、再生砌块、再生沥青等；三是“高级利用”，如生产再生水泥等。我国目前以中级利用为主。

砖石是我国大量使用的传统建筑材料之一，正是由于历史的原因，目前废弃砖石在建筑垃圾中占有相当的比重，而且量大面广。随着我国经济建设步伐的进一步加快，废弃砖石在我国的一些地区会大量存在，而其造成环境污染的压力日益突出，如果能有效地将砖石回收利用，一方面可以解决废弃黏土砖的处理问题；另一方面可以节约天然砂石资源，对减少能源和资源浪费将起到积极作用。

木材作为一种典型传统建筑材料，其生长受自然环境的影响，大量砍伐破坏生态环境，如何实现木材资源化再利用正为人们所关注。根据所采取的方式不同，旧建筑木材的直接再利用包括回收复用，或应用于室内及建筑装修等。对于质量较好的废旧木材经分类后可按市场需求加工成各种可用木料，这种废旧木材的回收复用最直接也是应首选的途径；另外，目前更多的是采用一些风格独特的设计方法，将废旧木材应用到室内及建筑装修当中，可向人们展示一种极具亲和力的环保新概念。这些废旧木材经过风吹日晒，看起来很有历史的凝重感，它们身上的一些“缺点”，如虫眼、木节、裂纹，具有一种与新材料不同的性格和灵魂。

（1）废弃建筑混凝土和废弃砖石　利用废弃建筑混凝土和废弃砖石生产粗细集料，可用于再生产相应强度等级的混凝土、砂浆或制备诸如砌块、墙板、地砖等建材制品。粗细集料添加固化类材料后，也可用于公路路面基层。

不能直接回收利用的废砖瓦经过破碎等工艺处理后，可用于生产再生砖、砌块、墙板、地砖等建材制品，用于低层建筑的承重墙及建设工程的非承重结构。再生古建砖可用于仿古建筑的修建。其生产工艺和设备比较简单、成熟，免烧结，产品性能稳定，市场需求量大。据测算，一亿块再生砖可消纳建筑垃圾37万吨，涉及以下主要工艺流程。

原料制备流程：进料→筛分→破碎→筛分→二次破碎→双层筛分→合格集料。

制砖（砌块）流程：进料→混合搅拌→压制成型→自然养护→成品。

建筑垃圾中的渣土可用于筑路施工、桩基填料、地基基础等。

（2）废弃混凝土　将建筑垃圾中废弃混凝土破碎后作为再生集料生产C30及以下强度等级的现浇混凝土及预制混凝土制品，实现混凝土材料生产自身的物质循环闭路化，这样既解决了天然集料资源紧张的问题，利于集料产地的保护，又可减少城市废弃物的堆放、占地和环境污染问题。涉及以下主要生产工艺流程。

集料制备流程：进料→筛分→破碎→分选筛分→2～3次破碎→多层筛分→分级原料（0～5mm、5～16mm、5～20mm、5～31.5mm）。

产品生产流程：进料→混合搅拌→成型→养护→成品。

现浇混凝土：分现场搅拌和搅拌站预拌生产两种，生产工艺参考现行《预拌混凝土》（GB/T 14902）等执行。

3.4.3.2　工业废渣的综合利用

工业废渣主要被利用制作建筑材料和原材料。如粉煤灰主要用于生产粉煤灰水泥、加气混凝土、蒸养混凝土砖、烧结粉煤灰和粉煤灰砌块等（见表3.10）。

表3.10　工业废渣的综合利用

废渣分类	主要用途
采矿废渣	煤矸石尾矿渣水泥、砖瓦、轻混凝土集料、陶瓷、耐火材料、铸石、水泥等
燃料废渣	粉煤灰水泥、砖瓦、砌块、墙板、轻集料、道路材料、肥料、矿棉、铸石等
冶金废渣	高炉矿渣水泥、混凝土集料、筑路材料、砖瓦砌块、矿渣棉、铸石、肥料、微晶玻璃、钢渣水泥、磷肥、筑路材料、建筑防火材料等
化学废渣、塑料废渣	再生塑料、炼油、代替砂石铺路、土壤改良剂等；生产水泥、矿渣、矿渣棉、轻集料等
有色金属	水泥、砖瓦、砌块、混凝土、渣棉、道路材料、金属回收等
硫铁矿渣、电石渣	炼铁、水泥、砖瓦、水泥添加剂、生产硫酸、制硫酸亚铁等
磷石膏、磷渣	制砖、代替石灰作建材、烧水泥、水泥添加剂、熟石膏、大型砌块等

3.4.3.3　废塑料、非玻璃和废旧轮胎的利用

在废塑料中加入作为填料的粉煤灰、石墨和碳酸钙，采用熔融法制瓦，可变废为宝，实现资源化利用，同时也可以消除“白色污染”。利用废聚苯乙烯经加热消泡后重新发泡，制成隔热保温的硬直聚苯乙烯泡沫塑料板材；或进一步与陶砾混凝土结合形成层状复合材料，并外用薄铝板包覆成铝塑板，完成对废塑料的循环利用。

废玻璃的资源化利用有再生利用和循环利用两种。简单的再生利用就是将建筑废玻璃回收并经简单净化处理后，其中干净、无色的可以回炉再造平板玻璃或玻璃器皿；干净、杂色的可以用作生产瓶罐的原料。一般加入10%的废玻璃，可节能2%～3%。而废玻璃主要是采用循环利用的方法进行再利用，其中最简单而直接的途径就是作为集料制成建筑材料。比如将废玻璃作为集料制造水泥混凝土或沥青混凝土；再如将废玻璃粉碎后与粗集料和水泥

制成砌块、机砖或水磨石。除此之外，就是将废玻璃作为掺入材料，参与各种玻璃制品的制造过程，以降低对大量生产原料的需求。如掺入60%～80%的废玻璃粉烧制用于隔声隔热的泡沫玻璃；利用废玻璃生产玻璃棉。此外，掺入80%的废玻璃用于低温烧结法。掺入20%～60%的废玻璃用于熔融法生产玻璃马赛克；废玻璃粉与钢渣、着色剂用于一次烧结法制造出微晶玻璃仿大理石板材。

对废旧轮胎的处置利用——除进行堆填处理和作为燃料焚烧来获取能量外，还可以对废旧轮胎回收利用。废旧轮胎整胎可用作加筋土挡土墙、挡土墙、抗冲蚀墙、防噪板、防撞屏、防浪堤和人工礁。粉碎的轮胎料作为轻集料和砂石代用品等。碎橡胶则可用作混凝土配料、接缝密封料和减震制品。

其他废弃物再生建筑材料。提倡使用利用工业废弃物、竹材、农作物秸秆、淤泥等为原料制作的墙体材料、保温材料等建筑材料（图3.25），并统计其使用数量。

(a) 再生集料

(b) 再生混凝土空心砖

图3.25　废弃材料再利用

2011年，重庆市承担的国家“十一五”重大科技专项“节能与废弃物综合利用”在建筑垃圾建材资源化利用关键技术研究方面取得阶段性成果，攻克了垃圾粉筛、表面处理、活性激发与增强等关键技术，解决了建筑垃圾建材资源化利用的三大难题，形成“再生混凝土+掺合料+节能墙材”集成技术，使建筑垃圾综合利用从一般性利用上升到综合性、针对性利用，从零星利用上升到规模利用，极大提高了建筑垃圾的资源化利用率和利用价值。目前，重庆市已建成年产量超过2000t的水泥混合材料和混凝土掺合料生产线1条，实现生产销售混凝土掺合料2840t，完成施工建筑面积$18.7\times10^4m^2$。

3.5　绿色建筑维护技术体系

绿色建筑最大的特点是将可持续性和生命周期综合考虑，从建筑的全生命周期的角度考虑和运用“四节一环保”的目标和策略，才能实现建筑的绿色内涵，而建筑的运行阶段占整个建筑全生命时限的95%以上。可见，要实现“四节一环保”的目标，不仅要使这种理念体现在规划、设计和建造阶段，更需要提升和优化运行阶段的管理技术水平和模式，并在建筑的运行阶段得到落实。

3.5.1　建筑管理技术的构建

运行管理技术在绿色建筑的运行过程中起着总体协调和控制关键技术的作用，其重点在于为建筑提供高效、节能的运行模式和舒适的室内外环境。

3.5.1.1 照明的运行管理

为了充分并合理地利用自然采光，办公室采用自然采光和人工照明相结合的混合照明方式，不仅可节约大量的人工照明用电，而且对提高室内采光均匀度、改善室内光环境的质量都具有重要的经济效益、生态效益。由于长期的生理适应性，人们更喜欢在自然光环境下工作和生活，但实际的建筑采光设计中，很难在室内的所有部分都提供足够的自然光照明。通常在靠近采光口的位置获得的照度高，距其越远照度越低，使得室内的照度不够均匀甚至某些区域不能获得满足工作可视度所要求的标准照度。

人工辅助照明系统即室内恒定辅助人工照明。在充分利用自然采光的基础上将人工照明作为自然采光的辅助，两者结合使用，使得采光口的近处和远端的照度都能达到要求的照度标准并使之尽量保持均匀。这种混合照明方案的设计和运行目标就是在室内的自然光和人工光能够舒适合理的协调起来，节约照明能耗并形成舒适的光环境。大开间办公室的PSALI混合照明系统依靠特有的镇流器装置和感光元件，采用智能调光系统，实现随自然光的变化及时调节室内工作平面高度的照度水平，使室内天然光和人工照明在考察位置形成的总体照度保持大致的稳定和均衡。为此，照明灯具沿进深方向分为三列相对独立控制，每一列灯具的控制感光元件为照度传感器，当考察位置的照度传感器感知的照度值低于系统设置的室内照度控制目标时，智能控制系统开启并调节对应一列灯具的亮度，以使传感器感应位置的照度达到设定的目标值。

3.5.1.2 室内热舒适运行管理技术

自然通风不消耗任何机械能而是依赖于室内外的一些自然条件，使室内产生气流流动的通风方式。在建筑设计和运行管理模式中利用建筑内外的有利条件，合理充分地发挥自然通风的贡献，是实现大楼夏季和过渡季节室内热舒适度的重要技术手段。

3.5.1.3 其他设备管理方面

① 确保供电系统的功率因数在0.95～1之间；

② 在节能效果明显且不影响使用的空调系统中，使用变频设备和节能装置；

③ 变压器的经济运行；

④ 在春秋季通过调节新风量，达到节约空调系统耗气量和耗电量的目的；

⑤ 对效率低于60%的水泵和效率低于70%的风机，要列入更新改造计划中；

⑥ 洗衣房工作时间调整（削峰填谷，空压机每班排水）；

⑦ 厨房电加热设备温度的调整；

⑧ 定期检查公共区域的“跑冒滴漏”；

⑨ 中水的使用。

3.5.2 资源及绿化管理技术

资源及绿化管理主要是完善物业管理制度，加强生活垃圾管理和植物成活率、病虫害防治，达到节约资源、保护环境的目的。

3.5.2.1 节能、节水、节材与绿化管理制度

① 制订节能管理模式、收费模式等节能管理制度；

② 制订梯级用水原则和节水方案等节水管理制度；

③ 制订建筑、设备、系统的维护制度和耗材管理制度；

④ 制订绿化用水的使用及计量、各种杀虫剂、除草剂、化肥、农药等化学药品的规范使用等绿化管理制度。

3.5.2.2 生活垃圾管理技术

（1）垃圾深度分类收集方案　审查垃圾分类、收集、运输等整体系统的规划，做到对垃圾流进行有效控制。设置密闭的垃圾容器，并有严格的保洁清洗措施，生活垃圾采用袋装化存放。指定专门的垃圾分类收集区域，单独设置废电池、纸张、玻璃、塑料和金属等回收设施，垃圾收集设施上明确标识分类说明。

（2）垃圾站清洗设施　垃圾站（间）设冲洗和排水设施，每天至少清运一次垃圾、不污染环境、不散发臭味。

（3）有机垃圾生化处理技术　对可生物降解垃圾进行单独收集或设置可生物降解垃圾处理房。垃圾收集或垃圾处理房设有风道或排风、冲洗和排水设施，处理过程无二次污染。

（4）垃圾压缩处理系统　有条件时设置垃圾压缩处理系统。

（5）垃圾管理制度　由物业管理公司制定垃圾管理制度，包括垃圾管理运行操作手册、管理设施、管理经费、人员配备及机构分工、监督机制、定期的岗位业务培训和突发事件的应急反应处理系统等。

3.5.2.3 绿化管理技术

（1）生物制剂无公害防治技术　坚持生物防治和化学防治相结合的方法，采用生物制剂、仿生制剂等无公害病虫害防治技术，科学使用化学农药，规范杀虫剂、除草剂、化肥、农药等化学药品的使用。

（2）绿化维护　建立并完善栽植树木后期管护工作，对行道树、花灌木、绿篱定期修剪，草坪及时修剪，发现危树、枯死树木及时处理；及时做好树木病虫害预测、防治工作，做到树木无暴发性病虫害，保持草坪、地被的完整。

3.5.3 智能化系统管理技术

采用智能化管理系统，可减少物业管理人员数及其工作量，提高监控管理水平。

3.5.3.1 安全防范子系统

根据小区实际情况，配置厨房可燃探测器、住户报警系统，进行安全防范子系统建设。

3.5.3.2 信息网络子系统

根据小区实际情况，配置自动抄表系统、小区一卡通系统、车辆出入与车库自动化管理、背景音乐系统。

3.5.3.3 信息管理子系统

根据小区实际情况，配置安全防范子系统、管理与设备监控子系统、小区有线网络系统、防盗报警系统门禁管理系统、巡更管理系统、停车场（车库）管理系统和雷电防护系统。

3.5.4 绿色建筑合同能源管理技术

节能服务公司（energy services company）是提供用能状况诊断、节能项目设计、融资、改造（施工、设备安装、调试）、运行管理等服务的专业化公司。合同能源管理（EPC）是指节能服务公司与用能单位以契约形式约定节能项目的节能目标，节能服务公司为实现节能目标向用能单位提供必要的服务，用能单位以节能效益支付节能服务公司的投入及其合理利润的节能服务机制。相比于传统的节能投资方式，合同能源管理机制能使业主节能改造及运行管理达到零投资、零风险的理想状态。

合同能源管理机制的实质是：一种以减少的能源费用来支付节能项目全部成本的节能投资方式。这样一种节能投资方式准许用户使用未来的节能效益为工厂和设备升级，以及降低目前的运行成本。能源管理合同在实施节能项目投资的企业（用户）与专门的盈利性能源管理公司之间签订，它有助于推动节能项目的开展。在传统节能投资方式下，节能项目的所有风险和所有盈利都由实施节能投资的企业承担；在合同能源管理方式中，一般不要求企业自身对节能项目进行大笔投资。

建筑合同能源管理的业务流程大致为以下七步。

第一步，经营部按项目和客户选择原则，确立建议的客户和项目，以书面形式报分管副总经理，经批准后与客户签订实施项目意向书；

第二步，工程技术部指派专人和顾问考察项目，提出项目的技术措施及风险分析，向财务部报告项目成本的建议，经分管项目和财务的副总经理同意后，编写可行性研究报告和项目实施计划；

第三步，可行性研究报告和项目实施计划经客户认可并经分管项目和财务的副总经理批准，经营部代表公司与客户谈判合同条款并签署合同；

第四步，合同签署后，工程技术部安排并监督设计，财务部编制用款计划，准备项目所需资金；

第五步，计划经客户认可后，工程技术部进行安装施工调试运行工作；

第六步，项目实施进展情况由项目经理按月填报项目进度表；

第七步，项目正常运行后，工程技术部每月派人访问顾客，计算节能效益；财务部依据合同规定的分享比例或付款要求填写发票，收回应得款项。

3.5.5　其他管理技术

3.5.5.1　分类计量收费

绿色建筑建设中，应实行“三表到户”（即以用户为单位安装水表、电表、燃气表），此外，对于集中供热取暖区域，建议采用分户计量控制的方式进行供暖改造，实现分户分类计量，达到方便管理，节约能源资源的目的。

3.5.5.2　设备管道的可更新技术

将管井、属公共使用功能的设备、管道设置在公共部位，以便于日常维修与更换；同时设备管道出现问题时，要及时维修、改造和更换。可更新的管道设备不增加增量成本，且便于日常维修与更换。

3.5.5.3　绿色物业管理体系

使用ISO 14001环境管理体系（包括环境管理体系、环境审核、环境标志、生命周期分析等内容），指导各类组织（企业、公司）取得表现正确的环境行为。

第4章　绿色建材的采购与使用

当今世界，环保已经成为全人类普遍关注的话题，在住宅、公共建筑等各类型建筑的建设的全过程中，时刻涉及环保问题：建筑材料的生产阶段涉及土地、木材、水、能耗等资源；土建工程涉及扬尘、噪声、垃圾等环境问题；房屋装修过程涉及结构破坏、装修材料污染指数严重超标、噪声扰民等问题；住宅使用过程中涉及采暖、空调使用能耗、建筑隔声、防火等问题。因此，开发、生产具有环境协调性的生态建筑材料，在执行国家节约资源、保护环境的基本国策中起着举足轻重的作用。

建筑材料不仅要求高强度和高性能，还要考虑其环境协调性。绿色建筑材料的选用和研究是绿色建筑的一个重要方面，对建筑节能、建筑节能保温效果有很大影响。随着现代建筑技术与材料的发展，除了要求建筑物的形态、结构、美观、功能等要素外，人们对各类建筑材料的生产、使用过程的健康、安全、环境等方面也给予了高度的重视。如建筑的保温隔声，居室装修中人们需要低甲醛挥发的木地板、涂料和胶黏剂，需要无石棉的建筑制品等。

从宏观角度看，建材产业是天然资源和能源消耗高，破坏土地资源多，对环境污染严重的行业之一。因此，发展绿色建材，可以尽可能减少天然资源、能源的使用量，保护自然环境。与此同时，还可以减少生产、使用过程中对环境造成的危害。

4.1　绿色建筑材料的分类及特点

4.1.1　我国建材行业现状

建筑材料是建筑业的物质基础。建材工业又是对天然资源和能源资源消耗及对大气污染最为严重的行业之一，是对不可再生资源依存度非常高的行业。大部分建筑材料的原料来自不可再生的天然矿物原料，部分来自工业固体废物。

据估计，我国每年为生产建筑材料要消耗各种矿产资源70多亿吨，其中大部分是不可再生矿石、化石类资源，全国人均年消耗量达5.3t的钢材和水泥是建筑业消耗最多的两种建筑材料，消耗量分别占全国总消耗量的50%和70%。钢材和水泥的巨量消耗，带来了一系列的问题。

首先是耗费了大量宝贵的矿产资源。例如，每生产1 t钢材，需要耗费1500 kg铁矿石、225kg石灰石、750kg焦煤和150t水。每生产1t水泥熟料，需要耗用石灰石1100 ～ 1200kg、黏土150 ～ 250kg、160 ～ 180kg标准煤。由于钢材消耗过大，我国生产钢铁还不得不从国外大量进口铁矿砂，其进口量目前已占全球产量的30%；由于进口需求过大，国外铁矿砂大幅涨价，使得我国消耗了大量宝贵的外汇。

其次是环境污染严重。每生产1t钢材，排放CO_2约1.6 ～ 2.0t，排放NO约0.9 ～ 1.0kg，排放SO_2约0.8 ～ 1.0kg，排放粉尘约0.52 ～ 0.7kg。如此计算，我国2004年生产钢材排放CO_2达3.2×10^8 ～ 4.0×10^8t，排放NO达18×10^4 ～ 20×10^4t，排放SO_2达16×10^4 ～ 20×10^4t，排放粉尘11×10^4 ～ 15×10^4t。如此大量的污染排放，有一半以上是源于建筑用钢的生产。再如水泥，我国2004年水泥工业排放CO_2约7×10^8t，粉尘排放量为400×10^4t，SO_2排放量达100×10^4t，NO的排放量也达数十万吨，废气烟尘排放量达40×10^4t。可见，仅建筑钢材和水泥这两大建筑材料带来的环境污染问题就十分令人触目惊心。

砖瓦行业是对土地资源消耗最大的行业，目前实心黏土砖在我国墙体材料中仍然占相当大的比重，仍是我国建房的主导材料。我国至今仍有砖瓦企业近9万家，占地500多万亩，每年烧砖折合7000多亿块标准砖，相当于毁坏土地10多万亩。按照烧结砖每万标块需消耗标准煤0.5 ～ 0.6 t计算，每年全国烧砖耗标准煤近5000×10^4t。

我国建筑业对其他建筑材料的消耗量也十分可观。例如，2004年全国玻璃产量约3亿重量箱，纸面石膏板销售量3.6×10^8m，轻钢龙骨销售量60×10^4t。近年来，我国化学材料的发展非常迅速，新产品层出不穷，主要有塑料管道、塑料门窗、建筑防水材料、建筑涂料、建筑壁纸、塑料地板、塑料装饰板、泡沫保温材料、建筑胶黏剂等。2004年全国塑料型材销售量约150×10^4t，建筑涂料165×10^4t，防水材料达到1400×10^4m 。这些材料的生产与消费，同样消耗了数量惊人的自然资源。然而，我国对建筑垃圾等废弃物的再生利用比例很低，与发达国家差距很大。建筑垃圾大多为固体废物，一般是在建设过程中或旧建筑物维修、拆除过程中产生的。据有关资料介绍，经对砖混结构、全现浇结构和框架结构等建筑的施工材料损耗的粗略统计，目前我国在每万平方米建筑的施工过程中，仅建筑废渣就会产生500 ～ 600t。若按此测算，我国每年仅施工建设所产生和排出的建筑废渣就有4000×10^4t。

目前，我国建筑垃圾的数量已占到城市垃圾总量的30% ～ 40%。绝大部分建筑垃圾未经任何处理，便被施工单位运往郊外或乡村，采用露天堆放或填埋的方式进行处理，耗用大量的征用土地、垃圾清运等建设经费，同时，清运和堆放过程中的遗撒和粉尘、灰砂飞扬等问题又造成了严重的环境污染。随着我国对于保护耕地和环境保护的各项法律法规的颁布和实施，如何处理和排放建筑垃圾已经成为建筑施工企业和环境保护部门面临的一个重要课题。

4.1.2　绿色建材的概念及基本特点

4.1.2.1　绿色建材的概念

绿色材料的概念是在1988年第一届国际材料科学研究会上首次提出的，1992年国际学术界明确提出绿色材料的定义：绿色材料是指在原料采取、产品制造、使用或者再循环以及废料处理等环节中对地球环境负荷最小和有利于人类健康的材料，亦称之为环境调和材料。

绿色建材较为确切的称谓应是生态建筑材料，当然还有可健康建筑材料、环保建材等不同的叫法，比较通俗的称谓是绿色建材。绿色建材是指采用清洁生产技术、少用天然资源和能源、大量使用工农业或城市固体废物生产，产品无毒害、无污染、无放射性，达到使用周期后可回收利用，有利于环境保护和人体健康的建筑材料的总称。

绿色建材与其他新型建材在概念上的主要不同在于绿色建材是一个系统工程的概念，不能只看生产或使用过程中的某一个环节。对材料环境协调性的评价取决于所考察的区间或所设定的边界。目前，国内外较为明确认可的利用工业废弃物或城市垃圾等生产的节能型墙体及建筑装饰材料，即是绿色建材的典例。

但是就绝大多数新型建筑材料而言，其反映绿色建材的行为往往是一个方面，即局部性。例如，塑料门窗较铝合金门窗、钢窗密封性能和隔热性能优异，因此从使用节能的角度更符合绿色建材的内涵，但它的废弃处理，特别是使用铅盐作为稳定剂时，会对环境产生一定的负担；大多数墙体材料可能属节能型材料，但由于其再利用的成本较高和技术等原因，一次性利用后会产生建筑垃圾；还有许多建筑装饰装修材料，从绿色建材的认定上，无论是中国环境标志产品，还是国家质量监督检验检疫总局制订的室内装饰材料标准，突出的都是其使用的安全性，比如有机挥发物的含量、甲醛的含量以及重金属的含量等，但对其生产过程和废弃后的处理的关注则稍显不足。凡此种种说明，鉴于绿色建材的兴起时间不长，应当说尚处在一个初始阶段，一定会存在不完善之处，相信随着21世纪科学技术的发展和人们对绿色建材认识的提高，会逐步走向完善。

4.1.2.2 绿色建材的分类

（1）按功能及使用部位分类　可分为绿色建筑地面装饰材料，绿色墙体材料（包括承重墙体材料和非承重墙体材料），绿色建筑墙面装饰材料，混凝土外加剂，绿色建筑防水材料（包括墙面、屋面及地下建筑的防水材料），其他绿色建筑材料（包括各种胶黏剂、绿色建筑五金、建筑灯具等）。

（2）按其主要原材料分类　可分为绿色无机建筑材料，如玻璃马赛克、陶瓷质装饰材料、水泥花阶砖、中空玻璃、茶色玻璃、加气混凝土、轻集料混凝土等；绿色有机建筑材料，主要有建筑涂料、建筑胶黏剂、塑料地板、地毯、墙纸、塑料门窗、浴缸等；绿色金属建材，如铝合金门窗、墙板、钢门窗、钢结构材料、建筑五金等。

（3）按其对环境的影响作用进行分类

① 节省能源和资源型　此类建材是指在生产过程中，能够明显降低对传统能源和资源消耗的产品。因为节省能源和资源，使人类已经探明的有限能源和资源得以延长使用年限。这本身就是对生态环境做出的贡献，也符合可持续发展战略的要求。同时降低能源和资源消耗，也就降低了危害生态环境的污染物产量，从而减少了治理的工作量。生产中常用的方法有采用免烧低温合成，以及提高热效率、降低热损失和充分利用原料等新工艺、新技术和新型设备，也可采用新开发的原材料和新型清洁能源来生产产品。

② 环保利废型　此类建材是指在建材行业中利用新工艺、新技术，对其他工业生产的废弃物或者经过无害化处理的人类生活垃圾加以利用而生产出的建材产品。例如，使用工业废渣或生活垃圾生产水泥；使用电厂粉煤灰等工业废弃物生产墙体材料等。

③ 特殊环境型　是指能够适应恶劣环境需要的特殊功能的建材产品，如能够适用于海洋、江河、地下、沙漠、沼泽等特殊环境的建材产品。这类产品通常都具有超高的强度、抗腐蚀、耐久性能好等特点。我国开采海底石油、建设长江三峡大坝等宏伟工程都需要这类建材产品。产品寿命的延长和功能的改善，都是对资源的节省和对环境的改善。比如寿命增加一倍，等于生产同类产品的资源和能源节省了一半，对环境的污染减少了一半。相比较而

言，长寿命的建材比短寿命的建材更能增加建筑的“绿色”程度。

④ 安全舒适型　是指具有轻质、高强、防火、防水、保温、隔热、隔声、调温、调光、无毒、无害等性能的建材产品。这类产品纠正了传统建筑材料仅重视建筑结构和建筑装饰性能，而忽视安全、舒适功能要求的倾向，因而此类建材非常适用于室内装饰装修。

⑤ 保健功能型　是指具有保护和促进人类健康功能的建材产品，如具有无毒、防臭、灭菌、防霉、抗静电、防辐射、吸附二氧化碳等对人体有害的气体等功能。这类产品是室内装饰装修材料中的新秀，也是值得今后大力开发、生产和推广使用的新型建材产品。

绿色建筑选用绿色建材是业内共识，选用绿色建材可以延长建筑材料的耐久性和建筑的寿命，降低建筑材料生产、使用过程的资源消耗和碳排放。从全生命周期的角度来看，绿色建材承载着诸如节约资源、能源和保障室内环境等重要作用，对材料的选用很大程度上决定了建筑的“绿色”程度。

4.1.2.3　绿色建材的特点

绿色建筑材料在其发展过程中综合了化学、物理、建筑、机械、冶金等学科的新兴技术，具有以下特点。

（1）轻质　主要以多孔、容重小的原料制成，如石膏板、轻集料混凝土、加气混凝土等。轻质材料的使用，可以大大减轻建筑物的自重，满足建筑向空间发展的要求。

（2）高强　一般常见的高强材料有金属铸件、聚合物浸渍混凝土、纤维增强混凝土等。绿色建筑材料的高强度特点，在承重结构中可以减少材料截面面积，提高建筑物的稳定性及灵活性。

（3）多功能　一般是指材料具有保温隔热、吸声、防火、防水、防潮等性能，以使建筑物具有良好的密封性能及自防性能。如膨胀珍珠岩、微孔硅酸盐制品及新型防水材料等。

应用新材料及工业废料原料选用化工、冶金、纺织、陶瓷等工业新材料或排放的工业废渣、废液。这类材料近年发展较快，如内外墙涂料、混凝土外加剂、粉煤灰砖、砌块等。

（4）复合型　运用两种材料的性能进行互补复合，以达到良好材料性能和经济效益。复合型的材料不仅具有一定的强度，还富有装饰作用，如贴塑钢板、人造大理石、聚合物浸渍石膏板等。工业化生产采用工业化生产方式，产品规范化、系列化。如墙布、涂料、防水卷材、塑料地板等建筑材料的生产。

建筑材料科学是一门综合性的材料科学，它几乎涉及各行各业。因此，必须掌握无机化学、有机化学、表面物理化学、金属材料等有关学科的知识，并在实践中不断总结经验，才能不断开拓绿色建筑材料的新品种。对于绿色建筑材料的施工及使用。必须充分了解它的性能特点、施工规范、保养等知识，严格按科学方法施工，以使其特点得以充分发挥，保证建筑工程的质量。

4.2　绿色建材的发展及评估

4.2.1　国内外绿色建材的发展概况

近20年来，欧洲各国、美国、日本等工业发达地区对绿色建材的发展非常重视。1992年联合国环境与发展大会召开后，1994年联合国又增设了“可持续产品开发”工作组。随后，国际标准化机构ISO也开始讨论制定环境调和制品的标准化，大大推动了国外绿色建材的发展。

4.2.1.1 德国

德国是世界上最早推行环境标志制度的国家。1987年德国发布了第一个环境标志——"蓝天使"后，至今实施"蓝天使"的产品已达7500多种，占全国商品的30%。德国开发的"蓝天使"标志的建材产品侧重于从环境危害大的产品入手，一个一个地推进，并取得了很好的环境效益。如德国推出一种无色、无味，对人体无害的水性建筑涂料，在获得"蓝天使"标志后，很快就占据了市场，使传统的溶剂型建筑涂料逐渐被淘汰，它的环境效益很明显，仅原西德每年少排入有机溶剂40000吨，德国居民宁愿多付些钱去购买对环境有益的产品。环境标志就像一张"绿色通行证"，在市场上扮演着一个越来越重要的角色，又像一个方向盘左右着建材工业的发展方向。据资料介绍，环境标志——"蓝天使"已成为德国公众很熟知的一种标志，德国所有大城市中，均有专门出售"绿色建材"的商店。

4.2.1.2 北欧

北欧各国：丹麦、芬兰、冰岛、挪威、瑞典等国于1989年实施了统一的北欧环境标志。丹麦为了促进绿色建材的发展，推出了"健康建材"（HMB）标准，规定了所出售的建材产品在使用说明书上除标出产品质量标准外，还必须标出健康指标。1992年开始制定建筑材料室内空气浓度（DICL）指标值，提出挥发性有机化合物空气残留度含量＜0.2mg/m^{3}时，为无刺激或不适；在0.3～0.3mg/m^{3}时，在其他因素联合作用下，可能会出现刺激和不适；在3～25mg/m^{3}时，出现刺激和不适，并可能出现头痛。并先后制定了地毯、地毯衬垫、石膏板、层合地板、PVC卷材地板等的健康指标。丹麦是实施健康住宅工程较早的国家，早在1984年底，就在奥胡斯（Arhus）市建成了"非过敏住宅建筑"示范工程。

瑞典也是积极推动和发展绿色建材的北欧国家。瑞典已正式实施新的建筑法规，规定用于室内的建筑材料必须实行安全标签制。并制定了有机化合物室内空气浓度指标限值：≤0.2mg/m^{3}时，为一类空气；≤0.5mg/m^{3}时，为二类空气。瑞典的地面材料业很发达，每年都有大量出口，出口厂家已自觉在产品说明书上标出产品在4周和26周时，有机化合物室内空气浓度指导限值。绿色建材在瑞典的推广已获得可喜的成果，瑞典最大的住宅银行于1995年宣布，只向生态建筑开发商贷款。

4.2.1.3 英国

英国是研究开发绿色建材较早的欧洲国家之一。早在1991年英国建筑研究院（BRE）就曾对建筑材料及家具等室内用品对室内空气质量产生的有害影响进行研究。通过对有关臭味、霉菌、潮湿、结露、通风速率、烟气运动等的调研和测试，提出了污染物、污染源对室内空气质量的影响状况。通过对涂料、密封膏、胶黏剂、塑料及其他制品的测试，提出了这些建筑材料的不同时间的有机挥发物散发率和散发量。通过大量的研究，他们提出在相对湿度大于75%时，可能产生霉菌，并对于某些人会诱发过敏症。

4.2.1.4 加拿大

加拿大是积极推动和发展绿色建材的北美国家。加拿大的环境标志计划"环境选择"始于1988年，1993年3月颁布了第一个产品标志，至今已有14个类别的800多种产品被授予了环境标志。加拿大对一些建材产品制定了"住宅室内空气质量指南"。如对水基性建筑涂料，开始时制定的总有机物挥发物（TVOC）标准为：250g/L（是针对高光泽仿瓷涂料制定的），到1997年降至200g/L，现在多数水基涂料的TVOC在100～150g/L范围内，已有零散TVOC涂料供货。并且规定，水基涂料不得使用甲醛、卤化物溶剂、含芳香族类碳氢化合物，不得用水银、铅、镉和铬及其化合物的颜料和添加剂。刨花板的VOC现用值为120μg/m³或0.1×10^{-6}。目标值为60μg/m³或0.05×10^{-6}。中密度纤维板和硬木板的推荐VOC为180μg/m³或15×10^{-6}；地毯的最大TVCC规定为4-甲基环乙烯为0.1mg/（m²·h），甲醛为0.05mg/（m²·h），苯为0.4mg/（m²·h）；PVC弹性地板的TVOC不大于1.0mg/（m²·h）；可拆卸石膏板隔板用胶黏剂，不得含有芳香族、卤化物、甲醛等有机物，其有机物挥发物含量不得超过3%（质量比）。

4.2.1.5　美国

美国是较早提出环境标志的国家，但均由地方组织实施，至今还没有国家统一的标志。美国环保局（EPA）正在开展应用于住宅室内空气质量控制的研究计划，一些州已开始实施有关材料的环境标志计划。在一些州，规定地毯有机物散发量（TVOC）为0.55mg/（m²·h），其中4-甲基环乙烯为0.1mg/（m²·h），甲醛为0.05mg/（m²·h），苯已烯为0.04mg/（m²·h）。

华盛顿州：要求机关办公室室内所有饰面材料和家具（包括地毯、涂料、胶黏剂、防火材料、家具等）在正常条件下总有机物挥发物含量不得超过0.05mg/m³，可吸入颗粒物0.05mg/m³，甲醛0.06mg/m³，4-甲基环乙烯0.0065mg/m³（仅对地毯）。

美国洛杉矶市早在1966年提出了限制有机溶剂排放量的著名“66法规”，并于1967年1月1日实施。随着人们生活水平的提高，自我保护的自下而上空间的呼声越来越高，环保法规也越来越严格，其间美国已从过去的“66法规”发展到现在的“1113法规”；该法规规定建筑平光涂料的VOC含量，2001年应降至100g/L，2008年为50g/L。

加利福尼亚州Sacramer城区：1997年7月1日开始如下物质实行环境保护标志标准：单层屋面膜胶黏剂打底料有机挥发物（VOC）限量650g/L；室外地面材料铺设胶黏剂有机挥发物（VOC）限量为250g/L，多用途建筑胶黏剂VOC限量为200g/L，陶瓷面砖用胶黏剂VOC限量为150g/L，室内地面覆盖材料用胶黏剂VOC限量为150g/L。

4.2.1.6　日本

日本政府对绿色建材的发展非常重视。日本于1988年开展环境标志工作，至今环保产品已有2500多种，日本科技厅于1993年制定并实施了“环境调和材料研究计划”。通产省制定了环境产业设想并成立了环境调查和产品调查、产品调整委员会。近年来在绿色建材的产品研究和开发以及健康住宅样板工程的兴建等方面都获得了可喜的成果。如秩父小野田水泥（株）已建成了日产50吨生态水泥的实验生产线，日本东陶公司研制成可有效地抑制杂菌繁殖和防止霉变的保健型瓷砖，日本铃木产业公司开发出具有调节湿度性能和防止壁面生霉的壁砖和可净化空气的预制板等。日本在1997年夏天在兵库县已建成一栋实验型“健康住宅”，整个住宅尽可能不选用有害健康的新型建筑材料，其建筑费用比普通住宅增加约2成。在九州市新建了一栋环保生态高层住宅，这栋住宅是按照日本建设省省能源、减垃圾的“日本环境生态住宅地方标准”要求建造的。

4.2.1.7　中国

原国家环境保护总局根据环境保护的要求及国外发展环保产品的经验，于1994年在6类18种产品中首先实行环境标志。我国的环境标志是1993年10月公布的，其中心结构表示人类赖以生存的环境，外围十环相连紧扣表示公众参与，共同保护环境，寓意“全民联合起来，共同保护赖以生存的环境”。

建材产品中，水性涂料成为首先实行环境标志的产品，而后，建筑胶黏剂、磷石膏建筑产品、无石棉建筑产品、人造木质板材、建筑用塑料管材管件等产品陆续制定了相关的认证标准。不少企业在生产中开始注重绿色建材的开发，施工单位及用户在选择建筑材料产品时，也对环保问题提出了很高的要求，有力促进了绿色建筑材料的生产与应用。如江苏爱富希新型建材厂在相关单位的帮助下，研发成功的“无石棉粉煤灰硅酸钙建筑平板”和“可挠性纤维石膏板”于1997年9月通过部级鉴定；北京振利高新技术公司与北京市建工集团合作，利用废聚苯颗粒与胶凝材料研制出“ZL聚苯颗粒保温砂浆”，已在华北地区广泛应用于内外墙体保温，既减少了白色污染，又能发挥保温节能的功效。

2001年质检总局制定颁布了室内装饰装修材料有害物质限量的10项标准，这是我国关于建筑装修材料的环保、卫生、安全方面的第一个国家性强制标准。10项装饰装修材料有害物质限量如下。

① 溶剂型木材涂料有害物质限量；
② 内外墙涂料有害物质限量；
③ 胶黏剂中有害物质限量；
④ 人造板及其制品中甲醛释放限量；
⑤ 木家具中有害物质限量；
⑥ 聚氯乙烯卷材地板中有害物质限量；
⑦ 混凝土外加剂中释放氨限量；
⑧ 壁纸中有害物质限量；
⑨ 地毯中有害物质释放限量；
⑩ 建筑材料放射性核限量。

4.2.2 绿色建材认证及产品标准

4.2.2.1 绿色建材认证体系的发展

20世纪70年代末，由德国率先发起了“生态标签”运动（即“蓝天使”环境标志），并引起国际环保组织和世界各国的广泛重视，目前全球40多个国家积极实施了“环境标志”计划（见图4.1）。1996年开始，由国际标准化组织（ISO）颁布的环境管理系列标准（ISO

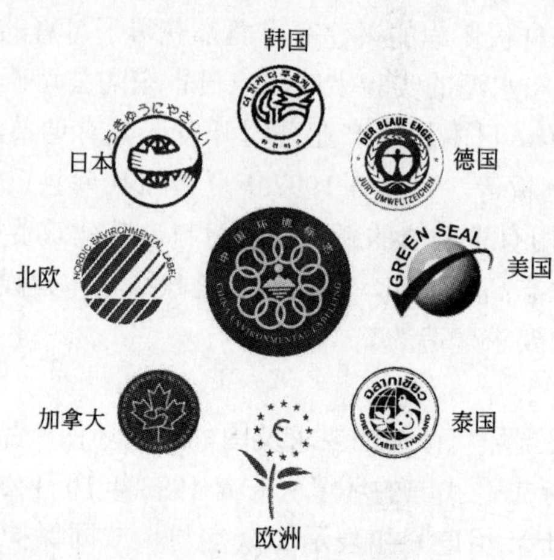

图4.1 各国绿色环保标志

14000）也将环境标志纳入其标准内容，陆续颁布了ISO 14020、ISO 14021、ISO 14024、ISO 14025等环境标志相关标准，中国环境标志迅速与国际标准实施了对接，并与日本、韩国、澳大利亚、新西兰、德国等签署了“互认合作协议”。

根据ISO对环境标志的定义：环境标志和声明是出现在产品或包装标签上，或在产品文字资料，技术公告、广告或出版物等中的说明、符号和范围。目前市场上出现的各种绿色标识都属于环境标志和声明范畴，那么根据ISO对不同环境标志的分类，环境标志应分为环境标志（Ⅰ型，执行ISO 14024《环境管理　环境标志与声明　Ⅰ型环境标志原则和程序》标准），自我环境声明（Ⅱ型，执行ISO 14021《环境管理　环境标志与声明　自我环境声明》标准），环境产品声明（Ⅲ型，执行ISO 14025《环境管理　环境标志与声明　环境信息说明》）。

Ⅰ型环境标志的特点是有第三方认证，如常见的十环标志、绿色食品、有机食品等；Ⅱ型环境标志的主体是企业，常见的是某个企业宣称自己产品如何环保；Ⅲ型环境标志是基于全生命周期评价（LCA）基础上的环境声明，声明的是产品对于全球环境产生的影响。目前世界各国开展的环境标志计划主要为Ⅰ、Ⅱ型环境标志。根据ISO 14025《环境标志和声明　Ⅲ型环境声明　原则和程序》标准，Ⅲ型环境声明（EPD）基于定量的生命周期评价分析，可为市场上的产品和服务提供科学的、可验证的和可比性的、量化的环境信息，可以更加科学合理地评价产品对环境造成的影响。也正是在全球市场对这种量化环境信息需求不断增强的驱动下，Ⅲ型环境标志逐步发展起来，并日益受到各国的重视。2007年6月30日在北京举行的全球Ⅲ型环境标志声明网络组织（GED）第十四届年会，正式接受原中国国家环保总局环境认证中心加入GED，并成为该组织的正式成员。相对Ⅰ型环境标志，中国Ⅲ型环境产品声明（EPD）计划近年来刚刚启动。虽然国内有一些相关的研究机构和科学工作者已经进行了一些基础性的研究工作，包括绿色建材评价与认证技术，如中国建筑材料科学研究总院承担国家“十五”科技攻关计划项目“绿色建材技术及分析评价方法的研究”，原国家环保总局环境认证中心（CEC）承担了科技部“十一五”攻关课题“化工产品和建筑材料关键产品生态设计技术开发”，旨在围绕产品生态设计，在生态设计理论、LCA基础应用平台和Ⅲ型环境标志认证三个方面开展集成研究。但目前因缺少相关产品数据信息，还未形成完整的Ⅲ型环境标志认证体系。

自2000年以来，国家政府各主管部门相继颁布实施了建筑材料及装饰装修材料有害物质限量等标准、CCC和节能标识等认证管理办法，相关检测认证机构也开展了节能、环保、节水、安全等方面的认证工作，具体如下。

① 2001年，国家质量监督检验检疫总局颁布了“十项装饰装修材料有害物质限量国家强制性标准”。

② 原建设部、国家质量监督检验检疫总局颁布了《民用建筑工程室内环境污染控制规范》（GB 50325—2001）。

③ 2004年，国家认监委开展溶剂型木器漆、混凝土防冻剂有害物质限量、陶瓷地砖放射性的强制认证。

④ 建筑门窗节能标识。为保证建筑门窗产品的节能性能，规范市场秩序，促进建筑节能技术进步，提高建筑物的能源利用效率，推进建筑门窗节能性能标识试点工作，2006年原国家建设部制定了《建筑门窗节能性能标识试点工作管理办法》。经评审，国内共有11家检测机构成为首批建筑门窗节能性能标识实验室，负责标识的受理、测评与发放等工作。作

为一种国际通行的模式，建筑门窗节能性能标识仅对标准规格门窗产品的节能性能指标进行客观描述，企业可以自愿申请。2007年10月28日，中国建筑材料检验认证中心开展了全国第一个建筑门窗节能性能标识现场评审，这标志着建筑门窗节能性能标识工作已经顺利地在我国展开并迈出了成功的一步，必将带动整个建筑门窗行业朝着高效节能的方向迈进。

⑤ 北京中环联合认证中心有限公司开展中国“十环标志认证”。

⑥ 中标认证中心开展节能、节水、环保认证。

⑦ 中国建筑材料检验认证中心开展节能、节水、安全、环保认证。

⑧ 中国建筑材料科学研究总院、国家建筑材料测试中心《奥运工程环保指南——绿色建材》，作为奥运工程的技术性文件，从企业资质、产品质量、环保指标和安全指标，对参与奥运工程生产企业提出了严格要求，技术指标高于国家标准要求，部分与国际先进标准一致。

这些标准、认证工作有力推动了我国相关产品的升级换代，产品质量和环保指标得到了很大提高。

绿色建材的评价与认证存在以下问题。

① 绿色建材的评价体系还不完善，难以量化评价与认证，应用难度大。

综合绿色建材产品的评价体系可概括为两大部分，即质量指标和环境指标。质量指标以产品质量指标是否达到或优于相应国家标准的建材产品为评价因子。环境指标涵盖建材产品生命周期中的原料采集过程、生产过程、使用过程和废弃过程中有关对资源消耗、能源消耗、环境污染等方面的影响因素。依据不同的建材产品评价指标和原则，分析不同类型建材的评价因素的权重并量化，制定出不同建材产品的具体评价指标。通过对各项指标的实际达到值、指标值和指标的权重值进行计算和评分，综合得出某建材产品的绿色度指标。

尽管生命周期评价法（LCA）是评价建筑材料环境负荷的一种重要方法，但其在评价范围、评价方法和可操作性上也有如下局限性。

a. LCA所作的假设与选择可能带有主观性，同时受假设的限制，可能不适用所有潜在的影响；

b. 研究的准确性可能受到数据的质量和有效性限制；

c. 由于影响评估所用的清单数据缺少空间和时间尺度，使影响结果产生不确定性。

目前LCA作为产品环境管理的重要支持工具，需要产品从原材料的开采、生产制造、使用和废弃处理的整个生命周期的环境负荷数据的支持，由于很多数据缺乏公开性、透明性和准确性，因此LCA数据的可获得性较差；同时LCA数据的地域性很强，不同国家和地域的环境标准差异，数据缺乏通用性。

LCA近年虽已有了很多的实践结果，但还处于研究阶段，尤其对于建筑材料更是处于起步阶段，其影响评估需要大量的实践数据和经验积累。在我国绿色建材产品数据库的建立、评价软件的建立还需相当长时间的研究，应用更不成熟。对某一种具体的建材产品而言，进行LCA评价就显得过于复杂。因此，现阶段针对绿色建材产品的评价，LCA评价和单因素评价都不适用。

② 绿色标志、标识的滥用与误用。

很多产品只因符合国家相关的卫生、环保标准而被冠以绿色建材称号或绿色标识，而误导消费者。以目前国内市场上出现的所谓Ⅲ型环境标志为例，按照ISO 14025的要求，企业应公开的是在生命周期评价基础上产生的对全球环境影响的数据，如单位产品的SO_2当量、

CO_2当量，而目前市场上Ⅲ型环境标志是完全不符合ISO 14025要求的，所公布的内容是企业产品的一些环保指标，属于Ⅱ型环境标志的范畴，是企业的自我环境声明。实际上我国目前实施Ⅲ型环境标志的基础并不存在，因此并无真正意义的Ⅲ型环境标志。另外，绿色建材的评价体系一旦成为国家标准，其认证工作只能由经国家授权的合法认证机构实施。

4.2.2.2　认证申请及办理流程

本书中主要按照Ⅰ类环境标志——十环标志的申请为例进行介绍。

（1）申请认证前的准备工作　企业要申请环境标志，首先应到当地的省、自治区、直辖市环境保护行政主管部门或中国环境标志产品认证委员会备案申请，咨询有关认证事宜。

① 企业所申请产品是否在国家已公布的标志产品种类范围内　企业申请的产品若不属于国家公布的标志产品种类，则须填写环境标志产品种类建议表，报认证委员会秘书处。待秘书处提出标志产品种类可行性报告、技术要求，认证委员会审批，国家环保部批准之后，企业方可提出申请。

若以在标志产品范围内，则可直接申请。

② 申请企业及其认证产品是否符合认证条件　产品申请认证应具备以下条件：a.属于国家公布可认证的环境标志产品种类名录；b.符合国家颁布的环境标志产品标志或技术要求；c.能批量生产、技术指标稳定；d.具有产品质量认证证书或产品生产许可证，或省级以上标准化行政主管部门认可的检验机构出具的一年以内产品质量合格证明。

申请认证产品企业应具有以下条件：a.中华人民共和国境内企业应持有工商行政主管部门签发的《企业法人营业执照》，境外企业应持有有关机构的登记注册证明；b.污染物排放符合国家或地方污染物排放标准；c.申请日前一年内，未受到地方环境保护行政主管部门的处罚。

企业若认为已经达到上述要求，则可提出申请。

（2）认证流程

① 提出申请　申请企业向所在省、自治区、直辖市环保局领取并如实填写《环境标志产品认证申请书》（一式4份），按申请书要求提交必需的附件：企业法人营业执照复印件；产品注册商标复印件；产品执行标准；产品性能说明书；国家或省技术监测部门等认可机构出具的产品质量合格证明；产品整体彩色照片两张。

② 当地环保局初审　当地环保局受理企业申请，并对申请企业初审，提出初审意见，初审内容如下：基本情况评价（申请书填写是否属实，提供的材料及证明是否有效）；企业污染物排放是否达到国家或地方的排污标准；申请日前一年内是否受到地方环境保护行政主管部门的处罚；是否同意申请环境标志。

省级环保局对初审合格的企业，将申请书及有关材料两份报认证委员会秘书处，一份留本局备案，一份返回企业。

③ 现场检查　认证委员会秘书处对申请企业登记备案，并通知认证委员会检查部组织检查组，检查组具体负责现场检查工作。检查工作包括4部分内容：检查准备、现场检查、整改与复查、编写现场检查报告，现场检查报告报认证委员会秘书处。

④ 产品检验　检查组受认证委员会检验部委托，同时负责认证产品的抽样工作。检验部负责委托检验机构对抽样产品按照环境标志产品技术要求进行检查。检验机构出具检验报告，并由检验部报认证委员会秘书处。

⑤ 综合评定　秘书处根据申请材料、省局初审意见、现场检查报告、产品检验报告对

申请产品及企业是否符合认证要求作出综合评定，提出结论性意见，并与有关认证材料一起报认证委员会审查。

⑥ 审查与批准　认证委员会审查综合评价意见及有关认证材料，并投票表决。以认证委员会2/3委员投票为有效（主任委员和常务副主任不参加投票），1/2以上赞成为通过委员审查。秘书处汇总投票结果并报国家环保部批准。以主任或常务副主任委员批准发布为认证最后通过。

⑦ 签订合同　通过认证的企业，应与认证委员会秘书处签订环境标志使用合同，并按期申报认证产品的规格和环境标志使用数量。秘书处负责环境标志的制作和发放工作。

（3）认证书与环境标志的使用

① 认证书及其使用规定　认证书式样为浅墨绿色封面，中间镶嵌有金色的环境标志图形，认证书内容包括单位名称、产品名称、规格、型号、产品的环境特性、认证委员会代码、证书编号、使用年限、依据的环境标志产品技术要求。

认证书由中国环境标志产品认证委员会秘书处组织印刷并统一规定编号。

认证书使用有效期为3年。认证书有效期满，愿意继续认证的企业应在有效期终止前3个月重新申请；不重新认证企业，不得继续使用认证证书和环境标志。

当中英文对照的认证证书内容发生争议时，以中文为准。

② 环境标志及使用规定　环境标志图形由青山、绿水、红日及十个蓝环组成，底色为绿色、环境标志图形为金色（特殊颜色须经中国环境标志产品认证批准），尺寸应依据标准图形等比例放大或缩小、不得变形。中国环境标志图形见图4.2。

图4.2　中国环境标志图形

中国环境标志产品认证委员会秘书处负责环境标志的制作与发放工作。

获得环境标志产品认证的企业，应签订环境标志使用合同，并申报认证产品的标志使用数量，秘书处根据上报产品规格统一确定标志规格。

获得环境标志产品认证的企业应在环境标志认证产品、包装物上使用认证委员会规定的环境标志。获得环境标志认证的企业在签订专项合同的条件下，亦可在认证产品的说明书及出厂的合格证上自行印刷环境标志图形，并在认证产品广告宣传中使用环境标志图形。

获得环境标志产品认证的企业使用环境标志必须向中国环境标志产品认证委员会秘书处上报年度计划申请，经秘书处批准备案后，由秘书处向使用企业发放统一制作的环境标志。

认证产品的企业不得仿制统一制作的环境标志，不得转让、出售环境标志，不得将环境标志使用在没有获得环境标志认证的产品中。

从事环境标志使用、审核、监督、管理的工作人员不得徇私舞弊、弄虚作假。违反规定者，视其情节轻重，由中国环境标志产品认证委员会建议国务院标准化行政主管部门撤销其审核员注册资格、收回聘书、停止从事环境标志产品认证工作，并建议其主管部门给予行政处分，造成损失的责令赔偿。

（4）认证时间 从企业向当地省、自治区、直辖市环境保护局递交申请书到认证审查合格，签订环境标志使用合同，约需3～5个月。

（5）认证后的监督

① 在认证证书有效期内，省（自治区、直辖市）环境保护行政主管部门对通过认证的产品及其企业进行监督性检查，每年至少进行一次，并将检查结果及时上报认证委员会。

② 检验机构对认证合格的产品每年进行1～2次跟踪检验。检验的样品可以从用户、市场或企业中随机抽取。跟踪检验工作由认证委员会秘书处统一安排。

③ 在认证证书有效期内，凡在下列情况之一者，暂停企业使用认证证书和环境标志：监督性检查时，发现认证的产品及其生产现状不符合认证要求；认证证书或环境标志使用不符合规定要求。

④ 暂停使用认证证书和环境标志的建议由省（自治区、直辖市）环境保护行政主管部门提出，报认证委员会批准后由认证委员会向企业发出限期整改通知；同时抄送企业所在省（自治区、直辖市）环境保护行政主管部门。

整改期最长不超过半年。整改期内企业暂停使用环境标志和认证证书。

企业接到限期整改通知书后，应立即针对存在的问题进行整改。整改结束后向省（自治区、直辖市）环境保护行政主管部门提交书面整改报告。

省（自治区、直辖市）环境保护行政主管部门对企业的整改报告进行审查并实地考查，并将达到整改目标的产品及其企业名单报认证委员会。

认证委员会向企业发出恢复使用认证证书和环境标志的通知。增加的检查费用按实际支出由企业负担。

⑤ 有下列情况之一者，由认证委员会撤销认证证书，禁止使用环境标志，并向全国公告。

a. 监督性检查或跟踪检验判为不合格产品。

b. 整改期满不能达到整改目标。

c. 认证产品质量严重下降，或出现重大质量事故，给用户造成损害。

d. 转让认证证书、环境标志。

e. 拒不交纳年金。

f. 认证委员会认为有必要进行重新认证，而企业不再提出申请。

撤销认证证书的建议由省（自治区、直辖市）环境保护行政主管部门或认证委员会秘书处提出，报认证委员会。经认证委员会批准后向企业发出撤销认证证书通知，并抄送有关省（自治区、直辖市）环境保护行政主管部门。

⑥ 对未经认证或认证不合格而使用环境标志、达不到环境标志产品认证标准或技术要求仍继续使用环境标志、转让环境标志的企业，按《中华人民共和国产品质量认证管理条例》第19条的规定处以罚款。

⑦ 通过认证产品出厂销售时，其产品不符合环境标志技术要求的，生产企业应当负责包修、包换、包退；给用户或消费者造成损害的，生产企业应当依法承担赔偿责任。

4.3 绿色建材的选用

建筑材料是建筑的基础，建筑由建筑材料构成。一切精巧的设计，都必须通过各种建筑材料的组合来实现。建筑材料的选用在很大程度上决定了建筑的“绿色”程度。

4.3.1 绿色建材的选用原则

绿色建材的选用在很大程度上直接关系到建筑的绿色程度或者节能效果。因此在选择绿色建材时，应当考虑：有效地使用能源和资源；提供优良的空气质量、照明、声学、美学特性的室内外环境；最大限度地减少建筑废料和家庭废料；尽可能采用有益于环境的材料；适应生活方式和需求的变化；经济上可接受。

4.3.1.1 满足建筑功能要求

在一定的室内外环境下，所选材料首先应满足建筑的功能要求和所期望的使用寿命，同时考虑材料工艺性能及施工要求。

4.3.1.2 居住、使用者的健康

居住者的健康包括室内空气质量、水质量、光环境、声环境、电磁辐射等背景因素。因此在选用建筑材料时，应减少材料可能带入的污染物。一般建筑材料中潜在的对健康不利的污染物量非常大，包括来自木制品、地毯、涂料、密封膏、胶黏剂、织物等的有机挥发物。选择材料时应当尽可能减少这些污染物，还应保证建材无甲醛或VOC含量少。保证建筑材料不带入或少带入污染物质。绿色建材应对环境没有副作用，与环境有良好的协调性。

4.3.1.3 能源效率

提高能源效率的措施主要有：选择合适的建筑材料；改善维护结构；改进加热、冷却和气候控制系统；降低电灯和设备等的能耗。除了第3章中介绍的绿色节能技术外，合理选用建材和设备也能够实现节能降耗。

合理地选择建筑材料如墙体材料、保温材料可以减少室内外温差，维持室内温度平衡，减少供暖、制冷需求，减少建筑能耗需求。先进的供暖、制冷技术系统，可提高能源效率，降低运行费用。

照明用电通常占用电量的2/3 。通过选用合适的窗户，尽量利用日光照明，使用荧光灯代替白炽灯，可大幅度减少日常照明能耗。

4.3.1.4 资源效率

选用绿色建材时，应考虑建材生产过程中的资源效率，减少废料，优化资源利用。优先选用可再循环利用的建材，减少对工地、林木、煤炭、石油或与水有关的原材料的需求，缓冲对环境的压力。

经验表明，选用节水设施后，居民用水量可消减30% ~ 50%，而对生活方式无影响。卫生间用水占家庭用水量的75%，低冲水量马桶每次冲水只需6L以下；低流量淋浴头可减少流水速度50%；低流量充气器可减少水龙头流量50%。

4.3.1.5 可承受性

（1）可购性　绿色建材的价格应能够被使用者接受，所建成的绿色建筑造价要尽可能降低，居住条件舒适愉快，用户和投资人乐于接受。

（2）适应性　新建建筑要能满足几代人的要求，因此选用的建材要便于翻修、扩建，单

户和双户住宅可互换等。

此外，绿色建材的选用意味着企业或投资者的环境意识和社会责任，对于提升企业形象和提高建筑物自身的价值都是有利的。

4.3.2 绿色建材选用

4.3.2.1 绿色建材的选择

（1）墙体节能材料 墙体是建筑物的外围护结构，传统的围护材料主要是实心黏土砖。由于黏土砖对土地资源消耗较大，对环境破坏严重，目前我国已经出台强制淘汰实心黏土砖的政策。节能墙体可以替代传统的外围护结构，通过加强建筑围护结构的保温隔热性能，减少空气渗透，可以减少建筑热量散失，从而达到绿色节能的效果。

目前墙体节能主要分为两大类：内保温墙体节能和外保温墙体节能。

① 墙体内保温节能材料 在实施建筑节能设计标准的初期，普遍采用内保温的方法。选用的材料品种较多，如珍珠岩保温砂浆、内贴充气石膏板、黏土珍珠岩保温砖、各种聚苯夹芯保温板等。

② 外保温节能材料 保温隔热材料是常用的绝热材料之一，建筑物绝热是绝热工程的一部分。通常的绝热材料是一种质轻、疏松、多孔、热导率小的材料。外墙外保温材料是保温隔热材料的一大分支，随着外墙外保温体系优点的不断突出以及该体系性能的不断发展，外墙外保温技术将成为墙体保温发展的主要方向。下面介绍几种常用的墙体外保温节能材料。

a. 膨胀珍珠岩及制品 膨胀珍珠岩是以珍珠岩、黑曜岩或松脂岩矿石经过破碎、筛分、预热、焙烧瞬时急剧加热膨胀而成的白色多子L颗粒状物质。颗粒结构呈蜂窝泡沫状，表观密度一般为40～80kg/m^3，大颗粒的表观密度可达150～250kg/m^3，热导率为0.046W/（m·K）左右。

膨胀珍珠岩具有轻质、热导率低、吸湿性小、使用温度范围广（−273～1000℃）、化学性质稳定、无毒、无味、不燃烧等特点，可广泛用于建筑、化工、国防、冶金、电力、农业、机械制造和交通运输等部门。其具体应用如下。

可与各种黏结材料加工成各种用途的制品。由于膨胀珍珠岩具有轻质、隔热、吸声、不燃烧、不腐烂、不老化、不虫蛀等良好性能，因此特别适用于建筑业的需要。可用作建筑物的保温隔热和吸声材料，做轻质混凝土的多孔集料，做耐火、隔热、吸声的抹灰砂浆，制作复合外墙板的保温层、内墙板、现浇屋面，做墙体内层的松散填充隔热材料等。可在膨胀珍珠岩灰浆中掺入适当的发泡剂、凝胶剂，喷涂或加工成制品贴衬在厂房、涵洞、地下铁道、电影院、大会堂、医院、实验室、一般住宅墙体上作为保温、防火、吸声、吸射线材料。膨胀珍珠岩在深冷工程中用作保冷、隔冷材料。

膨胀珍珠岩制品是以膨胀珍珠岩为集料，配以适量的黏结材料（如水泥、水玻璃、磷酸盐等），经过搅拌、成型、干燥、焙烧或养护而成的具有一定形状的产品（如板、砖、管、瓦等）。制品一般是以胶结材料命名，如水玻璃膨胀珍珠岩制品、水泥膨胀珍珠岩制品、磷酸盐膨胀珍珠岩制品等。我国膨胀珍珠岩制品品种很多，下面简单介绍几种。

Ⅰ. 水泥膨胀珍珠岩制品 水泥膨胀珍珠岩制品具有表观密度小、热导率低、承载力高、施工方便、经济耐用等优点。广泛用于较低温度热管道、热设备及其他工业管道和工业建筑的保温隔热材料以及工业与民用建筑围护结构的保温、隔热、吸声材料。其性能指标如下：水泥膨胀珍珠岩制品表观密度为300～400kg/m^3，热导率为0.058～0.087W/（m·K）（常温），吸声系数为0.16～0.42（125～2000Hz），抗压强度为5～10MPa。

Ⅱ．水玻璃膨胀珍珠岩制品　水玻璃膨胀珍珠岩制品具有表观密度小（200～300kg/m^3），热导率小，常温热导率为0.058～0.065W/(m·K)，以及无毒、无味、不燃烧、抗菌、耐腐蚀等特点。水玻璃膨胀珍珠岩制品，多用于建筑围护结构作为保温隔热及吸声材料。

Ⅲ．沥青膨胀珍珠岩制品　沥青膨胀珍珠岩制品是由膨胀珍珠岩与热沥青拌合而制成的。它具有质轻（表观密度为200～450kg/m^3），保温隔热，热导率为0.07～0.08W/(m·K)，以及吸声、不老化、憎水、耐腐蚀等特性，并可锯切，施工方便。适用于低温、潮湿环境，如用于冷库工程、冷冻设备、管道及屋面等处。

Ⅳ．磷酸盐膨胀珍珠岩制品　磷酸盐膨胀珍珠岩制品是以膨胀珍珠岩为集料，以磷酸铝和少量的硫酸铝、纸浆废液作胶结材料，经过配料、搅拌、成型和焙烧而制成的。它具有较高的耐火度、表观密度小（200～500kg/m^3）、强度高（0.6～1.0MPa）、绝缘性较好等特点。适用于温度要求较高的保温隔热环境。

Ⅴ．膨胀珍珠岩装饰吸声板　膨胀珍珠岩制品是多孔吸声材料，可加工成各种规格的装饰吸声板，一般有不穿孔、半穿孔、穿孔吸声板及凹凸吸声板和复合吸声板等多种构造形式。膨胀珍珠岩装饰吸声板具有质轻、装饰效果好、防火、防潮、施工性好等优点，可用于影剧院、播音室、会议厅等公共建筑的音质处理和工业厂房的噪声控制，同时也可用于民用和其他公共建筑的顶棚和内饰。

其他还有乳化沥青膨胀珍珠岩制品、憎水珍珠岩制品、高温耐火珍珠岩制品及石膏膨胀珍珠岩制品等。

b. 复合硅酸盐保温材料　复合硅酸盐保温材料是一种微孔、网状结构的无机盐保温隔热材料。它的主要原料是采用我国尚未开发利用的一种含铝镁硅酸盐的特种非金属矿（海泡石等），再加入辅料和填加剂复合而成。如玻璃棉卷毡，泡沫玻璃保温板，酚醛泡沫保温板，硅酸铝针刺毯，岩棉板，聚氨酯保温板，硅酸盐保温板，玻璃棉板，岩棉夹心彩钢板，防火隔离带。

它广泛用于化工、石油、电力、冶金、交通、建筑、轻工和国防等工业部门设备和管道的保温、保冷、隔热、防冻、隔声和防火。尤其是该产品的浆料型更用于传统保温材料难以解决的异型管道、阀体、塔体等设备的保温。并可以取消外附物（铁皮、油粘纸、玻璃布等）。它同时具有抗震，防水，不变形，不脱落，永保外形美观，质量轻，热导率低，用料厚度薄，保温节能效果好，节省外包装物（铁皮、玻璃布、油粘纸、涂料），管架尺寸减小，降低工程总造价，耐高温（可达800℃），寿命长（可达10年以上），阻燃防火，对设备、管线表面不产生腐蚀，不含致癌物，对人体无危害，施工方便易行等优点。对密集型管道、空间狭小地段尤为适合，它是现有保温材料（岩棉等）不可比拟的最理想的保温材料。

Ⅰ．酚醛树脂泡沫保温材料　酚醛树脂保温板是由酚醛泡沫树脂（一种新型不燃、防火、低烟、保温材料）加入发泡剂、固化剂及其他助剂制成的闭孔硬质泡沫塑料。它最突出的特点是不燃、低烟、抗高温歧变。它克服了原有泡沫塑料型保温材料易燃、多烟、遇热变形的缺点，保留了原有泡沫塑料型保温材料质轻、施工方便等特点。酚醛泡沫树脂保温板具有良好的保温隔热性能，其热导率约为0.023W/（m·K），远远低于目前市场上常用的无机、有机外墙保温产品，可以达到更高的节能效果。

优异的防火性能保温层采用酚醛泡沫，并与其他材料复合用于建筑保温，基本可以达到国家防火标准A级，从根本上杜绝外保温火灾发生的可能性，使用温度范围为-250～150℃。

Ⅱ. 聚苯乙烯塑料泡沫保温材料　聚苯乙烯泡沫塑料（EPS）是由聚苯乙烯（1.5%～2%）和空气（98%～98.5%）、戊烷作为推进剂，经发泡制成。其具有密度范围宽、价格低、保温隔热性优良、吸水性小、水蒸气渗透性低、吸收冲击性好等优点。聚苯乙烯泡沫板及其复合材料由于价格低廉、绝热性好，热导率小于0.041 W/（m·K），而成为外墙绝热及饰面系统的首选绝热材料。

Ⅲ. 硬质聚氨酯保温材料　硬质聚氨酯泡沫（PURF）热导率仅为0.020～0.023 W/（m·K），因此将该材料应用于建筑物的屋顶、墙体、地面，作为节能保温材料，其节能效果将非常显著。如以异氰酸酯、多元醇为基料，适量添加多种助剂的硬质聚氨酯防水保温材料，其表面密度为35～40kg/m^3，抗压强度为0.2～0.3MPa。

除了上述保温材料，纳米孔硅保温材料、膨胀蛭石、泡沫石棉、泡沫玻璃、膨胀石墨保温材料、铝酸盐纤维以及保温涂料等在我国也有少量生产和应用，但由于在性能、价格、用途诸方面的竞争力稍差，在保温材料行业中只起着补充与辅助的作用。

（2）门窗节能材料　建筑门窗是建筑围护结构的重要组成部分，是建筑物热交换、热传导最活跃、最敏感的部位，其热损失量是墙体热损失的5～6倍。

① 窗框节能材料

a. 塑钢门窗　塑钢门窗是以聚氯乙烯（PVC）树脂等，经高分子合成材料为主要原料，加上一定比例的稳定剂、着色剂、填充剂、紫外线吸收剂等，经挤出成型材，然后通过切割、焊接的方式制成门窗框扇，再配装上橡塑密封条、毛条、五金件等。为增强型材的刚性，超过一定长度的型材空腔内需要添加钢衬（加强筋），通过这一流程制成的门窗，称为塑钢门窗。

PVC塑料门窗的优点有：Ⅰ. 经久耐用，可正常使用30～50年。Ⅱ. 形状和尺寸稳定，不松散、不变形。Ⅲ. 塑料门窗的气密性和水密封性大大优于钢、木门窗，前者较后者气密性高2～3个等级；水密封性高1～2个数量级。Ⅳ. 具有自阻燃性，不能燃烧；有自熄性，有利于防火。Ⅴ. 隔噪声性能好，达30dB，而钢窗隔噪声只能达到15～20dB。Ⅵ. 隔热保温性能好，单层玻璃的PVC窗传热系数K值为4～5 W/（m^2·K）（国家标准4级），装双层玻璃的PVC窗的K值为2～3 W/（m^2·K）（国家标准2级），而装单层玻璃的钢、铝窗K值只能达到国家标准6级，装双层玻璃的钢、铝窗只能达到国家标准3～4级，因此冬季采暖、夏季空调降温时PVC塑料窗可节能25%以上。Ⅶ. 外观美，质感强，易于擦洗清洁。Ⅷ. 使用轻便灵活，抗冲击，开关时无撞击声。

PVC塑料门窗的缺点有：Ⅰ. 采光面积比钢窗小5%～11%；Ⅱ. 装单层玻璃时价格比钢窗贵30%～50%。但在寒冷地区一扇装双层玻璃的PVC窗与装两扇单层玻璃的钢窗相比，二者费用相当，而双层玻璃的PVC塑料门窗的保温、采光比两扇单层玻璃的钢窗更好。

b. 铝复合窗　铝复合门窗，又叫断桥铝门窗，是继铝合金门窗、塑钢门窗之后一种新型门窗。断桥铝门窗采用隔热断桥铝型材和中空玻璃，仿欧式结构，外形美观，具有节能、隔声、防尘、防水功能。这类门窗的传热系数K值为3 W/（m^2·K）以下，比普通门窗热量散失减少一半，降低取暖费用30%左右；隔声量达29dB以上；水密性、气密性良好，均达国家A1类窗标准。

铝塑复合双玻璃推拉窗的结构特点是外侧的铝型材和室内侧的塑料型材用卡接的方法结合，镶双层玻璃后，室外为铝窗，室内为塑料窗，发挥了铝、塑料两种材料各自的优点，综合性能较好，具有良好的保温性和气密性，比普通铝合金窗节能50%以上。此外，铝塑型材不易产生结露现象，适宜大尺寸窗及高风压场合及严寒和高温地区使用。但其线膨胀系数较高，窗体尺寸不稳定，对窗户的气密性能有一定影响。

② 节能玻璃　在建筑门窗中，玻璃是构成外墙材料最薄的，也是最容易传热的部分。因此，选择适当的玻璃品种是进行门窗节能控制的一项重要措施。节能玻璃主要有热反射玻璃、中空玻璃、吸热玻璃、泡沫玻璃和太阳能玻璃等几种类型，以及目前推广应用的玻璃替代品——聚碳酸酯板（PC板）等。

a. 热反射玻璃　热反射玻璃是节能涂抹型玻璃最早开发的品种，又称镀膜玻璃，其采用热解法、真空法、化学镀膜法等多种生成方法在玻璃表面涂以金、银、铜、铬、镍、铁等金属或金属氧化物薄膜或非金属氧化物薄膜，或采用电浮法、等离子交换法向玻璃表面渗入金属离子用于置换玻璃表面层原有的离子而形成热反射膜。该薄膜有较好的光学控制性能，尤其是对太阳中红外光的反射具有节能的意义，对太阳光具有良好的反射和吸收能力，普通平板玻璃的辐射热发射率为7%～8%，而热反射玻璃高达30%左右。

热反射玻璃可明显减少太阳光的辐射能向室内传递，保持稳定的室内温度，节约能源。在夏季光照强的地区，热反射玻璃的隔热作用十分明显，可有效衰减进入室内的太阳热辐射，但不适用于寒冷地区，因为这些地区需要阳光进入室内采暖。

b. 吸热玻璃　吸热玻璃是一种既能吸收大量红外辐射能，又能保持良好可见光透过的平板玻璃，其节能原理是通过吸收阳光中的红外线使透过玻璃的热能衰减，从而提高了对太阳辐射的吸收率，对红外线的透射率很低。吸热玻璃有以下特点。

Ⅰ. 吸热玻璃的厚度和色调不同，对太阳辐射的吸收程度也不同，依据地区日照情况可以选择不同品种的吸热玻璃，达到节能的目的。普通玻璃与吸热玻璃太阳透过热值及透热率的比较见表4.1。

表4.1　普通玻璃与吸热玻璃太阳透过热值及透热率比较

品　种	透过热值/［W/（m^2·h）］	透热率/%
空气（暴露空间）	879	100
普通玻璃（3mm厚）	726	82.55
普通玻璃（6mm厚）	663	75.53
蓝色吸热玻璃（3mm厚）	551	62.7
蓝色吸热玻璃（6mm厚）	433	49.21

Ⅱ. 吸热玻璃比普通玻璃吸收可见光多一些，所以能使刺目的阳光变得柔和，它能减弱入射太阳光的强度，达到防止眩光的作用。

Ⅲ. 吸热玻璃透明度较普通玻璃稍微低一些，能清晰观察室外景物。

Ⅳ. 吸热玻璃除了能吸收红外线外，还有显著减少紫外线光透过的作用，可以防止紫外线对室内物品的辐射而防止退色、变质。

c. 中空玻璃　中空玻璃是由两片或多片玻璃粘接而成，两片或多片玻璃及其周边用间隔框分开，并用密封胶密封，使玻璃层间成为干燥的气体存储空间，具有优良的保温隔热与隔声特性。当在密封的两片玻璃之间形成真空时，玻璃与玻璃之间的传热系数接近于零，即为真空玻璃。真空玻璃是目前节能效果最好的玻璃。

中空玻璃的特点如下。

Ⅰ．光学性能。若选用不同的玻璃原片，可以具有不同的光学性能，一般可见光透光范围在80%左右。

Ⅱ．防止结露。如果室内外温差比较大，则单层玻璃就会结露；而双层玻璃，露水则不易在其表面凝结。与室内空气相接触的内层玻璃，由于空气隔离层的影响，即使外层玻璃很冷，内层玻璃也不易变冷，所以可消除和减少在内层玻璃上结露。中空玻璃露点可达-40℃，通过实践和测试的结果表明，在一般情况下结露温度比普通窗户低15℃左右。

Ⅲ．隔声性能优良，可以大大减轻室外的噪声通过玻璃进入室内，可减少噪声27～40dB，可将80dB的交通噪声降至50dB左右。

Ⅳ．热工性能。中空玻璃的整个热投射系数几乎减少到单层玻璃的一半，因为它在两片玻璃之间有一空气层隔离。由于室内外温差的减少和空气效率的提高，热投射能减少，这是中空玻璃最本质的特征。所以，其传热系数比普通平板玻璃低得多，其传热系数详见表4.2。

表4.2 中空玻璃的传热系数

玻璃安装形式	空气层/mm	传热系数/［W/（m^2·K）］
单层玻璃	—	5.9
两层玻璃	6	3.4
	9	3.1
	12	3.0
	15	2.9
三层玻璃	2×9	2.2
	2×12	2.1

（3）装饰节能材料——绿色涂料　装修装饰是建筑投入使用必须经历的步骤，往往根据用户和投资者的需求进行不同类型的装修装饰。在装修装饰过程中，会使用到各种材料，如木材、涂料等。而这些材料中，往往还会有一些化学物质如甲醛、VOC等。在装修过程中，选用绿色装修装饰材料，可以减少因装修带来的有害物质，保障使用者、居住者的健康。本书中重点介绍绿色涂料。

由于传统涂料对环境与人体健康有影响，所以现在人们都在想办法开发绿色涂料。所谓“绿色涂料”是指节能、低污染的水性涂料、粉末涂料、高固体含量涂料（或称无溶剂涂料）和辐射固化涂料等。20世纪70年代以前，几乎所有涂料都是溶剂型的。70年代以后，由于溶剂的昂贵价格和降低VOC排放量的要求日益严格，越来越多的低有机机溶剂含量和不含有机溶剂的涂料得到了大发展。

绿色涂料的界定：第一个层次是涂料的总有机挥发量（VOC），有机挥发物对我们的环境、我们的社会和人类自身构成直接的危害。涂料是现代社会中的第二大污染源（第一污染源是交通运输业带来的，比如汽车尾气、油品渗透等）。因此，涂料对环境的污染问题越来越受到重视。美国洛杉矶地区在1967年实施了限制涂料溶剂容量的“66法规”，自此以后，国外对涂料中溶剂的用量的限定也愈来愈严格。开始只对一些可发生光化学反应的溶剂实施限制，但后来发现几乎所有的溶剂都能发生光化学反应（除了水、丙酮等以外）。我们应该尽量减少这些溶剂的用量。

第二个层次是溶剂的毒性，亦即那些和人体接触或吸入后可导致疾病的溶剂。大家熟知的苯、甲醇便是有毒的溶剂。乙二醇的醚类曾是一类水性涂料常用的溶剂，在20世纪70年代，它作为无毒溶剂而被大量地使用；但在20世纪80年代初发现乙二醇醚是一类剧毒的溶剂，那时，实验室的此类溶剂都被没收，严禁使用。

例如，聚乙烯吡咯烷酮是一类人造血浆，制备它的单体乙烯基吡咯烷酮曾被认为是一种无毒的化学品，20世纪80年代末曾被介绍给光固化涂料界，被认为是一种具有高稀释效率、高聚合速度的活性单体，而且用它作为活性稀释剂所得漆膜性能优异。但是不久就发现它是一种致癌物，因此被禁止使用。有毒的溶剂对生产和施工人员都会造成直接危害。

第三个层次是对用户安全问题。一般说来涂料干燥以后，它的溶剂基本上可以挥发掉，但这要有一个过程，特别是室温固化的涂料，有的溶剂挥发得很慢，这些溶剂的量虽然不大，但由于用户长时间的接触，溶剂若有毒，也会造成对人体健康的伤害，因此在制备时一定要限制有毒溶剂的使用。

现在越来越多地使用绿色涂料，下面几种新涂料是目前开发较好的涂料。

① 高固含量溶剂型涂料　高固含量溶剂型涂料是为了适应日益严格的环境保护要求从普通溶剂型涂料基础上发展起来的。其主要特点是在利用原有的生产方法、涂料工艺的前提下，可降低有机溶剂用量，从而提高固体组分。这类涂料是20世纪80年代初以来以美国为中心开发的。通常的低固含量溶剂型涂料固体含量为30% ～ 50%，而高固含量溶剂型涂料（HSSC）要求固体达到65% ～ 85%，从而满足日益严格的VOC限制。在配方过程中，利用一些不在VOC之列的溶剂作为稀释剂是一种对严格的VOC限制的变通，如丙酮等。很少量的丙酮即能显著地降低黏度，但由于丙酮挥发太快，会造成潜在的火灾和爆炸的危险，需要加以严格控制。可用于有特殊需求的空间或者局部，进行小面积涂刷，如需要有防火、防腐作用的局部空间。

② 水基涂料　水有别于绝大多数有机溶剂的特点在于其无毒、无臭和不燃，将水引进到涂料中，不仅可以降低涂料的成本和施工中由于有机溶剂存在而导致的火灾，也大大降低了VOC。因此水基涂料从其开始出现起就得到了长足的进步和发展。中国环境标志认证委员会颁布了《水性涂料环境标志产品技术要求》，其中规定：产品中的挥发性有机物含量应小于250g/L；产品生产过程中，不得人为添加含有重金属的化合物，重金属总含量应小于500mg/kg（以铅计）；产品生产过程中不得人为添加甲醛和聚合物，含量应小于500mg/kg。事实上，现在水基涂料使用量已占所有涂料的一半左右。水基涂料主要有水溶性、水分散性和乳胶性三种类型。

作为理想的绿色涂料，它在性能方面具备干燥速度快、附着力强、韧性高、黏结力好、防锈等优点，广泛适用于家庭装修的各个空间。

③ 粉尘涂料　粉尘涂料是国内比较先进的涂料。粉尘涂料理论上是绝对的零VOC涂料，具有其独特的优点，也许是将来完全摒弃VOC后，涂料发展的最主要方向之一。但其在应用上的限制需更为广泛而深入的研究，例如其制造工艺相对复杂一些，涂料制造成本

高，粉尘涂料的烘烤温度较一般涂料高很多，难以得到薄的涂层。涂料配色性差，不规则物体的均匀涂布性差等，这些都需要进一步改善。

粉末涂料是一种新型的不含溶剂且100%固体粉末状涂料，它的产品回收率超过95%，生产过程中产生的含量小于5%的超细废粉通过回收系统回收后，可以重新用于生产，基本做到了零排放。可涂刷在特殊材料，如金属、塑料等的表面。

④ 液体无溶剂涂料　不含有机溶剂的液体无溶剂涂料有双液型、能量束固化型等。液体无溶剂涂料的最新发展动向是开发单液型，且可用普通刷漆、喷漆工艺施工的液体无溶剂涂料。

涂料的研究和发展方向越来越明确，就是寻求VOC不断降低、直至为零的涂料，而且其使用范围要尽可能宽、使用性能优越、设备投资适当等。因而水基涂料、粉末涂料、无溶剂涂料等可能成为将来涂料发展的主要方向。

除了上述的绿色建材之外，绿色节能的电器类产品也是影响绿色建筑的一个重要方面。木材、节能电器产品及其他类型的绿色建材产品将在绿色产品清单中进行介绍。

4.3.2.2　建材选用经验——装饰建材

随着绿色建材的发展，市场上出现了种类繁多的绿色建材，从钢筋水泥、墙体材料到涂料再到家用电器，纷繁的种类让消费者不知该作何选择。无论是咨询瓷砖、地板、板材还是家具，商家都会出具很多检测报告和各种认证证书，比如国家环保标志、绿色建材产品证书、国家标准产品标志、“十环”认证、SGS认证、国家强制性产品认证、免检标志，以及工程投标书等，让人眼花缭乱，而且商家还会告诉你挑选安全建材的一些“小窍门”。听着挺有道理，看着也不错，但究竟怎么选，心里仍然没底，下面介绍一些较为实用的绿色建材选择方法。

（1）板材：E级认证是标准

① 安全隐患　板材可能存在的主要健康问题是甲醛释放量超标问题。

② 看认证　甲醛释放量E1、E2级是指国家规定的甲醛释放标准，E1级产品可直接用于室内，E2级产品则必须进行饰面处理才可用于室内。没有标明E1、E2级的板材是绝对不能用于室内的。贴面板和大芯板按其外观和质量都可分为优等品、壹等品、合格品三个等级。

③ 凭感觉　大芯板芯条宽度应大于其厚度2.5倍，相邻两排芯条的两个端接缝应大于50mm，芯条长度应大于100mm，芯条侧面缝隙应小于2mm，端面缝隙小于4mm。检验胶合板胶合强度最直观的方法是用锋利的平口刀片沿胶层撬开，如果胶层破坏而木材未被破坏，说明胶合强度差。贴面板的整张板自然翘曲度应尽量小。

④ 看品牌　在板材行业，有些板材厂家都是深得消费者肯定的。消费者可去知名大型的建材市场选购产品，产品质量也更有保障。

（2）木家具：CQC认证必须有

① 安全隐患　不合格的木制家具，可能存在甲醛和苯超标的情况。苯超标会导致视物模糊、头晕、恶心等中枢神经中毒症状。

② 看认证　购买木制家具时要看中国质量认证中心CQC家具产品认证，它是根据国家强制标准指定的认证。此外还要看商家是否能提供省级以上权威机构的检测报告。此外，家具必须提供产品说明书，这是最近才强制规定的。

③ 凭感觉　在选购家具之前，要先问问这个家具在商场中摆放的时间，然后在家具表面用鼻子闻，看是否有刺鼻的气味。如果是买柜子之类的家具，还要打开柜门闻里面的气

味。如果家具放置了一段时间，刺鼻的气味还是扑面而来，不用说，这一定是不安全的家具。很多消费者往往忽略了合叶、弹簧等配件的工艺质量，这也是一定要看的，小配件的结实与否，直接关系到家具的使用寿命。

④ 看品牌　选家具最好选公认的家具诚信品牌。

（3）瓷砖：选A类放射水平

① 安全隐患　瓷砖对人体的危害主要来自于放射性核素，不合格的瓷砖其放射性核素的含量往往超标，长期生活在这样的环境中，对身体健康危害很大，特别是瓷砖类产品中含有的放射性核素氡，对人体长期辐射，会增加感染肺癌的概率。

② 看认证　瓷砖产品都会做放射性等级检测，分A、B、C三类，A类为最好，放射性水平最低，这种瓷砖外包装上会标明“放射性水平：A”。瓷砖可分为抛光砖和釉面砖。抛光砖由于其生产的原材料中含有较多的放射性核素成分因素，其危害比釉面砖大。抛光砖必须有国家强制性产品认证（简称三C），而釉面砖目前没有强调必须做“三C”认证，其他的认证像环保标志、质量体系认证、国家免检标志也很重要，从一定程度上反映了生产瓷砖企业的规模实力。

③ 凭感觉　拿一块样品砖仔细观察它的各方面，在瓷砖背面滴上墨水看其扩散快慢判断吸水率，吸水性强的瓷砖不好，易膨胀开裂、出异味。此外，瓷砖的光泽度和做工精细程度也是选择的一个重要标准。

④ 看品牌　最好选陶瓷行业协会公布的中国建筑陶瓷产品十大品牌。

（4）木地板：十环标志不能缺

① 安全隐患　劣质的木地板可能含有较高浓度的甲醛，长期居住在甲醛浓度超标的环境中，会引发呼吸系统和血液系统疾病。

② 看认证　看国家免检认证、中国环境标志（即十环标志）和ISO 9000、ISO 9001、ISO 14000、ISO 14001等体系认证。其中，十环标志可以辨别是否是环保地板的标准，标志有严格的认证范围。

③ 凭感觉　拿一块木板，在边槽部位闻一下，如果比较刺鼻，说明甲醛的释放量比较高。拿两块木地板进行拼合，看一下拼合起来的凹凸槽是否严密，如果凹凸槽咬合不紧密，地板使用一段时间后会造成脱胶，地板上出现缝隙，进了水汽、尘土后，地板会变形起包。选购地板不宜挑选色彩非常深或黑色的，因为此种花色的地板可能耐磨性能较差，或者是表面清晰度不佳。

④ 看品牌　最好选中国木材流通协会地板委员会评选的30种质量售后服务双承诺实木地板。

4.4　绿色产品清单

绿色建筑中涉及的绿色产品包括绿色建材（墙体材料、保温隔热材料、装饰材料、涂料、管材、门窗、木材、防水材料等）以及节能设备设施（如节能电器、节水设施等）。本节将围绕这两个方面对绿色建材产品进行整理（见表4.3），希望对读者选择建材产品能够有所帮助。

表4.3 绿色建材产品清单

产品类别	认证产品型号	企业	有效期	证书编号
水泥	海螺牌（商标注册号：350722） 硅酸盐水泥P-II52.5、P-II52.5（低碱）、普通硅酸盐水泥P-O42.5、P-O42.5（低碱）、复合硅酸盐水泥P-C32.5	安徽铜陵海螺水泥有限公司	2015/11/4	05512P1087001C01
	中材（商标注册号：4041207）牌 普通硅酸盐水泥P-O52.5、P-O42.5	中材株洲水泥有限责任公司	2015/11/4	05512P1087003C01
	光宇（商标注册号：3433175）、天马（商标注册号：3339429） 普通硅酸盐水泥P-O42.5R、复合硅酸盐水泥P-C32.5R、硅酸盐水泥P-II52.5R	常山南方水泥有限公司	2015/11/4	05512P1087005C01
	拉法基（商标注册号：928982）、（商标注册号：G648681）牌 普通硅酸盐水泥P-O52.5R、P-O42.5R、P-O42.5、复合硅酸盐水泥P-C32.5R； 工长（商标注册号：7018013）牌复合硅酸盐水泥P-C32.5R	重庆拉法基水泥有限公司	2015/11/4	05512P1087011C01
预拌混凝土	恒均HENGJUN（商标注册号：第1932121号）牌 预拌混凝土：C10、C15、C20、C25、C30、C35、C40、C45、C50、C55、C60、C65	北京建工新型建材有限责任公司	2014/4/12	CEC 056 55855786-0-4
	预拌混凝土：C10、C15、C20、C25、C30、C35、C40、C45、C50、C55、C60	云南建工集团有限公司	2015/3/1	CEC 056 21652531-6
	预拌混凝土：C10、C15、C20、C25、C30、C35	山西省朔州市新时代混凝土有限公司	2016/5/2	CEC 056 74856726-9
	预拌混凝土：C10、C15、C20、C25、C30、C35、C40、C45、C50、C55、C60	北京新奥混凝土集团有限公司	2014-8-14	CEC 056 74040101-0
轻质墙体板材	易和、虎跃牌 纤维增强硅酸钙板（密度1.0～1.4g/cm³，厚度5～20mm）	浙江宁波易和绿色板业有限公司	2015/7/18	CEC 038 79008515-9
	卡通龙+龙牌（商标注册号：第3125653号） 北新建材BNBM（商标注册号：第873200号）、卡通龙图形（商标注册号：第4241032号） 北新（商标注册号：第1068280号）牌 普通纸面石膏板（厚度9.5mm、12mm）	四川广安北新建材有限公司	2016/7/2	CEC 038 66536676-0
	卡通龙+龙牌（商标注册号：第3125653号） 北新建材BNBM（商标注册号：第873200号）、卡通龙图形（商标注册号：第4241032号）、北新（商标注册号：第1068280号） 龙牌（商标注册号：第5443946号） 普通纸面石膏板（厚度9.5mm、12mm）、装饰纸面石膏板（厚度9.5mm、12mm）、吸声用穿孔纸面石膏板（厚度9.5mm、12mm）	江苏太仓北新建材有限公司	2016/7/2	CEC 038 79650800-1
	汉德邦（商标注册号：第4915517号）、hdb（商标注册号：第4944564号）、CCA（商标注册号：第4380572号）牌、压蒸无石棉纤维素纤维水泥平板（厚度3～20 mm）：高密度板、中密度板	浙江汉德邦建材有限公司	2016/6/5	CEC 038 75954691-4
	（商标注册号：第3586262号）牌 A1级QWJ轻质防火屋面板（厚度90mm、180mm，210mm、240mm）	湖南常德天宇建筑材料有限公司	2016/6/16	CEC 038 74837767-6

续表

产品类别	认证产品型号	企业	有效期	证书编号
人造板及制品	贝丽牌 浸渍纸层压木质地板（厚度12mm）	成都贝得装饰材料有限公司	2015/10/7	CEC 010 76536024-3
	秋水依人、天一、康家喜、A异牌 浸渍纸层压木质地板（厚度12mm）	沈阳商正木业有限公司	2015/5/27	CEC 010 79846794-4
	钱太阳、泰格长江牌 细木工板（厚度14 mm、17 mm）	湖南长江木业实业有限公司	2014/7/31	CEC 010 61665118-6
	标王牌 浸渍纸层压木质地板（厚度12mm）、浸渍胶膜纸饰面人造板（厚度18mm）	武汉绿洲木业有限公司	2015/4/22	CEC 010 76460095-4
涂料	中亮、TERM牌 内墙哑光乳胶漆：ZL-102型，内墙超白乳胶漆：ZL-600型，内墙哑光乳胶漆：ZL-800型； 内墙哑光乳胶漆：ZL-900型，内墙哑光乳胶漆：TRM-100型，内墙超白乳胶漆：TRM-700型； 外墙乳胶漆：ZL-203A型、ZL-201A型、TRM-202A型	杭州中亮化工涂料有限公司	2014/5/24	CEC 002 77355409-9
	盛邦、力达、雅利仕牌 内墙乳胶漆、腻子粉	北京盛邦化工有限公司	2015/3/12	CEC 002 78396994-1
	SciSky牌 水性木器漆三合一白漆ZX.MB5-3、水性木器透明底漆ZX.DT0、水性木器透明面漆ZX.MT5	合肥市科天化工有限公司	2014/5/8	CEC 002 70500880-3
	SP超尔固（商标注册号：3383137）、美斯奇（商标注册号：4146196）牌 内墙涂料：好美特内墙乳胶漆、丝绸光亮内墙乳胶漆、独特二合一内墙乳胶漆、惠丽特内墙乳胶漆、绮丽特内墙乳胶漆、清新环保内墙乳胶漆、美美特内墙工程漆、丽丽特工程专用内墙乳胶漆、慧慧特工程专用内墙乳胶漆、蜜蜜特丝绸光亮内墙环保乳胶漆、欣欣特三合一内墙乳胶漆； 外墙涂料：卡乐丝高弹外墙涂料、沁沁丝外墙涂料、建设外墙涂料、家园外墙涂料、佳佳美外墙工程乳胶漆、美好家园外墙环保乳胶漆	超尔固能源科技（廊坊）有限公司	2015/5/22	CEC 002 60118627-7
	奇艳丽（商标注册号：10099256）牌 内墙墙面漆：内墙环保健康墙面漆、内墙环保耐擦洗墙面漆、内墙环保抗碱墙面漆、内墙环保柔面墙面漆、内墙环保缎面墙面漆、内墙环保丝光墙面漆、儿童房专用墙面漆、五合一内墙墙面漆、奇艳丽丽白墙面漆、奇艳丽丽家墙面漆、奇艳丽丽馨墙面漆； 外墙墙面漆：丙烯酸外墙墙面漆、硅丙外墙墙面漆、弹性外墙墙面漆、弹性拉毛外墙墙面漆； 外墙底漆：抗碱封闭底漆	徐州奇艳丽涂料有限公司	2014/10/7	CEC 002 13655203-1

续表

产品类别	认证产品型号	企业	有效期	证书编号
胶黏剂	盛邦、莱茵阳光、墙锚、盛邦王牌 白乳胶、108胶、界面剂	北京盛邦化工有限公司	2015/3/12	CEC 008 78396994-1
	（商标注册号：733227）牌 352聚醋酸乙烯乳液胶黏剂、502聚醋酸乙烯乳液胶黏剂、无醛建筑胶	徐州奇艳丽涂料有限公司	2014/10/7	CEC 008 13655203-1
	（商标注册号：第1588002号）牌 建筑装修胶黏剂（环保胶水）	浙江志强涂料有限公司	2016/7/23	CEC 008 14796961-7
	德臣（商标注册号：第3605428号）牌 墙纸基膜、墙纸胶黏剂（墙纸胶）	郑州东丽墙纸用品有限公司	2016/6/24	CEC 008 78506159-0
	（商标注册号：第7140792号）、美丽家园、laika莱卡牌 壁纸胶黏剂：墙纸胶粉、墙纸基膜、墙纸胶浆	江门市莱卡墙纸配套用品有限公司	2016/5/23	CEC 008 05998975-7
	雨虹YUHONG（商标注册号：第9513851号）牌 墙倍丽界面剂（混凝土界面处理剂）PMC-481、墙倍丽彩色瓷砖填缝剂（标准细腻型）、墙倍丽彩色瓷砖填缝剂（憎水型）、墙倍丽彩色瓷砖填缝剂（柔效细腻型）、墙倍丽彩色瓷砖填缝剂（强效耐候型）、墙倍丽瓷砖黏合剂（快硬型）、墙倍丽瓷砖黏合剂（通用型）、墙倍丽瓷砖黏合剂（强效型）、墙倍丽瓷砖黏合剂（重砖型）、墙倍丽玻璃马赛克专用黏合剂、墙倍丽瓷砖黏合剂（二合一）	北京东方雨虹防水技术有限公司	2014/9/25	CEC 008 10255154-0--2
防水卷材	滇宝女娲（商标注册号：第1540789号）、厨卫宝（商标注册号：第7470626号）牌 弹性体（SBS）改性沥青防水卷材（Ⅰ型）、自粘聚合物改性沥青防水卷材［Ⅰ型，分为无胎（N）、聚酯胎（PY）、复合胎（NK）、玻纤增强聚酯胎（PRG）］	昆明滇宝防水建材有限公司	2015/4/22	CEC 070 21676255-7
	汇源（商标注册号：第7361027号）、鑫汇源（商标注册号：第8287576号）、耐易施Nalyce（商标注册号：第8374101号）、倍耐Beina（商标注册号：第8374086号）、渗可施Senkas（商标注册号：第8374074号）、邦图Bantu（商标注册号：第8374059号）牌 弹性体改性沥青聚酯胎防水卷材SBS I-PY-PE（厚度3～5mm）； 自粘聚合物改性沥青聚酯胎防水卷材I-PY-PE（厚度2～4mm）	山东汇源建材有限公司	2014/4/19	CEC 070 61355584-2
	禹王牌 防水卷材：弹性体改性沥青防水卷材Ⅰ型、Ⅱ型，塑性体改性沥青防水卷材Ⅰ型、Ⅱ型，改性沥青聚乙烯防水卷材，O、M、P、R、自粘聚合物改性沥青防水卷材Ⅰ型、Ⅱ型；预铺/湿铺/防水卷材铺/Ⅰ型、Ⅱ型、湿铺/Ⅰ型、Ⅱ型、高分子防水材料第一部分片材JS、FS、DS	盘锦禹王防水建材集团有限公司	2016/3/11	CEC 070 12241155-3
	大禹（商标注册号：第1815930号）牌 弹性体改性沥青防水卷材（Ⅰ型、Ⅱ型）、塑性体改性沥青防水卷材（Ⅰ型、Ⅱ型）、改性沥青聚乙烯胎防水卷材（热熔型、自粘型）、自粘聚合物改性沥青防水卷材（无胎基、聚酯胎基）、预铺/湿铺防水卷材、高分子防水片材/树脂类（均质片、复合片、点粘片、自粘）、高分子防水片材/HDPE、LDPE、EVA、ECB、土工膜	辽宁大禹防水科技有限公司	2016/2/27	CEC 070 12254404-9
	卓宝（商标注册号：第3627607号）、贴必定（商标注册号：第1927571号）牌 BAC湿铺防水卷材：WPYⅠD、WPYⅡD；BAC预铺防水卷材：YPY D；BAC自粘聚合物改性沥青防水卷材：PYⅠD、PYⅡD； PET湿铺防水卷材：WPSⅠ、WPSⅡ；PET自粘聚合物改性沥青防水卷材:NⅠPET、NⅡPET； BS-P自粘聚合物改性沥青防水卷材：NPⅠ、NPⅡ；MAC高分子自粘胶膜防水卷材:WPⅠS、YPS； SBS弹性体改性沥青防水卷材：SBSⅠPY、SBSⅡPY；贴必定ZBFT自粘防水胶条：P、N	深圳卓宝科技股份有限公司	2015/10/22	05509P1070001R1M-1

续表

产品类别	认证产品型号	企业	有效期	证书编号
无石棉建筑制品	方兴/方兴聚乐牌 合成树脂瓦（宽度720mm，厚度3.0mm）	山东方兴建筑材料有限公司	2016/3/20	CEC 006 26555546-6
	结力（商标注册号：第1927885号）牌 合成树脂瓦（大波形、大弧形）（厚度2.0、2.5、3.0mm）	莱州结力工贸有限公司	2016/2/19	CEC 006 96630178-4
木质门和钢质门	（商标注册号：第7180262号）牌 生态门（铝木复合室内门）	广东顶固集创家居股份有限公司	2014/5/30	CEC 072 74551604-4
	Boloni、博洛尼、科宝牌 板式内门	博洛尼家居用品股份有限公司	2014/12/12	CEC 072 76675839-2
	金迪、图形（商标注册号：第3827841号）牌 室内木质复合门（厚度40mm）	浙江金迪门业有限公司	2014/5/8	CEC 072 71951854-8
	新多（商标注册号：第6768326号）、Simto（商标注册号：第3241324号）牌 钢质防盗安全门（单扇、双扇）甲级、乙级、丙级、丁级； 钢木防盗安全门（单扇、双扇）甲级、乙级、丙级、丁级； 钢质隔热防火门（单扇、双扇）甲级、乙级、丙级； 钢木质隔热防火门（单扇、双扇）甲级、乙级、丙级	新多集团有限公司	2016/5/12	CEC 072 71765960-3
	金和美（商标注册号：第6031196号）、金和美（商标注册号：第6439484号）、图案（商标注册号：第7085329号）、嘉德福（商标注册号：第4877797号）牌 钢质防盗安全门（甲级、乙级、丙级、丁级）（单扇）；钢木室内门	浙江金和美工贸有限公司	2014/1/12/12	CEC 072 76391353-7
塑料门窗	中财ZHONGCAI、第1069337号图形商标牌 塑料平开窗（P60、P65、P70）；塑料推拉窗（T60、T80、T88、T92、T95）； 塑料平开门（P60）；塑料推拉门（T60、T80、T88、T92、T95）	浙江中财型材有限责任公司	2013/7/27	05507P1032005R1M
	多联、DUOLIAN、第4142889号图形商标牌 未增塑PVC-U塑料窗（平开）60；未增塑PVC-U塑料门（平开）60	四川多联实业有限公司	2012/8/2	05509P1032008R0S
	沃森牌 PVC-U推拉窗（80型）	四川迪美特沃森彩色型材有限公司	2016/7/11	CEC 032 68181246-8
	声光、第6344987号商标、第1174081号商标牌 塑料窗：60平开系列	大连声光塑胶有限公司	2015/8/13	05509P1032007R1S

续表

产品类别	认证产品型号	企业	有效期	证书编号
陶瓷砖	（申请号：6926617）、（申请号：6333761）、（商标注册号：第5448552号）牌 干压瓷质砖、干压陶质砖	广东博德精工建材有限公司	2016/5/27	CEC 048 73617567-1
	冠军（商标注册号：第661646号）牌 干压陶质砖、干压炻瓷砖	江苏信益陶瓷（中国）有限公司	2016/5/2	CEC 048 62838217-1--2
	HENG FU（商标注册号：4498456号）恒福（商标注册号：4498453号）牌 干压陶质砖、干压瓷质砖	广东恒福陶瓷有限公司	2015/2/28	CEC 048 73500403-7
	诺贝尔牌 干压瓷质砖、干压炻瓷砖、干压陶质砖	杭州诺贝尔集团有限公司	2014/5/30	05507P1048022R1L-2 05507P1048022R1L-1
卫生陶瓷	TOTO牌 坐便器、蹲便器、小便器、洗面器、净身器、洗涤槽	北京东陶有限公司	2015/4/22	CEC 047 60001422-X
	KOHLER（商标注册号：第142982号）牌 连体坐便器、分体坐便器、小便器、洗面器、净身器	佛山科勒有限公司	2015/2/5	CEC 047 61764174-8
	American Standard（商标注册号：第1171551号）牌 坐便器、蹲便器、小便器、洗面器	美标（天津）陶瓷有限公司	2013/10/11	CEC 047 60053171-0
	（商标注册号：第3765652号）牌 连体坐便器、分体坐便器、蹲便器、小便器、洗面器、净身器	新乐卫浴（佛山）有限公司	2013/12/23	CEC 047 78948224-5-2 CEC 047 78948224-5-1
壁纸	HOMEWOOD（商标注册号：第8564119号）牌 壁纸：PVC壁纸 型号：0.53m×10（0.05）、0.70m×10（0.05）	洛阳豪名屋墙纸有限公司	2016/6/5	CEC 060 55691916-X
	（商标注册号：第3250508号）牌 PVC壁纸（幅宽53cm、70cm）、无纺纸壁纸（幅宽53cm、70cm）	江苏北台壁纸实业有限公司	2014/3/7	CEC 060 73226505-5
	科翔（商标注册号：第5432681号）牌 无纺纸壁纸、聚氯乙烯壁纸（PVC涂层克重≤300g/m²）	浙江科翔壁纸制造有限公司	2016/5/20	CEC 060 66916136-7
	第3302935号图形商标、第1524972号图形商标、第1456966号图形商标、第5838131号图形商标、第5835798号图形商标牌 PVC壁纸（PVC涂层≤300g/m²）无纺纸壁纸、纯纸壁纸、布基壁纸	广东玉兰装饰材料有限公司	2015/3/11	CEC 060 71934659-8
	凯雅特、比亚特、BEART（第7545765号商标）、Kingart牌 纯纸壁纸、无纺布壁纸（0.92m×50m，0.70m×8.4m，0.70m×10m，0.53m×10m）	昆山凯雅家居有限公司	2016/3/31	CEC 060 55252258-7
	图形（商标注册号：第9661780号）、法米尔（商标注册号：第9043241号）、Fa Mier（商标注册号：第9093281号）牌 无纺纸壁纸、纯纸壁纸、PVC壁纸（克重≤390g/m²）	成都法米尔墙纸有限公司	2016/3/5	CEC 060 56719273-6

续表

产品类别	认证产品型号	企业	有效期	证书编号
电线电缆	通鼎光电 TDGD（商标注册号：第3021550号）牌 数字通信用实心聚烯烃绝缘水平对绞电缆（HSYZP）；层绞式通信用室外光缆 （GYTZA53）；中心管式通信用室外光缆（GYXTZW）；接入网用蝶形引入光缆 （GJXFH）；室内光缆系列第四部分多芯光缆（GJPFJH）；通信电源用阻燃耐火软电缆 （WDNA-RYY23）；通信电缆——无线通信用50Ω泡沫聚乙烯绝缘皱纹铜管外导体射频同轴电缆（HCAAYZ、HCTAYZ）	江苏通鼎光电股份有限公司	2016/7/17	CEC 082 71410227-9
	第3789200号图形商标、第142334号图形商标、第4437501号图形商标牌 无卤低烟阻燃电线电缆（控制电缆、低压电力电缆、中压电力电缆、装备用线）	广东电缆厂有限公司	2014/5/8	CEC 082 73857849-0
	第3467428 号图形商标牌 中压电力电缆、低压电力电缆、控制及仪表电缆	上海起帆电线电缆有限公司	2016/2/27	CEC 082 60787542-8
	（商标注册号：第872671号）牌 低压电力电缆：HB（-NH）-YJ（L）Y【YJ（L）Y23、YJ（L）Y33、YJ（L）Y43、YJ（L）YR、YJ（L）YR23、YJ（L）YR33、YJ（L）YR43】1kV-3kV 1 ～ 5芯、1.5 ～ 1000mm^2；HB-BYJ［NH-BYJ、BYJR、NH-BYJR、RYJ、RYJYP］ 450/750 0.3 ～ 400 mm^2； 中压电力电缆：HB-YJ（L）Y【YJ（L）Y23、YJ（L）Y33、YJ（L）Y43】6kV-35kV 1 ～ 3芯、25 ～ 1000mm^2； 仪表控制电缆：HB- KYJY【KYJYP、KYJYP2、KYJYP3、KYJY23、KYJYP2-23、KYJY33】450/750 2 ～ 61芯、0.75 ～ 10 mm^2；HB-DJYY【DJYYR、DJYPY、DJYP2Y、DJYP3Y、DJYYP、DJYYP2、DJYYP2-22、DJYP3Y23、DJYPYP3、DJYYP2-23】300/500 1 ～ 48芯、0.5 ～ 2.5 mm^2	无锡江南电缆有限公司	2016/1/24	CEC 082 75795860-8
	天泰牌 交联聚乙烯绝缘（聚乙烯/聚烯烃）护套低压电力电缆： 低烟无卤阻燃电线电缆：WDZC-BYJ，3 ～ 40mm；WDZC-YJY，8 ～ 60mm	深圳市成天泰电缆实业发展有限公司	2015/7/31	05512P1082006R0M
再生塑料制品	ECHOM（商标注册号：第5624909号）牌 再生塑料制品：建筑塑胶模板	广州毅昌科技股份有限公司	2016/5/6	CEC 041 61852402-5
	Daeshin（商标注册号：第7311339号）牌 整体橱柜（浸渍胶膜纸饰面、防火板饰面）	台州印山制刷有限公司	2016/5/27	CEC 041 72003322-2
	有金宋（申请号：7001484）牌 炭化环保地板初次认证	广东有金宋地板制造有限公司	2013/1/10	05510P1041003R0S
	（商标注册号：第3028397号）牌 内墙铝塑复合板、外墙铝塑复合板	杭州精惠氟塑建材有限公司	2007/5/20	CEC-EL-041-001
泡沫塑料	第3071213号图形商标牌 发泡聚丙烯鞋材	福建正大集团有限公司	2014/2/21	CEC 062 15622092-3

续表

产品类别	认证产品型号	企业	有效期	证书编号
建筑用塑料管材	金恒牌 冷热水用聚丙烯（PP-R）管材、管件：$\phi20\sim110$；给水用聚丙烯（PP-R）管材、管件：$\phi20\sim110$；建筑给/排水用硬聚氯乙烯（PVC-U）管材、管件：$\phi50\sim250$；给水用聚乙烯（PE）管材、管件：$\phi20\sim630$；给水用抗冲改性聚氯乙烯（PVC-M）管材、管件：$\phi20\sim800$	云南金恒实业有限公司	2015/4/15	CEC 014 78739274-8
	川汇（商标注册号：第1521771号）牌 给水用硬聚氯乙烯（PVC-U）管材（$\phi20\sim315$）；冷热水用聚丙烯（PP-R）管材、管件（$\phi20\sim160$）；给水用聚乙烯（PE）管材（$\phi20\sim630$）；冷热水用耐热聚乙烯（PE-RT）管材（$\phi20\sim630$）	四川省川汇塑胶有限公司	2014/9/20	CEC 014 71608519-3
	ZHSU（商标注册号：第4037090号）牌 给水用聚乙烯（PE）管材、管件（dn20～800mm）	上海中塑管业有限公司	2014/1/29	CEC 014 76118930-3
	安诺（商标注册号：第1552701号）、alno（商标注册号：第1584731号）牌 PP-R给水用管材、管件：规格20～110mm，PVC-U排水用管材：规格50～200mm	合肥安诺新型建材有限公司	2015/3/11	CEC 014 71992008-6
	第3040300号商标牌 给水用聚乙烯PE管材（件）$\phi20\sim1200$；给水用硬聚氯乙烯PVC-U管材（件）$\phi20\sim800$；无压埋地排污、排水用硬聚氯乙烯PVC-U管材$\phi20\sim800$；水井用硬聚氯乙烯PVC-U管材$\phi20\sim400$；给水用抗冲改性聚氯乙烯PVC-M管材（件）$\phi20\sim800$；给水用三型聚丙烯PP-R管材（件）$\phi20\sim160$	江阴市星宇塑料有限公司	2015/6/17	CEC 014 73115479-1
	川路、CHUANLU牌 PVC-U给水排水管材管件型号：dn20～400、PPR冷热水管材管件型号：dn20～110、PVC、电线套管及管件型号：dn16～50、PE给水管材管件型号：dn20～630	成都川路塑胶集团有限公司	2016/7/11	CEC 014 71602027-7
采暖散热器	派捷（商标注册号：第1642083号）、诺神（商标注册号：第3696652号）牌 铜铝复合柱翼型散热器、铜管对流散热器、钢管散热器、钢制翅片管对流散热器、铸铁散热器	北京派捷暖通环境工程技术有限公司	2013/10/28	CEC 075 70019506-4
	（商标注册号：第318836号）牌 钢制柱型散热器、钢管散热器（薄壁）、铜铝复合柱翼型散热器、钢制翅片管对流散热器、钢质卫浴型散热器	北京三叶散热器厂	2013/9/28	05510P1075003R0M
	（商标注册号：第3436155号）牌 钢制翅片管对流散热器GC4-20/180-1.0、钢管散热器（厚壁，壁厚＞2.0mm）CHGZ600-3、铜铝复合柱翼型散热器CHTLF8-7.5/6-1.0、钢质卫浴型散热器CHGWY	林州市春晖散热器有限公司	2013/9/28	05510P1075002R0M
	（商标注册号：第3000712号）、（商标注册号：第1710319号）牌 铸铁散热器、钢制翅片管对流散热器、钢制柱型散热器、钢质卫浴型散热器、铜铝复合柱翼型散热器	圣春冀暖散热器有限公司	2013/9/28	05510P1075001R0L

续表

产品类别	认证产品型号	企业	有效期	证书编号
太阳能集热器	（商标注册号：第1922332号）、（商标注册号：第3655270号）、（商标注册号：第3655272号）牌 太阳能集热器：真空管型 Z-QB/0.05-WF-1.9/30-47/1、Z-QB/0.05-WF-2.3/30-47/1、Z-QB/0.05-WF-2.5/26-58/1、Z-QB/0.05-WF-2.9/30-58/1、Z-QB/0.05-WF-3.2/50-47/2、Z-QB/0.05-WF-3.9/50-47/2、Z-QB/0.05-WF-4.9/50-58/2	桑夏太阳能股份有限公司	2016/7/30	CEC 050 25198691-9
	四季沐歌牌 太阳能集热器（全玻璃真空管、非承压、横双） Z-QB/0.06-WF-4.93/50-47/I、Z-QB/0.06-WF-5.27/50-47/I、 Z-QB/0.06-WF-6.39/50-47/I、Z-QB/0.06-WF-7.03/50-58/I	北京四季沐歌太阳能技术集团有限公司	2014/11/21	CEC 050 72266726-1
	太阳雨牌 太阳能集热器（全玻璃真空管/非承压/横双） Z-QB/0.06-WF-4.93/50-47/I、Z-QB/0.06-WF-5.27/50-47/I、Z-QB/0.06-WF-6.39/50-47/I、Z-QB/0.06-WF-7.03/50-58/I	太阳雨太阳能有限公司	2014/11/21	CEC 050 55382496-6
	皇明（第3003013号商标）、欧迪克（第3141972号商标）牌 太阳能集热器（热管-真空管型、承压、横双）：Z-BJ/0.6-WF-1.3/16-58/11、Z-BJ/0.6-WF-1.5/16-58/11、Z-BJ/0.6-WF-1.3/12-58/11、Z-BJ/0.6-WF-1.8/16-58/11、Z-BJ/0.6-WF-1.7/15-58/31 （全玻璃真空管型、非承压、横双）：Z-QB/0.06-WF-4.85/50-58/22	皇明太阳能股份有限公司	2013/12/15	05507P1050020R1L
家用太阳能系统	斯帝特、太阳石牌 家用太阳能热水系统（真空管/紧凑式） Q-B-J-1-103/1.75/0.05、Q-B-J-1-118/2.00/0.05、Q-B-J-1-132/2.25/0.05、 Q-B-J-1-146/2.50/0.05、Q-B-J-1-175/3.00/0.05、Q-B-J-1-203/3.50/0.05、 Q-B-J-1-217/3.75/0.05、Q-B-J-1-232/4.00/0.05、Q-B-J-1-125/1.96/0.05、 Q-B-J-1-140/2.21/0.05、Q-B-J-1-155/2.46/0.05、Q-B-J-1-185/2.96/0.05、 Q-B-J-1-230/3.69/0.05、Q-B-J-1-118/1.95/0.05、Q-B-J-1-132/2.20/0.05、 Q-B-J-1-146/2.45/0.05、Q-B-J-1-175/2.95/0.05	浙江斯帝特新能源有限公司	2015/8/27	CEC 049 75806470-2
	奥斯特牌 家用太阳能热水器系统（全玻璃真空管、紧凑式、非承压） Q-B-J-1-122/1.93/0.05、Q-B-J-1-136/2.15/0.05、Q-B-J-1-150/2.38/0.05、Q-B-J-1-182/2.90/0.05、Q-B-J-1-135/2.07/0.05、Q-B-J-1-150/2.30/0.05、Q-B-J-1-180/2.77/0.05、Q-B-J-1-210/3.23/0.05、Q-B-J-1-228/3.40/0.05	江苏奥斯特太阳能有限公司	2014/11/3	CEC 049 75203962-9
	第5369645号、清科、得热高牌 家用太阳能热水系统（真空管、紧凑式） Q-B-J-1-110/1.37/0.05-1、Q-B-J-1-120/1.54/0.05-2、Q-B-J-1-130/1.71/0.05-3、Q-B-J-1-158/2.05/0.05-5、Q-B-J-1-180/2.39/0.05-6、Q-B-J-1-125/2.01/0.05-7、Q-B-J-1-145/2.21/0.05-8、Q-B-J-1-150/2.51/0.05-9、Q-B-J-1-200/3.27/0.05-10、Q-B-J-1-130/2.00/0.05-11、Q-B-J-1-145/2.25/0.05-12、Q-B-J-1-155/2.47/0.05-13、Q-B-J-1-190/3.08/0.05-15、Q-B-J-1-220/3.79/0.05-16	北京清华阳光科技有限责任公司	2016/5/30	CEC 049 10299447-2

续表

产品类别	认证产品型号	企业	有效期	证书编号
照明光源	亚牌 高压钠灯、金属卤化物灯、普通照明用自镇流LED灯	上海亚明照明有限公司	2015/10/28	05512P1086001C01-1
	欧司朗牌 自镇流荧光灯：YPZ230/8-S-RD-E27(DULUXSTAR MINI TWIST 8W/827 E27)、YPZ230/13-S-RD(DULUXSTAR TWIST 13W/827 E27)、YPZ230/23-S-RD（DULUXSTAR TWIST 23W/827 E27）	欧司朗（中国）照明有限公司	2016/1/24	05513P1037002C01
	PHILIPS 牌 普通照明用双端荧光灯	飞利浦（中国）投资有限公司	2016/1/29	05513P1037003C01
家用制冷器	Haier海尔牌 冷藏冷冻箱：BCD-215KJN、BCD-215KJ、BCD-215KC JN、BCD-195KSJM BCD-195KJN、BCD-175KJN、BCD-215KLX、BCD-195KCX、BCD-195KHCX、BCD-195KMX、BCD-195KLX、BCD-195KX	青岛海尔股份有限公司	2013/11/17	05510P1001001C01
	康佳 KONKA 牌 冷藏冷冻箱：BCD-181FQ、BCD-201FQ、BCD-180FK、BCD-179FJ、BCD-199FJ、BCD-188TJ、BCD-208TJ、BCD-199TQA、BCD-219TQA、BCD-232MT	康佳集团股份有限公司	2013/11/17	05510P1001002C01
	美菱、MEILING、第582313号图形商标牌 冷藏冷冻箱：BCD-231BR、BCD-212BSD、BC/BD-100DT	合肥美菱股份有限公司	2015/1/15	05512P1001003C01
电视	海尔Haier牌 LED液晶电视	青岛海尔电子有限公司	2014/4/7	05511P1013002C01
	CHANGHONG长虹牌 液晶电视机、等离子电视机	四川长虹电器股份有限公司	2014/5/8	05511P1013003C01
家用电动洗衣机	Haier海尔、Casarte卡萨帝牌 匀动力全自动洗衣机、双动力全自动洗衣机、滚筒式洗干一体机、滚筒全自动洗衣机	青岛海尔洗衣机有限公司	2013/11/17	05510P1020001C01 05510P1020002C01

续表

产品类别	认证产品型号	企业	有效期	证书编号
家具	（商标注册号：第5784848号）牌 实木家具：木床、写字桌、椅子、餐桌餐椅、床头柜、衣柜、餐边柜、书柜、电视柜、酒水柜、鞋柜； 三聚氰胺饰面板式家具：木床、写字桌、餐桌餐椅、床头柜、衣柜、餐边柜、书柜、电视柜、酒水柜、鞋柜； 软体家具：布艺沙发、弹簧软床垫	曲美家具集股份有限公司	2014/4/26	CEC 042 10210969-9
	YLEF牌 钢木家具三聚氰胺饰面板实验室家具：实验台、天平台、药品柜、仪器柜、器皿柜	北京鸣远伟业实验室设备有限公司	2014/3/17	CEC 042 79758951-X
	颂泰SONGTAI牌 漆面板式家具：总裁台、班台、文员台、会议台、洽谈台、条形台、主席台、演讲台、茶几、文件柜、茶水柜	中山市颂泰家具制造有限公司	2015/9/19	CEC 042 66823005-X
	BEI HUA FENG（商标注册号：第1930440号）、塞纳枫情（商标注册号：第5946884号）牌 实木家具：柜子：衣柜、书柜、床头柜、电视柜、酒柜、门厅柜、斗柜； 桌子：餐桌、电脑桌、茶几； 椅子：餐椅、休闲椅、木沙发、床	北京北华丰家具有限公司	2015/1/3	CEC 042 80246327-7
室内装饰装修用溶剂型木器涂料	欧文（商标注册号：第3461480号）、东方快车（商标注册号：第1760282号）、SUNCROWN（商标注册号：第6185001号）牌 聚氨酯清面漆、聚氨酯清底漆	肇庆千江高新材料科技有限公司	2015/7/23	CEC 058 79467376-7
	好家庭、福莱尔、名典、枫彩牌 PU清底漆、PU哑光/半光清面漆、PU光亮清面漆	佛山市明泰化工有限公司	2014/3/9	CEC 058 72118756-5
	多乐士（商标注册号：第3278393号）牌 聚氨酯类溶剂型涂料	阿克苏诺贝尔太古漆（广州）有限公司	2014/5/8	CEC 058 61840293-3-6
	图形（商标注册号：第665336号）、立邦（商标注册号：第1692156号）牌 聚氨酯清漆、聚氨酯色漆	廊坊立邦涂料有限公司	2014/5/17	CEC 058 60134794-X

注：1. 上述绿色建材或家电产品只是同类型绿色建材或家电产品中的一部分，由于篇幅有限不便于全部列出。
2. 上述绿色产品及企业信息均来自十环网（原绿色建材网）：http://www.10huan.com/。

第5章 绿色建筑运行管理

5.1 概述

我国《绿色建筑评价标准》中明确提出，绿色建筑是在建筑的全寿命周期内，最大限度地节约资源（节能、节地、节水、节材）、保护环境和减少污染，为人们提供健康、适用和高效的使用空间，与自然和谐共生的建筑。2010年，美国劳伦斯·伯克利实验室对北京地区建筑的调查显示，建筑运行阶段消耗了全寿命周期的80%的能源。因此在建筑的全寿命周期中，运行管理是历时最长的阶段，是落实建筑节能指标、降低建筑能耗的终端环节。

工业建筑的运行管理阶段的能耗往往因工艺不同有很大区别，节能运行管理集中在工艺设备上，所以我们这里所提到的建筑运行管理指的是民用建筑的运行管理，如住宅、宿舍、公寓、文教楼、幼儿园、医疗、商业、电信、办公、金融等建筑，主要为居住者或使用者提供采暖、通风、空调、照明、炊事、生活热水等服务功能。

建筑运行管理一般是指物业管理部门对工程竣工后的建筑在使用期内提供的一种有偿服务。一般包括建筑的给排水、燃气、电力、电信、保安、绿化、保洁、停车、消防与电梯管理以及共用设施设备的日常维护等。通过运营管理可以控制建筑物的服务质量、运行成本和生态目标的实现。因为绿色设计、绿色建造均是投资的过程，与开发商的利益息息相关，而交予业主之后绿色设计、绿色技术的特点是否被充分发挥出来则不是开发商关心的重点，所以一般建筑往往在工程竣工后才开始考虑运行管理工作，与规划设计阶段脱节，建筑项目存在重建设、轻管理、重设计、轻调试、重使用、轻维护的问题。

对建筑运行管理环节的忽视导致建筑节能效益大打折扣，在建筑实际运行中，设备安装不当、维护不到位、运行达不到预期效果的情况比比皆是，例如，某栋因加强了自然采光而得了绿色设计奖的大楼，在实际运行中遮阳帘都被吊起，照明全部开启，完全没有节约能耗。

在本书第2章中，已提到过我国的绿色建筑规划设计的目标，其中根据《绿色建筑行动方案》，“十二五”期间，我国要完成新建绿色建筑10亿平方米；到2015年末，20%的城镇新建建筑达到绿色建筑标准要求。政府投资的国家机关、学校、医院、博物馆、科技馆、体育馆等建筑，直辖市、计划单列市及省会城市的保障性住房，以及单体建筑面积超过2万平方米的机场、车站、宾馆、饭店、商场、写字楼等大型公共建筑，自2014年起全面执行绿色建筑标准。经过前面的分析我们可以看出，绿色建筑的运行管理策略和目标在规划设计阶段就已经确立了，我们只有在运行阶段对建筑系统按照设计要求不断地进行维护与改进，实行“精细化、效益化管理”，才能使绿色建筑实至名归。所以，在绿色建筑迅猛发展的同时，如何保证取得绿色建筑设计标识的建筑能够按照设计要求运行，是绿色建筑面临的重点问题。

5.2 大型公共建筑节能运行管理

大型公共建筑在国民生活中往往承担着主要的社会服务功能，其单位面积耗电量是普通民宅的7.5～15倍。公共建筑包括办公、旅游、商业、科教文卫、通信及交通运输用房等。在公共建筑中，尤以办公建筑、高档旅馆及大中型商场等几类建筑，在建筑标准、功能及空调系统等方面有许多共性，而且能耗高、运行节能潜力大。因此，在严格控制公共建筑总体规模的同时，更要加强既有大型公共建筑的节能运行管理。这对实现我国建筑节能规划目标有重要意义。

为了确保建筑节能目标的实现，我国发布的《民用建筑节能条例》将建筑物用能系统运行管理明确纳入条文中，并对建立建筑能耗统计报告制度、建筑能效审计、公共建筑用电管理、公共建筑室内温度控制、用能系统维护管理、供热单位能耗管理等方面提出了明确的要求，这些都是做好建筑运行管理的法定原则和制度。

2007年，原建设部下发《建设部关于加强政府办公建筑和大型公共建筑节能管理工作的实施意见》，对国家机关办公建筑和大型公共建筑节能改造的总体思路是：逐步建立起全国联网的国家机关办公建筑和大型公共建筑能耗监测平台，对全国重点城市重点建筑能耗进行实时监测，并通过能耗统计、能源审计、能效公示、用能定额和超定额加价等制度，促使国家机关办公建筑和大型公共建筑提高节能运行管理水平，培育节能服务市场，为高能耗建筑的进一步节能改造准备条件。

5.2.1 大型公共建筑能耗监管体系

目前我国大型公共建筑没有专门的监管机构，执行主体多，不易执行。为解决大型公共建筑运行阶段监管缺位的问题，住建部的有关专家对大型公共建筑节能监管体系进行了设计，构建了以能耗统计制度、能源审计制度、能效公示制度、用能定额制度和超定额加价制度为基础的建筑节能管理体系，将建筑节能成功地从设计阶段的节能延伸到了运行阶段的节能管理。

建筑能耗有广义和狭义之分：广义的建筑能耗是指建筑的整个生命周期中所消耗的能量，包括建材制造、建筑施工、建筑使用直至建筑报废销毁后所使用的所有能耗；狭义的建筑能耗指建筑物日常使用和运行能耗，包括采暖、空调、照明、电梯、热水、炊事、家用电器及办公设备等的能耗。我们在此的能耗指的是建筑运行中的能耗，也即狭义的建筑能耗。

5.2.1.1 能耗统计制度

住建部《关于印发<民用建筑能耗统计报表制度>（试行）的通知》中规定凡已纳入国

家机关办公建筑和大型公共建筑节能监管体系建设的试点城市，开展国家机关办公建筑和大型公共建筑的能耗统计工作，均应按照《报表制度》的要求进行。《公共机构节能条例》中对公共机构实行能耗统计制度也进行了相应规定，要求公共机构应当实行能源消费计量制度，对能源消耗状况进行实时监测，应指定专人负责能源消费统计，如实记录能源消费计量原始数据并建立统计台账。

全国民用建筑能耗统计工作的具体实施与管理由住建部负责指导和协调，辖区内民用建筑统计工作由省级建设行政主管部门负责实施。统计方法有全面调查和抽样调查两种方式，对于政府办公建筑和大型公共建筑要求采用全面调查的方式，而且需要对每一栋政府办公建筑和大型公共建筑建立“民用建筑能耗统计台账”。

这些能耗统计信息为能源审计提供了最原始的数据，是能源审计和用能定额制度的数据保障，为建筑用能系统的运行管理、政府和业主开展各项建筑节能工作与活动奠定了基础，同时也为政府制定建筑节能监管措施和经济激励政策提供了依据。

5.2.1.2　能源审计制度

能源审计的主要内容是对用能单位建筑能源使用的效率、消耗水平和能源利用的经济效果进行客观考察，对用能单位建筑能源利用状况进行定量分析，对建筑能源利用效率、消耗水平、能源经济和环境效果进行审计、监测、诊断和评价，从而发现建筑节能的潜力。

建筑能源审计的审计依据为《国家机关办公建筑和大型公共建筑能源审计导则》，它是一种指导建筑节能的科学管理和服务方法，是建筑运行阶段节能以及节能改造的基础阶段，开展建筑能源审计为今后各地开展能源合同管理奠定了基础，并为政府制定能源政策提供依据，是我国国家机关办公建筑和大型公共建筑节能监管体系建设中重要的环节。

根据能耗统计结果，选取各类型建筑中的部分高能耗建筑，或部分具有标杆作用的低能耗建筑进行能源审计。

5.2.1.3　能效公示制度

能效公示的基础是能耗统计和能源审计，是指政府利用公权力，将大型公共建筑的建筑能耗、建筑能效信息定期在权威媒体上向社会公开发布的一种行为。能效公示的内容应该包括建筑基本信息、总能耗、总水耗、单位能耗、单位水耗和能效水平等指标，甚至分项能耗指标、能效排名等。

能效公示制度对于建筑节能有重要的意义，它解决了建筑节能市场的信息不对称问题，降低了建筑节能市场失灵和政府失灵的概率，为市场提供了潜在的节能需求信息，增强了大型公共建筑节能的社会影响力和社会关注度，可视觉上刺激业主之间进行建筑能耗的比较，激发业主自发的寻求节能、降低运营成本的途径，在这个过程中，建筑节能信息和技术手段也会得到很好的传播与应用。让全社会共同监管大型公共建筑的能耗变化，同时也减少了政府的行政成本，并促进其职能的转变。

5.2.1.4　用能定额制度

用能定额是由政府部门委托权威技术科研单位，通过对整个地区大型公共建筑的建筑年代、建筑类型、建筑能耗水平进行综合分析，考虑当地的气候特点、经济水平和生活习惯等社会自然因素，确定建筑在一定时期内的合理用能水平，起到的是一个用能标杆的作用。

用能定额由政府发布，具有法律法规效力，它是超定额加价制度的基础，是能源审计制度的延伸和升华，是政府推进大型公共建筑节能的有效的政策工具，可以直接引导建筑的节能活动，引起业主对建筑节能的重视。

5.2.1.5 超定额加价制度

超定额加价是由政府在用能定额制度上根据建筑合理用能水平，对建筑能耗超过合理用能水平部分执行累进加价。超定额加价制度是政府对建筑节能运用市场规律，采用价格机制，提高高能耗建筑的成本，运用价格杠杆，罚劣奖优，激励大型公共建筑的节能运行管理和节能改造。

5.2.2 大型公共建筑能耗监测平台

2007年，住建部下发了《国家机关办公建筑和大型公共建筑能耗监测系统分项能耗数据采集技术导则》、《国家机关办公建筑和大型公共建筑能耗监测系统分项能耗数据传输技术导则》、《国家机办公建筑和大型公共建筑能耗监测系统楼宇分项计量设计安装技术导则》、《国家机关办公建筑和大型公共建筑能耗监测系统数据中心建设与维护技术导则》、《国家机关办公建筑和大型公共建筑能耗监测系统建设、验收与运行管理规范》等文件，用于指导各地建筑节能监管体系建设。

一些获得了各类绿色建筑示范称号的建筑，把各种绿色建材、绿色设计方法、节能技术、节能设备等组合到一幢孤立的建筑物中，但却没有完整的测试数据与运行数据，不能提供建设运行成本资料，要知道，设计理想值并不是真正的能耗，所以，必须建立监控系统，通过实时运行的数据来分析建筑物的节能环保的能效及缺陷，从工程整体验证绿色建筑的实际效益。

绿色建筑的管理涉及建筑物本身、环境、能源、经济、设备、社会、安全、通信网络等。由于各子项相互关联，有些子项的目标甚至相互矛盾，因此管理不能仅着眼于单一子项，而需要信息共享充分协调相互关系，所以就需要集成的信息管理系统，在一个统一的平台上，对绿色目标进行综合管理。

能耗监测平台是以一定的建筑、能耗信息结构为基础的具有层次性、动态性的系统，是一个可以实现节能运行信息化监管的技术平台。由数据采集子系统、能耗传输系统、数据中转站等组成。将信息技术与节能监管体系相结合，实时监测系统可确保及时发现建筑能耗不合理的地方，以便及时做出应对措施，降低建筑能耗。

5.3 建筑设备运行管理

建筑物内的设备是满足建筑服务功能的基础，也是建筑运行中能耗的主要载体，是建筑运行管理的主要内容。

首先要做好设备的基础资料的管理工作。基础资料是设备管理的根本依据，对每台设备的资料进行归档，归档资料包括：基本技术参数和设备价格，质量合格证书，使用安装说明，验收资料，安装调试及验收记录，出厂、安装、使用日期等。其次，建立设备台账，对设备进行编号，对购置、安装、调试、维修、改造等进行记录，反映设备的真实情况。

提高建筑运行效率、实现建筑节能是持续的过程，需对能耗数据进行管理分析，对节能潜力进行评估，调整并实施低成本、无成本的措施，追踪计算节能成果，并与物业管理团队、建筑业主、建筑住户、潜在的客户等多方面及时、有据地沟通宣传节能努力及成果，并持续不断地坚持，才能实现持续的节能成果。下面分别对建筑设备中比较重要的空调系统和照明系统的运行管理进行简要介绍。

5.3.1　空调系统的运行管理

空调是现代建筑中不可缺少的能耗运行系统，它给人们提供了舒适的生活和工作环境，同时也消耗了大量的能源。采暖和空调的能耗占建筑能耗的65%，所以，强调空调系统的节能运行，对建筑节能有重要的意义。2008年6月，中国建筑科学研究院发布了《空调系统节能运行管理规范制度示范文本》。

目前，空调系统存在诸多问题，例如水泵选型过大或选配电机功率过大，低效率运行；多台冷冻水泵并联运行时，总是按最大冷负荷开动冷却水泵，没有根据供冷负荷的变化调整开启台数；空调水系统普遍存在大流量小温差现象，最大负荷出现的时间很少，绝大部分时间在部分负荷下运行，实际温差小于设计温差，实际流量比设计流量大1.5倍以上，水泵电耗大大增加；新风接入口面积、新风管道尺寸及风机选型偏小，不能满足过渡季节全新风运行；有些空调系统的过滤器长期不清洗，系统效率下降；空调系统大多没有安装分项计量装置，日用电量不能准确记录和统计分析，不利于节能工作的开展等。再加上我国空调系统的运行管理技术人员素质不高、管理制度缺乏，从而造成了空调系统的总体运行水平偏低的结果。

由于空调系统的专业综合性、复杂性，所以，要严格按照标准的运行操作规程进行操作，采取合理、可行的节能技术措施，保证空调系统运行安全、节能；对空调系统的运行参数、空调房间的温度进行监控，统计电、热、燃料的消耗，以便及时发现问题，进行修整，最大限度地降低能源的浪费。

5.3.1.1　机组的节能运行

有关数据表明主机能耗占空调系统总能耗的60%以上，水泵的能耗约占空调系统总能耗的15%～20%，在设计时，主机都是按最大负荷进行设计的，水泵设备在选型时都留有余量，这就造成了水泵的出水阀的节流损失，而且，使主机的制冷效果不理想，所以采用变频变流量系统，使输送能耗随流量的增减而增减，并控制使主机满足具体工况下的最佳特性曲线，使主机的效率保持在较高的水平上，以达到节能的目的。

在空调系统中，冷却水和冷冻水两大水系统的水的耗失量是相当大的，而在日常运行中却往往被人们忽视。水的大量耗失会导致冷水机组、水泵和冷却塔的电能消耗，所以，对这两大水系统要提起重视，消除隐性能耗。冷冻水在空调系统中主要起着中间载冷作用，在隐性能耗方面主要表现在管路保温的冷量损失及冷冻水流失方面，其中后者往往被忽视。冷冻水流失绝大部分是因为排污阀、旁通阀失效或关不紧所致。因此，应加强对这些阀门的监测和检修。冷却水系统中水的流失主要表现在蒸发耗水和飞水。尽管排污换水消耗是不可避免的，但是保持系统清洁可以减少换水的频率。

另外，根据室外气候参数的变化制定空调系统节能运行的全年调节策略，确定相应的风、水系统的水质、水量调节方式，空调设备的开启台数、水系统的供回水温度、风系统的送风温度、新风，及时调节供冷、供热量；减少系统运行的漏风及漏水等情况；做好设备及冷、热管路的保温与保冷；实现空调运行管理的自动化等也是空调节能运行的有效策略。

5.3.1.2　空调节能检查管理

空调系统所涉及的设备种类和数量较多，安装地点也比较分散，空调系统节能运行的首要条件是要满足空调设备的正常运行，这就依赖于工作人员能及时发现设备的运行故障，及时解决。《绿色建筑评价标准》中对公共建筑将对空调通风系统要按国家标准定期检查和清洗作为一般项。制定科学合理的节能运行检查制度是节能运行管理的关键，根据空调设备的特点和在节能运行中的重要程度，要相应制定以下检查制度：开停机检查、巡回检查、周期性检查。

空调系统节能检查管理的主要内容包括：①空调设备的开停机检查；②空调房间、仪表、管道、阀门、附件、风机、水泵、冷却塔等的巡回检查；③温控开关、压力表、流量计、温度计、冷（热）量表、电表、燃料计量表、明装风管和水管的绝热层、表面防潮层及保护层等的周期性检查。

5.3.1.3 空调节能维护保养管理

空调系统和设备自身良好的工作状态是保证其供冷（热）质量和安全经济运行的基础，而有针对性地做好空调设备和系统的维护保养工作，又是空调系统保持良好工作状态，减少或避免发生故障和事故、延长使用寿命、降低能耗的重要条件之一。因此，必须做好空调系统和设备的节能维护保养工作，制定相应的开机前维护保养、日常保养、定期保养及停开机期间的维护保养规定。

空调系统节能维护保养管理的主要内容包括：①空调设备的节能维修保养，主要是对冷水机组、风机盘管、水泵机组、风机等的节能维修保养；②空调系统的节能维修保养：主要是对空调水系统、风系统、管道和阀门、空调测控系统的维护保养。

空调的清洗管理：冷却水在空调系统中不断循环使用，由于水的温度升高、水流速度的变化，水的蒸发，水中杂质的浓缩，冷却塔和冷水池在室外受到阳光照射、风吹雨淋、灰尘杂物的进入，以及设备结构和材料等多种因素的综合作用，会产生沉积物的附着、设备腐蚀和微生物的大量滋生，以及由此形成的黏泥污垢堵塞管道等问题，它们影响到空调的安全性与经济性。为了解决空调水系统的沉积物附着、金属腐蚀和微生物滋生，必须对空调系统定期进行清洗。

空调清洗的原理与步骤为以下几个方面。

① 水冲洗：通过向循环系统中加入杀菌药剂清除循环水中的各种细菌和藻类。

② 除黏泥：加入剥离剂将管道内的生物黏泥剥离脱落，通过循环将黏泥清洗出来。

③ 化学清洗：加入化学清洗剂、分散剂，将管道系统内的浮锈、垢、油污清洗下来，分散排出，还原成清洁的金属表面。

④ 表面预膜：投入预膜药剂，在金属表面形成致密的聚合高分子保护膜，起到防腐蚀作用。

⑤ 日常养护：加入缓蚀剂，避免金属生锈；同时加入阻垢剂，通过综合作用防止钙镁离子结晶沉淀；并定期抽验监控水质。

5.3.2 照明系统的运行管理

降低照明系统的能耗，可以通过降低照明水平、提高照明系统光效比、缩短照明时间以及提高自然采光的利用水平等方式来实现。

5.3.2.1 清洗保养照明系统

照明设备的发光量将随着时间的延长而减少。热量使光源设备的灯具发黄，依附在透光罩、反射镜，甚至灯管自身上的灰尘将进一步降低光线输出量。灯具的超时间使用以及透光罩上积累的灰尘，使光源设备的光线输出量降低20%～40%。

降低照明需求量首先要确保既有建筑照明系统最大限度地产生有效光。为此，可以采用以下措施：定期清洗灯具透镜和反射镜（更换灯具时）；替换在走廊、储藏室、设备间和高大房间等场所使用时间较长的发黄透光罩或退色反射镜；适用炫目灯的场合，可将灯具上的玻璃或灯具直接去掉，对建筑物的灯具在即将达到其固定寿命期时，就对其进行更换，而不是等它们烧毁后再换掉，这种方式更为经济。将这些灯具用在不重要的场合。

需要对建筑物照明系统进行调查，得知建筑物种光源设备的种类和数量，考察光源设备的灰尘积累以及透光罩的褪色情况。在工作区域或工作面，对发光情况进行检测，与要求值进行比较。注意在清洗一些设备和取代透光罩、反射镜前后光线输出量的变化，在正确维护设备的前提下，确定移走光罩的比例而不影响光照标准。

5.3.2.2　减低照明标准

随着电力的普及，建筑物的照明标准急剧上升，许多场合的亮度是实际需求量的2～3倍。根据不同的工作场合来设定灯的亮度，降低照明标准，显然可以同时降低耗电量和电力负荷。

通过去掉或是更换低功率的透光罩来降低照明标准，对于荧光灯设备通过更换节能镇流器，能同时降低电耗和输出光线。白炽灯用低功率的椭圆形的反射灯或填充灯。额定功率为18W的可调荧光灯更加节能，建筑物出口指示灯就可以用荧光灯来替代。尽可能多地去掉透光罩，当去掉荧光灯或是HID透光罩时，也要去掉或是断开镇流器以免它们继续消耗能源。

5.3.2.3　减少照明系统的工作时间

照明系统最好的节能方式就是在不需要采光时将照明灯具关掉，不仅可以节能，还可以延长灯具的使用寿命。

照明系统的工作时间有自动控制和人工控制两种方式。相对而言，自动控制的方式更能实现照明节能。而人工控制节能，需要在开关处贴上“人离灯灭”的标记。在宽大的办公室，应该设置针对个人工作区照明的灯具，以便在晴天或光线充足的白天能调低灯的亮度。控制系统能检测工作区是否有人而自动开关灯。成熟的照明控制系统是可以利用的，但投资成本大。对于贮藏室的照明，考虑到安全照明的需要，将在某一选定时间间隔让灯关闭。所有建筑物的外部照明，以及建筑物内部楼梯间、走廊的灯具，都应替换为光控和（或）时控。同时，对全体工作人员加以引导，使他们仅在工作时才开灯。

许多建筑物在所有场合都是采用统一的高标准照明。同样一个照明标准应用于所有场合而无视不同工作状况的需要，可能导致将近50%的能耗浪费。为了提高照明效率，可以在工作区域加强照明亮度，而在非工作区域降低照明亮度。

5.3.2.4　利用自然光

对绝大多数区域而言，日光是最好的光源。在建筑物中，利用日光需要建筑规划专业正确合理的设计，否则将会增加建筑物内冷负荷。然而，对于大部分电照明而言，每得到1lm的日照，产生的热量会很少，因此，增加日光照明可以使制冷系统设备容量减小，为了获得更多的日光，可以把窗户的表面漆成白色或是柔和的颜色，以便光线反射至室内。

照明系统的节能改造措施之一就是安装亮度调节器，当自然光充足时，通过感知内部照明水平来调节内部照明设备的功率，实现节能。这要求照明系统和调控系统兼容，当窗户进来的自然光线减弱时，内部的电照明或其他人工照明能感知变化并做出相应的调节。亮度调控器采用有级或是连续调节方式，在多云天气，通过延时设备来防止其频繁操作，由于日照的不稳定性，不一定会降低照明负荷的峰值。如果使用了亮度调控器，那么照明系统就能将透光罩控制在合理的使用范围，照明峰值会有所降低。

采用调光设备时，必须通过对建筑物采光的动态模拟方法来考察建筑物的朝向与日光亮度，检测晴天和多云天气的日照情况，考察夏季和冬季的日照利用情况。

有天窗的建筑物，天窗提供的日光能最大限度地取代人工照明，但随之带来的两个问题：首先是导致建筑物内部的热量明显增加，其次是会有眩光问题。控制方法：安装半透明的白色玻璃窗、在天窗上贴上有色彩或是能反射的薄膜、在天窗下面安装棱镜或发散光的透光罩或反射器以及在天窗上悬挂遮阳物。

5.3.2.5 加强照明系统的整体控制

对建筑物建立以电脑控制为基础的调压、稳压节能系统。根据各类现场的照度需求，通过各种传感器和自动开关对照明系统进行控制，并可实施时间控制、有线或无线通信控制。

如果在现有总分照明线路上加装控制设备，一般可省电10%～20%，同时可调整功率因素。通过控制电压波动的手段，克服波动对照明光源寿命的影响，可达到较好的照明效果，这类照明节电设备在室内照明控制、室外照明控制、城乡道路照明控制中都可使用。通过照明供电线路的配合，在室内照明控制中采用光控、红外等智能化的自动控制系统，可以做到近窗工作面利用自然采光、少开灯、不开灯，远窗工作面根据照度开启适量的灯。这种技术一般可省电30%。

自控系统的应用场合：独立的照明供电线路、整体照明功率密度过大；照明供电电压偏高或波动较大；照明系统在许可稍微低照度的前提下整体省电；白天局部区域可利用自然光线补充照明，其他区域需要照明。

5.4 绿色物业管理

国际物业设施管理协会对物业管理是这样定义的：以保持业务空间高品质的生活和投资效益为目的，以最新的技术对人类有效的生活环境进行规划、整备和维护管理的工作。

绿色物业的工作流程：测量数据-数据可视化-效果评估-数据分析-设计改善方案-实施改善方案-测量数据。

《能源管理体系要求》（GB/T 23331—2009）对能源体系要求，组织确定有效的能源体系要素和过程，强调对能源管理的过程控制，为兑现管理承诺和实现能源方针进行策划—实施-检查与纠正-持续改进等过程。

《绿色建筑评价标准》中涉及运行管理部分的评价主要涉及节能、节水与节材管理、绿化管理、垃圾管理、智能化系统管理等方面。

① 制定并实施节能、节水、节材与绿化管理制度。确定合理、可行的节能管理模式、收费模式，制定合理的节水方案和关于建筑、设备、系统维护制度和耗材管理制度，对日常运营管理进行完整及时记录。

② 住宅水、电、燃气分户、分类计量与收费。

③ 制定垃圾管理制度，对垃圾物流进行有效控制，对废品进行分类收集，防止垃圾无序倾倒和二次污染。将住宅小区生活垃圾的减量化、回收和处理放在重要位置，设置密闭的垃圾容器，有严格的保洁清洗措施，建立完善的废品收集及垃圾运输体系。

④ 物业管理部门要通过ISO 14001环境管理体系认证。物业管理部门采用ISO 14000系列标准，在服务过程中对环境因素进行分析，针对重要的环境因素制定环境目标和管理方案，对环境运行情况进行监控，使建筑物对环境的影响降低到最低。

⑤ 智能化设备监控技术合理、保障系统的高效运行。要求建筑设备监控系统对热力、制冷、空调、给排水、电力、照明和电梯等机电设备进行监测和控制，确保各类设备系统运行稳定、安全可靠，对冷热源、水泵、空调等设备的主要运行数据进行实时采集并记录，按照工艺要求进行可靠的自动控制。

⑥ 建立并实施资源管理激励机制，管理业绩与节约资源、提高经济效益挂钩。采用合同能源管理、绩效考核等方式，使物业的经济效益与建筑用能效率、耗水量等情况直接挂钩。

物业管理是绿色建筑运行管理的重要组成部分，我国虽然一直致力于推进物业管理的市场化进程，但是对绿色建筑运行管理还是相对比较滞后。许多观点都认为物业管理是一种低技能、低水平的劳动密集型工作，现实中我们的物业管理企业一般也没有参与到工程的设计、建设阶段，都是在建设后期或建成后才接手，由于工程竣工后资料可能会不完整，没有彻底详细的技术交底和专业培训工作，再加上部分物业管理服务的这种绿色建筑观念不强，往往导致空调过冷过热、电梯时开时停、管道滴漏等问题发生，很难达到绿色建筑的目标。

为了使物业在保证服务质量的基础上，积极参与建筑节能运行，利用垃圾分类收集、生态绿色化系统、噪声污染控制、建筑节能运行和监测等先进技术，减少建筑运行阶段的能耗。为提高我国绿色建筑运行水平，有如下4点建议。

① 明确绿色建筑管理者的责任与地位。物业管理机构接手绿色设计标识的建筑，应承担绿色设施运行正常并达到设计目标的责任，获得绿色运营标识，物业管理机构应得到80%的荣誉和不低于50%的奖励。建议住建部节能与科技司和房地产监管司合作，适时颁发“绿色建筑物业管理企业”证书，以鼓励重视绿色建筑工作的物业管理企业。

② 认定绿色建筑运行的增量成本。绿色建筑建设有增量成本，运行相应地也有增量成本。而绿色建筑在节能和节水方面的经济收益是有限的，更多应是环境和生态的广义收益。建议凡是通过绿色运营标识认证的建筑物，可按星级适当增加物业管理收费，以弥补其运行的增量成本，在机制上使绿色建筑的物业管理企业得到合理的工作回报。

③ 建设者须以面向成本的设计DFC实行绿色建筑的建设。绿色建筑不能不计成本地构建亮点工程，而是在满足用户需求和绿色目标的前提下，应尽可能降低成本。建设者须以面向成本的设计方法来分析绿色建筑的建造过程、运行维护、报废处置等全生命期中各阶段成本组成情况，通过评价找出影响建筑物运行成本过高的部分，优化设计，降低全生命期成本。

建设者（项目投资方、设计方）在完成绿色设施本身设计的同时，还须提供该设施的建设成本和运行成本分析资料，以说明该设计的合理性及可持续性。通过深入的设计和评价，可以促使建设者减少盲目行为，提高设计水平。

④ 用好智能控制和信息管理系统，以真实的数据不断完善绿色建筑的运营。运营时的能耗、水耗、材耗、使用人的舒适度等，是反映绿色目标达成的重要数据。通过这些数据，可以全面掌握绿色设施的实时运行状态，及时发现问题、调整设备参数；根据数据积累的统计值，比对找出设施的故障和资源消耗的异常，改进设施的运行，提升建筑物的能效。这些功能都需要智能控制和信息管理系统来实现。

绿色建筑的智能控制和信息管理系统广泛采集环境、生态、建筑物、设备、社会、经营等信息，有效监控绿色能源、蓄冷蓄热设备、照明与室内环境设备、变频泵类设备、水处理设备等。在智能控制和信息管理系统的平台上，依据真实准确的数据来实现绿色目标的综合管理与决策。

经过几年的积累后，运营数据、成本和收益将能正确反映绿色建筑的实际效益。

绿色建筑只有通过有效的运营管理，才能达到预期的目标。我们要应用生命期评价和成本分析的科学方法，理清绿色建筑运行管理的工作内容，准确掌握建设、运行维护费用所构成的生命期成本，去合理选用绿色技术，逐步完善绿色建筑运行的体制与机制，才能使我国的绿色建筑走上持续发展的道路。

5.5 绿色建筑合同能源管理

关于绿色建筑的合同能源管理定义及其实质在本书3.5节中已提出，可以看出，它不仅仅是一种建筑维护的技术体系，同时更是建筑在运行阶段，一种高效的管理措施。

合同能源管理模式作为一种市场化机制，一种战略型新兴产业，自20世纪90年代引入中国以来，已然从一种围观状态发展到了实际应用阶段，节能服务产业委员会（EMCA）《2012年度中国节能服务产业报告》显示，2012年底，全国从事节能服务的企业达4175家，备案的节能服务公司发展趋势达2339家（见图5.1），其中涉及建筑节能服务的公司约占近70%，合同能源管理（EPC）投资额也逐渐增加（见图5.2），2012年8月份国务院印发的《节能减排“十二五”规划》中，将节能改造和合同能源管理一并纳入了节能减排十大重点工程，《绿色建筑行动方案》中也鼓励建筑节能采用合同能源管理模式，图5.3为其资金流量示意图。

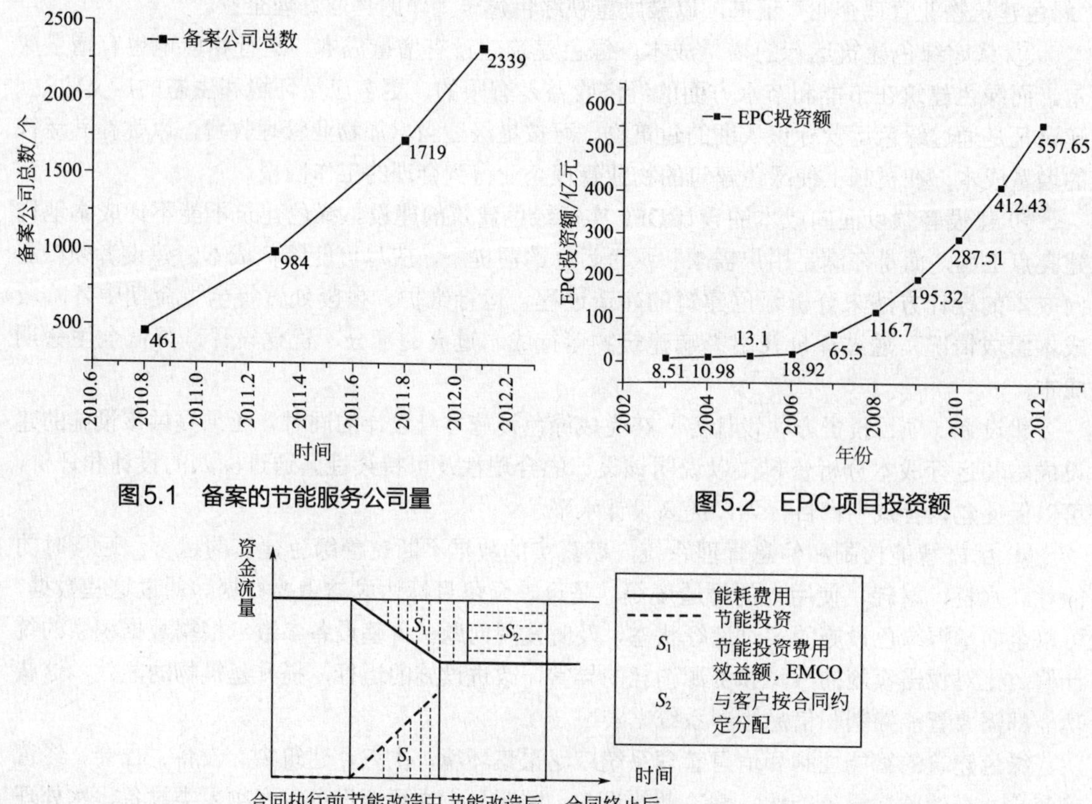

图5.1 备案的节能服务公司量

图5.2 EPC项目投资额

图5.3 合同能源管理资金流量图

合同能源管理模式已经逐渐成为我国推进节能服务产业的重要模式。总揽节能服务公司在节能项目上给用能企业提供的种种益处和节能价值可谓好处多多。例如，可以让实施节能改造的企业零投资，零风险，实现用绿色光源对原有传统光源的照明工程改造，企业照明材料维护费用零投入。在合同约定期限内，在绿色光源不能启辉点燃时，由节能技术服务公司免费提供光源部件；实施节能改造的企业，每月的照明用电费用大幅下降，约可达到45%～85%左右，减去支付给节能技术服务公司的部分，每月仍有很可观的收益；企业由于光源功耗大幅度下降，生产车间的空调冷负荷会有大幅度下降，这也是相当可观的节电效益；实施节能的企业，提高和改善了生产车间的照明质量，有利于提高生产效率；在合同履行完毕时，实施节能改造的企业，无偿获得照明节能项目的全部产权等。降低成本节约下来的能源和所创造的利润利国利企潜力无限。

对于节能技术服务公司，通过合同能源管理双赢机制，从照明节能项目的节能效益中，获得60%～80%的分成，收回投资，增加企业效益。在投资回收期完成后，获得一个相当长的、成本几乎为零的超价值的利润周期。这部分价值，是其他销售方式很难实现的。

这样的成本几乎为零的超价值的利润周期，是在每个工程中都会存在的。通过合同能源管理双赢机制，保护和稳固了已有节能工程项目的运作周期，从最深层面上延长了产品的有效销售周期，增加了产品的销售量。同时培育了照明节能项目示范工程。将企业的市场营销从低层面的产品推广，提升到了机制推广合作的高层面，避免了诸如低品质、低价格等不良竞争行为。通过合同能源管理机制，提高市场竞争力，扩大市场份额。并且能够转变营销理念，有利于创建先进科学的企业文化，改善和提升企业形象。

5.5.1　建筑合同能源管理分类

合同能源管理经营模式多样，由于建筑节能改造目前的状况，合同能源管理在建筑领域的应用又有其局限性，目前我国建筑合同能源管理模式有七种模式，主要应用的有三种模式。在我国应用的比较典型的为节能效益分享型、节能量保障型以及能源费用托管型管理服务模式，表5.1为常用的三种管理模式的分析对比。

表5.1　合同能源管理模式分析

合同类型	风险承担比例	实现机制	效益分配
节能效益分享型	还贷风险和绩效分项全部由节能服务公司（ESCO）承担	双方共同确认节能率	按比例分享经济效益
节能保障型	客户承担还贷风险，ESCO承担绩效风险	ESCO向业主承诺一定的节能量（节能率或是能源费用开支）	达不到承诺量的部分ESCO承担，超过部分双方分享
能源系统托管型	全部由ESCO承担	用户在低于或控制原有能源成本基础上将能源系统托管给ESCO	双方按比例分享节能效益，按约定用户定期支付管理费用

5.5.1.1　节能效益分享型

节能服务公司提供资金和全过程服务，在客户配合下实施节能项目，在合同期间与客户按照约定的比例分享节能效益，合同期满后，项目节能效益和节能项目所有权归客户所有。此种模式下，节能服务公司承担绩效和还贷风险，客户不必受内部投资标准限制。一般应用于客户没有能力借贷的情况或者是不愿借贷的情况。

5.5.1.2　节能保障型

节能服务公司提供全过程服务并在合同中承诺节能项目的节能量，且节能量效益能够弥补所有项目还款额和一切为节能服务公司提供的检测、检验、运行与维修服务费用。如果项目没有达到承诺的节能量，按照合同约定由节能服务公司承担相应的责任和经济损失。如果实现的节能效益超过项目还款额，客户和节能服务公司可以共享超额收益，利益的分配比例取决于双方的合同约定。此种模式下，客户直接与债权人签署独立的贷款合同，节能服务公司部直接承担向债权人偿还与借款的有关义务，但是，要对客户节能所要达到的成果予以保证，承担绩效风险。

5.5.1.3 能源费用托管型

节能服务公司负责改造业主的高能耗设备，并管理其用能设备，客户支付给节能服务公司一定的能源费用和管理费用，项目结束后，节能服务公司将经改造的节能设备无偿移交给业主使用，以后产生的节能效益全部归业主享受。

5.5.1.4 设备租赁型

业主采用租赁方式购买设备，即付款的名义是“租赁费”，在租赁期内，设备的所有权属于节能服务公司，合同期满后，节能服务公司收回项目改造的投资及利息后，设备归业主所有，产权交还业主。一般，这种节能服务公司是由设备制造商投资的，作为制造商延伸服务的一种市场营销策略。

5.5.2 节能服务公司的类型

根据美国全国能源服务协会的分类，节能服务公司分为以下几类。

5.5.2.1 能源服务公司

这类公司必须具备照明、电机和驱动装置、暖通空调系统、自动控制系统和维护结构热工性能改善方面的技术和管理能力；同时还必须具备提供能源审计、设计和工程实施、融资、项目管理、系统调试、运行维护以及节能量验证等方面的服务能力。

5.5.2.2 能源服务供应商

必须具备实施分布式能源和热电联产工程、按合同供应能源的技术和管理能力，以及融资和资产管理的能力。

5.5.2.3 节能承包商

这类公司一般只能作为前两类公司的分包商。

5.5.3 节能服务的运行模式

节能服务公司是一种比较特殊的产业，其特殊性在于它销售的不是某一种具体的产品或技术，而是一系列的“服务”，也就是为客户提供节能量。其活动内容主要包括以下几方面。

5.5.3.1 能源审计

建筑节能服务公司针对客户的具体情况，对各种节能措施进行评价，测定建筑当前的用能量，并对各种可供选择的节能措施的节能量进行预测。

5.5.3.2 节能项目设计

根据能源审计的结果，建筑节能服务公司向客户提出如何利用成熟的技术来改进能源利用效率、降低能源成本的方案和建议。如果客户有意向接受建筑节能服务公司提出的方案和建议，建筑节能服务公司就为客户进行项目设计。

5.5.3.3 节能服务合同的谈判与签署

建筑节能服务公司与客户协商，就准备实施的节能项目签订“节能服务合同”。在某些情况下，如果客户不同意与建筑节能服务公司签订节能服务合同，建筑节能服务公司将向客户收取能源审计和节能项目设计费用。

5.5.3.4　节能项目融资

建筑节能服务公司向客户的节能项目投资或提供融资服务，建筑节能服务公司用于节能项目的资金来源有资金、银行贷款或其他的融资渠道。

5.5.3.5　原材料和设备采购、施工、安装及调试

由节能服务公司负责节能项目的原材料和设备采购，以及施工、安装和调试工作，实行“交钥匙”工程。

5.5.3.6　运行、保养和维护

建筑节能服务公司为客户培训设备运行人员，并负责所安装的设备/系统的保养和维护。

5.5.3.7　节能效益保证

建筑节能服务公司为客户提供节能项目的节能保证，并与客户共同监测和确认节能项目在项目合同期内的节能效果。

5.5.3.8　效益分享

在项目合同期内，建筑节能服务公司对与项目有关的投入（包括土建、原材料、设备、技术等）拥有所有权，并与客户分享项目产生的节能效益。在建筑节能服务公司的项目资金、运行成本、所承担的风险及合理的利润得到补偿之后（合同期结束），设备的所有权一般将转让给客户。客户最终将获得高能效设备和节约能源成本，并享受全部节能效益。

5.5.4　发展建筑合同能源管理所面临的困难及其解决对策

5.5.4.1　面临的困境

尽管节能服务公司自20世纪90年代引入中国以来，已然从“水土不服”、“叫座不叫好”的情形发展到了“春暖花开”的阶段，但是要真正的在建筑节能领域全面推进建筑合同能源管理，还要花费很大的努力，目前所面临的困境如下。

（1）建筑节能综合改造难度大，缺少相关标准　相比于工业与交通节能，建筑节能工程更具有复杂性，建筑能耗系统是由多个子系统（空调、照明、办公设备、综合服务、特殊功能等）组成，建筑用能的影响因素颇多，节能改造时需要综合考虑围护结构、采暖、通风、室内环境、人文条件、自然条件、使用功能等各个方面的要求，改造时需要各项技术有机结合才能达到节能效果（见表5.2）。EMC模式建筑行业的平均净利润是29.86%，建筑节能服务公司倾向于选择投资少、见效快、投资回收年限少的项目（基本在3年以内），目前的建筑节能改造仅仅限于单项节能改造，尚未开展综合节能改造。行业投资情况分析见表5.3。

表5.2　不同地域类型的建筑的节能改造情况

项目	类型	节能改造重点	建筑耗能设备情况	能源监测情况
地域	严寒地区	围护结构、供热计量、管网平衡	—	—
	夏热冬冷和夏热冬暖地区	建筑门窗、外遮阳、自然通风	—	—
建筑类型	公共建筑	空调、采暖、通风、照明、热水等用能系统	有建筑配套设施	截至2011年底，全国共完成国家机关办公建筑和大型公共建筑能耗统计34000栋，能源审计5300栋，能耗公示6700栋建筑，对2100余栋建筑进行了能耗动态监测
	住宅建筑	围护结构、供热计量系统、供热管网系统	除集中供热供冷地区，大部分是居民自己的消费行为	北方地区城镇既有居住建筑需要改造的面积约20亿平方米，北方地区城市只有约1/3左右出台了供热计量收费办法，供热体制改革不完善

表5.3 行业投资情况分析

项目	投资	收益	投资回收年限/年
提高运行管理水平	1	10 ～ 20	0.5 ～ 1.2
更换风机、水泵	1	0.8 ～ 1	1 ～ 1.2
增加自动控制系统	1	0.3 ～ 0.5	2 ～ 3
系统形式的全面管理	1	0.2 ～ 0.4	3 ～ 5
建筑材料更换	1	0.1 ～ 0.5	5 ～ 10

（2）缺乏科学合理的节能效果评价体系　能源审计是合同能源管理的核心，《合同能源管理技术通则》（GB/T 24915—2010）中引用的计算方法是企业节能量计算方法，对建筑合同能源管理项目难以适用。能源审计方法与过程可依据《国家机关办公建筑和大型公共建筑能源审计导则》，但是，对于不同措施的节能改造还是缺乏科学合理的评价体系，例如，围护结构以及城市热网供热系统的节能效果评价。《国际性能验证和测试协议》（IPMVP）中提供了四种确定节能效果的方案，如表5.4所示。2011年国家发改委和财政部确定了26家第三方节能量审核机构，我国公共建筑能耗监测和节能监管体系尚处于建设完善阶段，所以通常采用软件模拟计算节能量和节能率，但是模型算法、气象条件、计算参数的偏差、计算积累的误差会导致不同的软件计算结果的有很大的差别。

表5.4 节能效果评定方案

编号	类型	方法	影响因素
1	将系统改造部分与系统其他部分隔离，测量系统的关键变量	用仪表或其他测量装置分别测量改造前后该系统或设备与能耗相关的关键参数	气象因素、建筑功能变化、能源价格、入住率的变化、运行时间、设备数量、室内环境质量标准的变化
2	将系统改造部分与系统其他部分隔离，测量系统的全部变量	用仪表或其他测量装置测量整个系统与能耗相关的所有参数	
3	对整栋建筑能耗进行检测验证	用电力公司或燃气公司的计量表及建筑内的分项计量表等对建筑节能改造前后整幢大楼的能耗数据进行采集，以分析和评估整幢大楼的能源利用效率，并计算全年的节能效果	
4	校准化能耗模拟	能耗模拟软件建立模型，对模拟结果进行分析从而计算得到节能量	模拟人员的技术水平、人为暗箱操作

（3）补助资金作用不明显　建筑节能领域单个项目节能量少，项目合同金额往往不到100万元，研究分析表明项目大小与建筑节能公司生存发展之间有很重要的联系，大项目赢利的可能性更大。政府补贴对于不考虑管理成本的简单内部收益率有5% ～ 10%的提高，对于考虑管理成本的内部收益率有2% ～ 5%的提高。根据《合同能源管理财政奖励资金管理暂行办法》，单个项目节能量在100吨标准煤以上才有获得奖励的资格，有专家根据《北京市合同能源管理项目财政奖励资金管理暂行办法》就项目资金补贴额度进行模拟计算后表示，建筑节能合同改造项目，企业要想拿到财政补贴并不容易。但是由于可产生EPC项目的建筑数目远远超过工厂数目，以及从业公司数量众多，建筑节能EPC产业规模并不小，单个合同金额较小挫伤了建筑节能服务公司的积极性，对融资机构不具吸引力，成为既有建筑节能EPC的发展的核心问题。

（4）缺乏行业规范 目前，我国建筑节能服务行业缺乏准入门槛、行业规范、服务标准、标准合同范本、配套的政策、市场激励机制以及强制性标准，例如，服务公司进行的节能改造都是非标准工程，责任人及技术人员的责任风险非常大；企业在融资过程中，处于被动地位；能源费由承租者负担，业主与节能利益不直接相关等。这造成了市场环境差，服务公司自身能力不足，业主、金融机构等不具有积极性等一系列的问题，严重阻碍了建筑服务行业的发展。

5.5.4.2 对策

（1）建立能耗定额制度，加大强制性标准的开发力度 加强对我国既有建筑的能量监测、验证，分地区分建筑形式地确定建筑能耗定额，形成强制性执行标准，一方面推进新建建筑合同能源管理的进行，另一方面，可依据奖惩机制对能耗高的建筑进行处罚，对能耗低的建筑予以奖励。标准、定额应适时更新完善。

（2）完善相应政策、拓展融资渠道 针对我国节能服务公司的现有实际情况，改善现有补贴制度，分领域建立不同的补贴办法，使建筑行业能够得到更多的补贴，以促进建筑合同能源管理的发展。

将节能量或节能率作为抵押，根据项目的投资和盈利额来做融资。建立信用评价平台，使客户和融资方对节能服务公司进行信用评价，以信用度作为融资的标准之一。加大对合同能源管理的支持力度，例如，设立专门的建筑合同管理专项基金等，同时，借鉴国外的融资方法（债务融资、租赁融资、债券等），根据我国国情，开发多种融资方式。

（3）加大宣教育传力度，并成立监督体系 我国合同能源管理尚处于起步阶段，缺乏相关综合型人才，我们应加强宣传教育力度，与国外开展广泛的合作，充分利用现有资源，建立知识信息交流平台，在中国节能服务网中加入建筑节能版块，宣传成功案例、方法，并逐步形成知识体系，并使其技术和知识本土化，逐步普及合同能源管理的相关知识，培养复合型人才，并建立相关的监督体系，对项目的全过程进行监督，对不法、不合规范行为严惩不贷。

（4）建立信用机制 建立针对合同能源管理产业的诚信服务平台，建立节能服务公司的信用等级制度，对不同信用等级的节能服务公司，政府和银行制定不同税收政策和贷款利率，才促进节能项目进入良性的激励循环。

（5）市场补偿机制 市场补偿机制可以促进业主、节能服务公司以及金融机构的积极性，包括碳排放权交易、碳基金、用能权交易、融资政策、阶梯能源价格等。

（6）规范行业市场，培育龙头企业 制定行业规范，运用法律手段来规范行业市场，为建筑节能服务提供良好的发展环境。培育龙头企业，为行业发展提供经验，引领行业发展，并鼓励技术单一的节能服务公司之间进行合作，加强产业联盟。

第6章 绿色建筑设计软件介绍

6.1 绿色建筑与建筑信息模型

我们所说的绿色建筑强调在不牺牲室内环境舒适度的前提下，尽量减少建筑全生命周期内的能源、资源的消耗，建筑的全寿命周期是指从建材的生产到建筑的建造、运营维护直至建筑内所有的物质都最终销毁的整个过程。显而易见，整个生命周期中，建筑使用阶段持续时间最长，一般30～50年，能耗也最多，一般占整个生命周期的80%～90%，但是，后期使用阶段是否节能，很大程度上在于前期的设计是否合理，试想，一个四面都是墙、没有一扇窗的建筑，我们要在里面工作生活，只有每时每刻都用电灯来照明、用通风系统来换风，不管我们再怎样刻意注意自己的行为是否节能，是否做到了人走关电，还是没有前期在建筑设计的时候开一扇窗来得实在，虽然这个例子有点极端，但是也充分说明了，只有从建筑的规划设计阶段开始，用可持续的设计观，在考虑建筑布局、艺术形体的同时，更加注重建筑的物理性能是否合理，后续阶段再辅以适当的技术手段、合理的运行策略，对建筑系统不断地进行完善，才能打造出真正的绿色建筑。所以，“绿色设计”理念需要涉及建筑整个生命周期，从项目可行性分析、环境影响评价，到建筑设计、施工，使用期间的运行管理，报废拆除时的材料的可回收性、垃圾的减量、资源化问题，在建筑全寿命周期中，规划设计阶段的决策对绿色建筑能耗的影响程度是最大的。

然而，随着社会的发展，人类更加追求精神层面的满足，所以，建筑外形是否具有美感、是否具有艺术性显得越来越重要，造成了当今建筑形式可用一个词来形容：复杂多样。所以，即使再有经验的建筑师也很难单凭主观的判断来全面把握建筑的物理性能，而传统的建筑设计软件也很难对尚未建成的建筑进行量化的数据分析，结果往往导致在施工过程中对建筑细部不断变更，施工工艺方法不断改变，建成后的建筑与设计之初的构想自然也会相差甚远。

应绿色建筑开发的需求，各种绿色建筑模拟软件和建筑设计信息化技术快速发展，在国际上，各大建筑设计软件开发商都已经着眼于建筑信息模型技术，开发出一系列的软件，给建筑绿色设计奠定了基础。建筑信息模型（Building Information Model）最早由Autodesk公司提出，它以三维数字技术为基础，集成了建筑工程项目各种相关信息，可为设计和施工提供相互协调、内部一致及可运算的信息，而且支持建筑全生命周期的集成管理。建筑信息模型的出现，大大提升了建筑行业的质量、效率和经济效益。建筑师以BIM模型为基础，再结合各种建筑物理分析软件，就可以快速地校验设计在物理性能方面的合理性。

现在绿色建筑市场上相关的分析软件可谓举不胜举，每款软件各有其特点，鉴于能力所限，我们选择了一些目前通用性强、国内市场上认可度较高的绿色建筑系列软件进行介绍，希望能够跟绿色建筑相关软件有兴趣的人士予以交流、沟通，共同促进绿色建筑事业的发展。

6.2　绿色设计策略引出的绿色设计软件

绿色技术堆砌起来的建筑并不一定是绿色建筑，绿色建筑设计需要各个专业相互配合，全方位无障碍沟通、协调，采取多种设计策略，针对每栋建筑或建筑群体的特点采取最合适的方法来进行设计。

首先需要考虑的是被动式的设计策略，所谓被动式建筑设计就是通过建筑设计的本身，来达到减少用于建筑照明、采暖及空调的能耗。被动式设计一般包括建筑朝向、保温、体型、遮阳、最佳窗墙比、自然通风等。这就需要建筑师对于环境有充分的了解，现在一般采用Ecotect、Radiance来进行室内自然采光的分析，采用AirPak、FLUENT、ANSYS来进行室外风环境分析和室内通风模拟，RAYNOISE、SoundPLAN、Cadna/A来进行室内外噪声模拟。

其次考虑主动式的设计策略，例如尽可能地提高照明、电源、采暖空调、供排水等设备系统性能，或者在有合适条件的地区利用太阳能、风能、地源水源热泵等可再生能源，尽量减少对不可再生能源的依赖。一般采用DOE-2、eQUEST、EnergyPlus等软件来进行建筑能耗模拟，计算建筑节能率。

不同于传统的建筑设计，我们一般在方案和设计阶段确立绿色建筑的目标，继而在设计、施工、运维和回收等不同建筑生命阶段来不断深化和落实这个目标。所以绿色建筑的工作过程是“提出目标建立初始模型（方案设计）-优化模型完善目标（初步设计）-深化模型落实目标（施工图设计）-落实模型保证目标（施工）-模型实物完成目标（调试）-实物运行检验目标（运行）”。绿色建筑的每个工作阶段及阶段之间的过渡都可以采用BIM的工作过程，每个阶段都会应用到不同的软件，大体可以分为两类：一类是创建BIM模型的软件，即BIM的核心软件系列；一类是利用BIM模型来对建筑的物理性能进行分析的一些软件。图6.1很好地诠释了各种软件的相互协同工作的关系。

6.3　BIM核心软件简介

所谓BIM核心软件是指建立建筑信息模型的软件。目前应用最多的是四个系列（见图6.2）。

Autodesk公司的Revit建筑、结构和机电系列，在民用建筑市场的市场占有率最大；Bentley产品有建筑、结构和设备系列，Bentley产品主要应用于工厂设计（石油、化工、电力、医药等）和基础设施（道路、桥梁、市政、水利等）领域。对于民用建筑，国内一般选用Autodesk Revit系列软件。

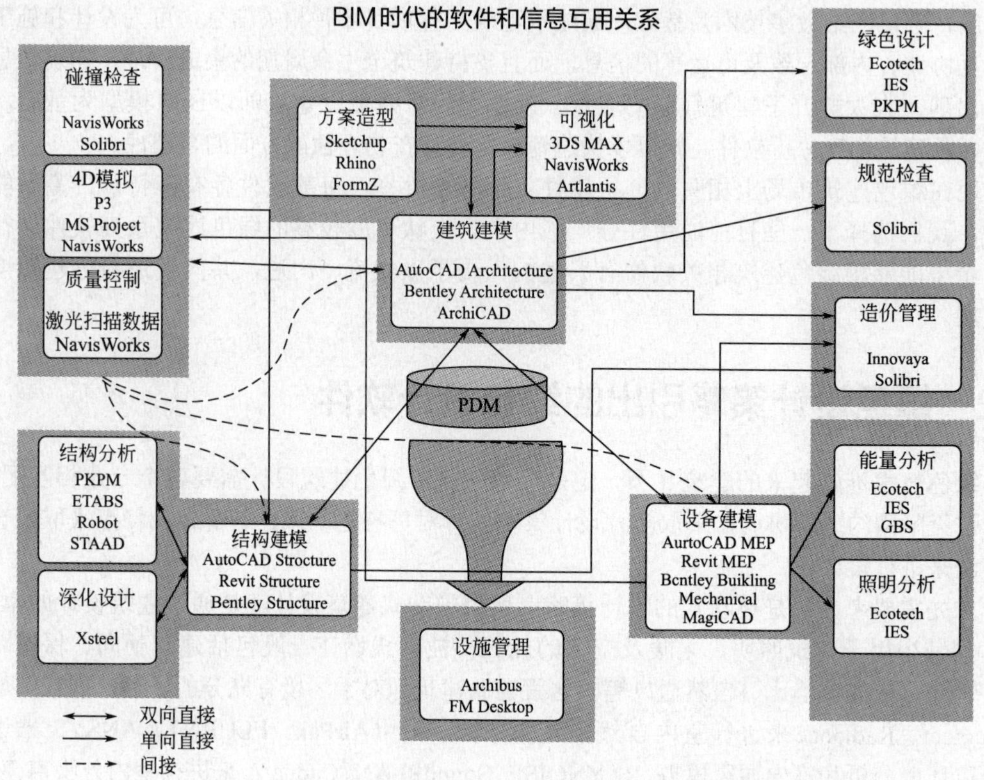

图6.1

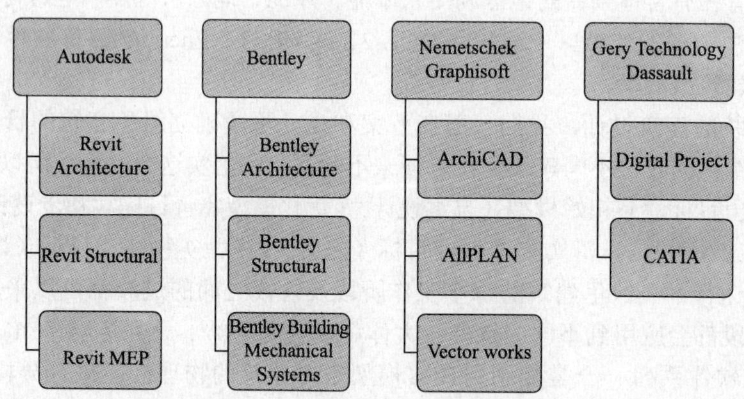

图6.2 BIM核心软件的四个系列

2007年Nemetschek收购Graphisoft以后，ArchiCAD/AllPLAN/VectorWorks这三个产品就归属一家公司了，其中国内同行最熟悉的是ArchiCAD，可以说是最早的一个具有市场影响力的BIM核心建模软件，在全球范围内都有不小的影响力，但是其专业配套的功能与中国多专业一体的设计院体制不匹配，所以在建筑领域很难实现业务突破。AllPLAN主要市场在德语区，VectorWorks则是其在美国市场使用的产品名称。

Dassault公司的CATIA是全球最高端的机械设计制造软件，在航空、航天、汽车等领域具有接近垄断的市场地位。Digital Project是Gery Technology公司在CATIA基础上开发的一个面向工程建设行业的应用软件（二次开发软件）。

6.3.1 Autodesk Revit系列软件

6.3.1.1 Autodesk Revit简介

Autodesk Revit的前身是美国Revit Technology公司开发的一个参数化设计软件Revit，2002年Revit Technology公司被Autodesk公司收购，成为Autodesk的系列产品之一。它是基于BIM技术开发的应用最多的软件之一。

Autodesk Revit系列程序包括Autodesk Revit Architecture、Revit Structure和Revit MEP。Autodesk Revit Architecture用于建筑设计，Revit Structure用于结构设计，Revit MEP是面向建筑设备及管道工程的软件。Revit的BIM是应用关系数据库创建的三维建筑模型，应用这个模型，可以生成二维图形和管理大量相关的、非图形的工程项目数据，这个数据集合包含了各种不同类型的图形元素，有模型元（Model Elements）、视图图元（View Elements）、注释符号图元（Annotation Elements），各种图元彼此之间存在着关联关系，Revit可以帮助建筑师进行自由形状建模和参数化设计，可以得到效果图、建筑动画，随时切换到三维图、平面图、立面图、剖面图，还可以直接生成建筑施工图，还可以统计构建的数量、材料用量，帮助设计师对设计进行分析，可以随着设计的深入，围绕复杂的形状自动构建参数化框架，而且，只要任何一处发生变更，其余所有相关信息也会立即随之变更，极大地减少了错误与疏漏，使设计更具精确性和灵活性，达到了从概念模型到施工文档到后期的运营维护整个流程都在相对较直观的环境中完成。（见图6.3，图6.4）

图6.3 Autodesk Revit模型图一

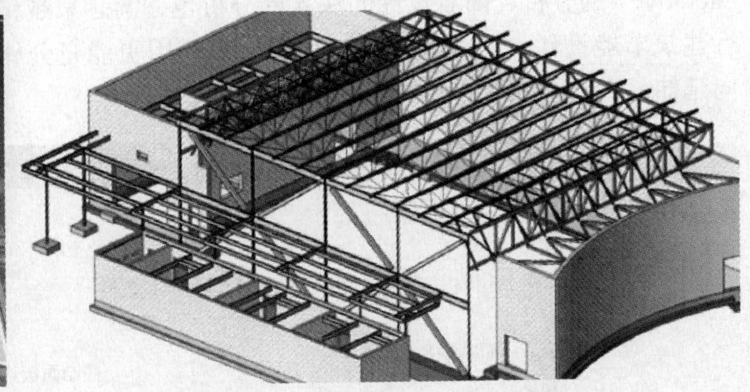

图6.4 Autodesk Revit模型图二

6.3.1.2 Revit系列软件的特点

（1）加强设计协调与协作 使用Revit软件，建筑师、结构工程师和机电工程师可以根据工作流程和项目的要求更加高效地进行协作与交流，最大程度的减少扩展项目团队间地协作错误，并通过实时的冲突和干扰检测，减少设计冲突。

（2）双向关联性 任何一处发生变更，所有相关信息随之变更，所有的模型信息储存在一个协同的数据库中，信息的修订与更改自动在模型中更新，极大地减少了错误和疏漏。

（3）参数化构件 参数化构件称为“族”，是设计构件的基础，这些构件提供了一个开放的图形系统，可以让设计师自由地构思设计、创建形状，在无需任何编程的情况下，可以设计最精细的装配。

（4）直观的用户界面 用户可以更快地找到最常使用的工具和命令，找出较少使用的工具，并能够更轻松地找到相关新功能，大大减少了搜索菜单和工具栏的时间。

6.3.2 绿色建筑分析系列软件

绿色建筑分析系列软件是指利用BIM核心软件建成的模型、数据等信息对建筑物理性能、能耗等进行分析，来确定建筑的结构、布局、设备配置以及运行管理、造价等是否合理。图6.5为软件之间的信息传递方向。这里我们主要对应用较多的软件进行简单介绍。

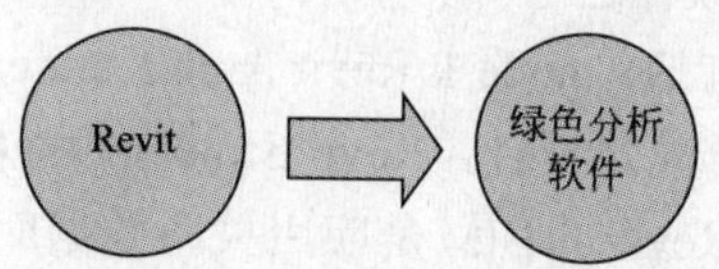

图6.5 软件间信息传递方向

6.3.2.1 Ecotect生态建筑大师简介

Ecotect最初是英国Andrew Marsh博士设计的一个对建筑进行性能分析的软件（图6.6）。2008年被美国软件公司Autodesk收购，改名叫Autodesk Ecotect Analysis。Ecotect涵盖了热环境、风环境、光环境、声环境、日照、经济性及环境影响与可视度等建筑物理环境的七个方面的性能分析和模拟。Ecotect采用权威的核心算法，与RADIANCE、POV Ray、VRML、EnergyPlus、HTB2热分析软件均有导入导出接口。Ecotect有自己的建模工具，分析结果可以根据几何形体得到即时的反馈。这样，建筑师可以从非常简单的几何形体开始进行迭代性（iterative）的分析，随着设计的深入，分析也逐渐越来越精确。所以Ecotect有助于设计师进行建筑节能设计，尤其和SketchUp的配合使用更能充分体现出设计师作品向生态建筑的方向延伸，提升了设计师的方案设计理念。

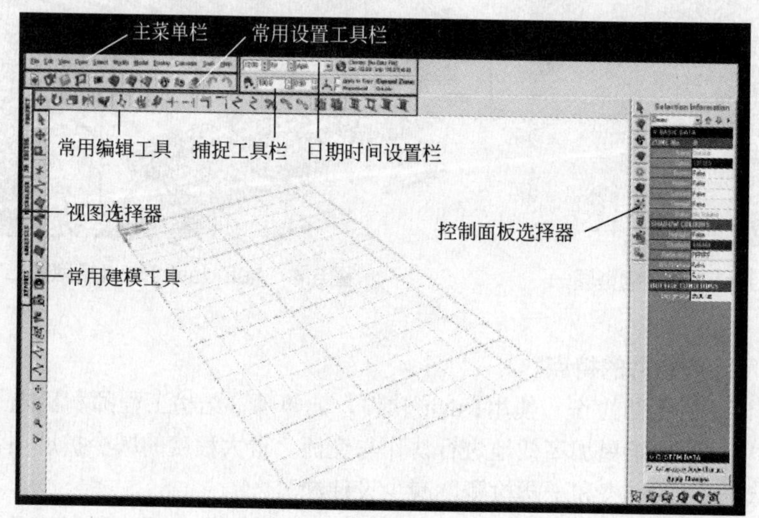

图6.6 界面图

6.3.2.2 Ecotect生态建筑大师主要功能

阴影与反射：直观显示模型所在地的太阳轨迹，并实时显示阴影效果；

遮阳设计：可以根据遮阳需求自动生成经过优化的遮阳系统；

日照分析：将建筑物表面和窗口所接受的太阳辐射精确可视化；

光伏板阵列尺寸与负荷匹配：用来决定太阳能光伏板的最佳安装位置和尺寸；

照明设计：计算模型内任意一点的日照采光系数和照度，并可计算节能潜力；

Right-to-Light：评估建筑物对邻近场地和建筑的影响；

声学分析：从简单的混响时间分析到复杂的粒子分析和线追踪技术；

热工分析：计算任意区域的冷热负荷，逐时分析全年各种热力学指标；

通风和气流分析：将模型相关内容导出到CFD（流体动力学）工具中，完成分析和计算后导入回Ecotect Analysis并完成可视化。

6.3.2.3　Ecotect生态建筑大师采光分析流程

（1）建模　目前应用较多的是Ecotect的日照和采光模拟，可以利用Ecotect的功能建模，或者是导入.dxf文件作为底图，但是一般做法是导入CAD或SketchUP的现成的模型（.3ds文件）。注意导入的模型，不同的部位设置为不同的图层，且图层用英文命名，兼容性会更好。进行声学和能耗模拟，则需要在Ectotect中自行建立三维模型。

（2）对模型进行参数设计　对模型各个部位如墙面、屋顶、底板、窗户等选择材质并根据需要的模拟项进行参数设计，一般包括可见光透过率、长波透过率、吸收率，镜面度、粗糙度、综合传热稀疏度。还需设置房屋的地理位置和模拟的时间，如经纬度、模拟日期、时点的情况等。编辑分析网格，网格大小一定要设置合理。

（3）模型计算输出结果　用lighting levels进行计算或Radiance进行分析。计算分析过程简单快捷，结果直观。模型最后还可以输出到渲染器Radiance中进行逼真的效果图渲染，还可以导出成为VRML动画，为人们提供一个三维动态的观赏途径，结果可以导出为量化的分析数据，以分析表格的形式呈现出来。

6.3.3　Green Building Studio

6.3.3.1　简介

Green Building Studio（GBS）是Autodesk公司开发的一款基于WEB的建筑整体能耗、水资源和碳排放的分析工具。因为是在线软件，所以，信息共享和多方协作成为了其先天优势，在登入其网站并创建基本项目信息后，用户可以用插件将Revit等BIM软件中的模型导出gbXML并上传到GBS的服务器上。其采用了目前流行的云计算技术，具有强大的数据处理能力和效率，计算结果将即时显示并可以进行导出和比较。同时，其强大的文件格式转换器，可以成为BIM模型与专业的能量模拟软件之间的无障碍桥梁。

6.3.3.2　主要功能及使用流程

GBS的主要功能包括：能耗和碳排放计算；碳排放报告；建筑整体能耗分析；水资源利用和支出评估；光伏发电潜力；Energy STAR评分；针对LEED进行自然采光评价；项目地理信息；精确气象模拟/详细气候分析；风能潜力；自然通风潜力；方案比较。

使用流程：在Revit中创建模型-导出gbXML格式的文件-在Green Building Studio创建新的方案；建筑形式/操作流程；项目位置/气象站-打开项目并使其保持默认设置-使用Green Building Studio客户端上传gbXML格式的文件-对基地项目进行分析-创建不同的设计方案并对分析结果进行比较。

6.3.4　EnergyPlus

6.3.4.1　简介

EnergyPlus 是一个没有图形界面的独立的模拟程序，所有的输入和输出都以文本文件的形式来完成。可用于模拟建筑的供暖供冷、采光、通风以及能耗和水资源状况。它的计算是基于BLAST和DOE-2的一些最常用的分析计算，当然，也有很多独创模拟能力，例如模拟时间步长低于1小时，模组系统，多区域气流，热舒适度，水资源使用，自然通风以及光伏系统等。目前，有相当多的软件已经为EnergyPlus做了UI，或以它为引擎，例如CYPE-Building Services，DesignBuilder，Easy EnergyPlus，EFEN，EPlusInterface等。其中Easy EnergyPlus是天津大学的团队开发的，有完整的中文版可供使用。据了解，EnergyPlus的目标是成为计算核心。

6.3.4.2 主要特点

① 采用集成同步的负荷/系统/设备的模拟方法；

② 在计算负荷时，用户可以定义小于1h的时间步长，在系统模拟中，时间步长自动调整；

③ 采用热平衡法模拟负荷；

④ 采用CTF模拟墙体、屋顶、地板等的瞬态传热；

⑤ 采用三维有限差分土壤模型和简化的解析方法对土壤传热进行模拟；

⑥ 采用联立的传热和传质模型对墙体的传热和传湿进行模拟；

⑦ 采用基于人体活动量、室内温湿度等参数的热舒适模型模拟热舒适度；

⑧ 采用各向异性的天空模型以改进倾斜表面的天空散射强度；

⑨ 先进的窗户传热的计算，可以模拟包括可控的遮阳装置、可调光的电铬玻璃等；

⑩ 日光照明的模拟，包括室内照度的计算、眩光的模拟和控制、人工照明的减少对负荷的影响等；

⑪ 基于环路的可调整结构的空调系统模拟，用户可以模拟典型的系统，而无需修改源程序；

⑫ 与一些常用的模拟软件链接，如WINDOW5、COMIS、TRNSYS、SPARK等，以便用户对建筑系统做更详细的模拟；

⑬ 源代码开放，用户可以根据自己的需要加入新的模块或功能。

6.3.4.3 负荷模拟

EnergyPlus是一个建筑能耗逐时模拟引擎，采用集成同步的负荷/系统/设备的模拟方法。在计算负荷时，时间步长可由用户选择，一般为10～15分钟。在系统的模拟中，软件会自动设定更短的-30-步长（小至数秒，大至1小时）以便于更快地收敛。EnergyPlus采用CTF来计算墙体传热，采用热平衡法计算负荷。CTF实质上还是一种反应系数，但它的计算更为精确，因为它是基于墙体的内表面温度，而不同于一般的基于室内空气温度的反应系数。热平衡法是室内空气、围护结构内外表面之间的热平衡方程组的精确解法，它突破了传递函数法（TFM）的种种局限，如对流换热系数和太阳辐射得热可以随时间变化等。在每个时间步长，程序自建筑内表面开始计算对流、辐射和传湿。由于程序计算墙体内表面的温度，可以模拟辐射式供热与供冷系统，并对热舒适进行评估。

区域之间的气流交换可以通过定义流量和时间表来进行简单的模拟，也可以通过程序链接的COMIS模块对自然通风、机械通风及烟囱效应等引起的区域间的气流和污染物的交换进行详细的模拟。

COMIS是LBNL开发的用来模拟建筑外围护结构的渗透、区域之间的气流与污染物交换的免费专业分析软件（specialized analysis tools）。窗户的传热和多层玻璃的太阳辐射得热可以用WINDOW5（LBNL开发的计算窗户热性能的免费专业分析软件）计算。

遮阳装置可以由用户设定，根据室外温度或太阳入射角进行控制。人工照明可以根据日光照明进行调节。在EnergyPlus中采用各向异性的天空模型对DOE-2的日光照明模型进行了改进，以更为精确地模拟倾斜表面上的天空散射强度。

6.3.4.4　系统模拟

系统模拟EnergyPlus采用模块化的系统模拟方法，时间步长可变。空调系统由很多个部件所构成这些部件包括风机、冷热水及直接蒸发盘管、加湿器、转轮除湿、蒸发冷却、变风量末端、风机盘管等。部件的模型有简单的，也有复杂的，输入的复杂性也不同。这些部件由模拟实际建筑管网的水或空气环路（loop）连接起来，每个部件的前后都需设定一个节点，以便连接。这些连接起来的部件还可以与房间进行多环路的连接，因此可以模拟双空气环路的空调系统（如独立式新风系统，Dedicated Outdoor Air System，DOAS）。一些常用的空调系统类型和配置已做成模块，包括双风道的定风量空气系统和变风量空气系统、单风道的定风量空气系统和变风量空气系统、组合式直接蒸发统、热泵、辐射式供热和供冷系统、水环热泵、地源热泵等。

6.3.4.5　设备模拟

EnergyPlus模拟的冷热源设备包括吸收式制冷机、电制冷机、引擎驱动的制冷机、燃气机制冷机、锅炉、冷却塔、柴油发电机、燃气轮机、太阳能电池等。这些设备分别用冷冻水、热水和冷却水回路连接起来。设备模型采用曲线拟合方法。

6.3.5　DeST

6.3.5.1　简介

DeST是Designer’s Simulation Toolkit的缩写，意为设计师的模拟工具箱。开始立足于建筑环境模拟，软件的研发开始于1989年，1992年以前命名为BTP（Building Thermal Performance），以后逐步加入空调系统模拟模块，命名为IISABRE。为了解决实际设计中不同阶段的实际问题，更好地将模拟技术投入到实际工程应用中，从1997年开始在IISABRE的基础上开发针对设计的模拟分析工具DeST，并于2000年完成DeST 1.0版本并通过鉴定，2002年完成DeST住宅版本（DeST-h）。如今DeST已在我国、欧洲各国、日本等广泛使用。

DeST是建筑环境及HVAC系统模拟的软件平台，该平台以清华大学建筑技术科学系环境与设备研究所十余年的科研成果为理论基础，将现代模拟技术和独特的模拟思想运用到建筑环境的模拟和HVAC系统的模拟中去，为建筑环境的相关研究和建筑环境的模拟预测、性能评估提供了方便、实用、可靠的软件工具，为建筑设计及HVAC系统的相关研究和系统的模拟预测、性能优化提供了一流的软件工具。

6.3.5.2　主要应用

目前DeST有两个版本，应用于住宅建筑的住宅版本（DeST-h）及应用于商业建筑的商建版本（DeST-c）。

住宅建筑热环境模拟工具包（DeST-h）为国家自然科学基金重点项目“住区微气候工程热物理问题研究”编号59836250的子课题，是在清华大学建筑环境与设备研究所十余年的科研成果的基础上，由清华大学建筑技术科学系研制开发的面向住宅类建筑的设计、性能预测及评估并集成于AutoCAD R14上的辅助设计计算软件。

DeST-h主要用于住宅建筑热特性的影响因素分析、住宅建筑热特性指标的计算、住宅建筑的全年动态负荷计算、住宅室温计算、末端设备系统经济性分析等领域。

DeST-c是DeST开发组针对商业建筑特点推出的专用于商业建筑辅助设计的版本，根据建筑及其空调方案设计的阶段性，DeST-c对商业建筑的模拟分成建筑室内热环境模拟、空调方案模拟、输配系统模拟、冷热源经济性分析几个阶段，对应的服务于建筑设计的初步设计（研究建筑物本身的特性）、方案设计（研究系统方案）、详细设计（设备选型、管路布置、控制设计等）几个阶段，很好地根据各个阶段设计模拟分析反馈以指导各阶段的设计。

DeST-c具体应用主要体现在如下几个方面。

① 在建筑设计阶段为建筑围护结构方案（窗墙比、保温等）以及局部设计为建筑师提供参考建议。

② 在空调方案设计阶段模拟分析空调系统分区是否合理、比较不同空调方案经济性、预测不同方案未来的室内热状况、不满意率情况。

③ 在详细设计阶段通过输配系统的模拟指导风机、泵设备的选型以及不同输送系统方案的经济性。冷热源经济性分析指导设计者选择合适的冷热源。

DeST-c现已广泛用于商业建筑设计过程中，先后应用于国家大剧院、深圳文化中心等大型商业建筑的设计过程，并对中央电视台、解放军总医院、北京城乡贸易中心、发展大厦等多栋建筑空调系统改造进行模拟给出改造方案。

6.3.6 Cadna/A

Cadna/A软件流程设计合理，功能齐全，用户界面友好，操作方便，易于掌握使用，预测结果直观可靠。从声源定义、参数设定、模拟计算到结果表述与评价构成一个完整的系统，可实现功能转换和源、构建物与受体点的确定，具有多种数据输入接口和输出方式。特别是三维彩色图形输出方式使预测结果更加可视化和形象化。Cadna/A软件计算原理源于国际标准化组织规定的《户外声传播的衰减的计算方法》(ISO 9613-2:1996)。软件中对噪声物理原理的描述、声源条件的界定、噪声传播过程中应考虑的影响因素以及噪声计算模式等方面与国际标准化组织的有关规定完全相同。我国公布的《声学户外声传播的衰减第2部分：一般计算方法》(GB/T 17247.2—1998)，等效采用了国际标准化组织规定的ISO 9613-2:1996标准。Cadna/A软件的计算方法和我国声传播衰减的计算方法原则上是一致的。

Cadna/A 软件广泛适用于多种噪声源的预测、评价、工程设计和研究，以及城市噪声规划等工作，其中包括工业设施、公路和铁路、机场及其他噪声设备。软件界面输入采用电子地图或图形直接扫描，定义图形比例按需要设置。对噪声源的辐射和传播产生影响的物体进行定义，简单快捷。按照各国的标准计算结果和编制输出文件图形，显示噪声等值线图和彩色噪声分布图。在建筑领域，我们主要用来对建筑物周围噪声进行模拟。

Cadna/A 具有较强的计算模拟功能：可以同时预测各类噪声源（点声源、线声源、任意形状的面声源）的复合影响，对声源和预测点的数量没有限制，噪声源的辐射声压级和计算结果既可以用A计权值表示，也可以不同频段的声压值表示，任意形状的建筑物群、绿化林带和地形均可作为声屏障予以考虑。由于参数可以调整，可用于噪声控制设计效果分析，其屏障高度优化功能可以广泛用于道路等噪声控制工程的设计。

6.3.7 TRNSYS

6.3.7.1 简介

TRNSYS软件最早是由美国Wisconsin-Madison大学Solar Energy实验室（SEL）开发的，并在欧洲一些研究所的共同努力下逐步完善，迄今为止其最新版本为V17。美国的Thermal Energy Systems Specialists（TESS）专门开发出针对暖通空调系统的各种模块。TRNSYS的全称为Transient System Simulation Program，即瞬时系统模拟程序。TRNSYS软件由一系列的软件包组成：Simulation Tudio、TRNBuild、TRNEdit、TRNOPT。

6.3.7.2 主要特点

模块的源代码开放，用户根据各自的需要修改或编写新的模块并添加到程序库中；计算灵活，模块化开放式结构，用户可以根据需要任意建立连接，形成不同系统的计算程序；形成终端用户程序，为非TRNSYS用户提供方便；输出结果可在线输出100多个系统变量，可形成EXCEL计算文件；与EnergyPlus、MATLAB等其他软件建立链接。

6.3.7.3 TRNSYS软件的应用

（1）建筑物全年逐时负荷计算　TRNSYS软件能进行建筑物全年逐时负荷计算，TRNSYS 17最大的特点就是可以根据建筑的实际造型，在Google Sketchup中进行三维建模，软件也可以支持很多热区的复杂计算。负荷计算的结果可以很方便地以图表的形式展现出来。

（2）建筑物全年能耗计算以及系统优化　TRNSYS软件在负荷计算的基础上能进行系统能耗的计算以及系统优化。由于软件本身是模块化的特点，系统的建模能在软件很全面、精确地展现。软件中提供众多系统模块，用户可以很方便地像搭积木的方式一样完成系统的搭接，修改系统的参数与配置进行系统的优化。

（3）太阳能系统模拟计算　TRNSYS软件一个很大优势就在于太阳能系统模拟。软件最原始开发方为美国Wisconsin-Madison大学Solar Energy实验室，软件早期为一个太阳领域的专业软件。因此，在各种太阳能系统的模拟计算上具有很大优势，涵盖的面较宽。可以做太阳能热水系统、太阳能光伏系统、太阳能热发电系统。

（4）地源热泵系统模拟计算　TRNSYS软件在中国被很多用户开始接受都是和地源热泵在中国的发展息息相关的。TRNSYS软件中地下模型，尤其是垂直地埋管模型软件本身的一大特色。TRNSYS软件采用国际公认的g-function算法，可以进行地埋管的换热计算、土壤热平衡校核以及复合式地源热泵系统计算。

（5）地板辐射供暖、供冷系统模拟计算　TRNSYS软件可以进行地板辐射供暖、供冷系统模拟计算，计算结果的可靠性有相应的实验数据来支撑，可以广泛应用在温湿度独立控制、地板采暖、顶棚冷辐射等工程和项目中。

（6）蓄冷、蓄热系统模拟计算　TRNSYS软件中关于蓄冷、蓄热的模块较为丰富，各种蓄热模型：水箱、岩石、冰蓄冷等均有对应的模块。TRNSYS软件中还有地下蓄热等方面各种形式的模块。TRNSYS软件被广泛应用在短期、季节甚至长期蓄热项目中。

（7）电力系统模拟计算　TRNSYS软件中光影电力系统方面的模型较为全面，广泛地被应用在太阳能热发电、普通发电、燃料电池、冷热电三联供等项目和研究中。

6.3.8 Designbuilder

Designbuilder软件基于EnergyPlus中的Ashare-approved热平衡法计算冷热负荷。软件中也包括气象数据，可利用逐时气象数据计算模拟建筑物在实际条件下得能耗运作情况。可以校核优化设计方案对重要设计参数的影响，例如对能量消耗、某时间段的过热量、二氧化碳排放量等的影响。综合的模拟结果可以显示为：年、月、日、小时，甚至小于每小时的时间步长，可以输出以下模拟结果。

① 建筑能耗，表示为燃料或电能的消耗。

② 室内空气温度、平均辐射温度、实效温度及湿度。

③ 室内舒适度，包括过冷或者过热的时间分布曲线，ASHRAE的55种舒适标准：Fanger PMV，Pierce PMV ET，Pierce PMV SET，Pierce Discomfort Index（DISC），Pierce Thermal Sens，Index（TSENS），Kansas Uni TSV。

④ 当地的气象数据。

⑤ 通过建筑物围护结构的传热量，包括墙体、屋顶、渗透、通风等。

⑥ 供热和制冷负荷。

⑦ 二氧化碳产生量。

建筑环境模拟结果的显示无需导入任何外部工具，整个模拟过程和结果的显示分析由软件自动完成。

6.3.9 Phoenics

6.3.9.1 简介

Phoenics是Parabolic Hyperbolic Or Elliptic Numerical Integration Code Series的缩写，这意味着只要有流动和传热都可以使用Phoenics来模拟计算。除了通用计算流体/计算传热学软件应该拥有的功能外，Phoenics有着自己独特的功能。Phoenics是世界上第一套计算流体与计算传热学商业软件，它是国际计算流体与计算传热的主要创始人、英国皇家工程院院士D. B. Spalding教授及40多位博士20多年心血的典范之作。

6.3.9.2 主要特点

① 开放性：Phoenics最大限度地向用户开放了程序，用户可以根据需要任意修改添加用户程序、用户模型。PLANT及INFORM功能的引入使用户不再需要编写FORTRAN源程序，GROUND程序功能使用户修改添加模型更加任意和方便。

② CAD接口：Phoenics可以读入任何CAD软件的图形文件。

③ MOVOBJ：运动物体功能可以定义物体运动，避免了使用相对运动方法的局限性。

④ 大量的模型选择：20多种湍流模型，多种多相流模型，多流体模型，燃烧模型，辐射模型。

⑤ 提供了欧拉算法也提供了基于粒子运动轨迹的拉格朗日算法。

⑥ 计算流动与传热时能同时计算浸入流体中的固体的机械和热应力。

⑦ VR（虚拟现实）用户界面引入了一种崭新的CFD建模思路。

⑧ PARSOL（CUT CELL）：部分固体处理。

⑨ 软件自带1000多个例题，附有完整的可读可改的原始输入文件。

⑩ Phoenics专用模块：建筑模块（FLAIR）、电站锅炉模块（COFFUS）。

6.3.10 RAYNOISE

6.3.10.1 简介

RAYNOISE是比利时声学设计公司LMS开发的一种大型声场模拟软件系统。其主要功能是对封闭空间或者敞开空间以及半闭空间的各种声学行为加以模拟。它能够较准确地模拟声传播的物理过程，包括：镜面反射、扩散反射、墙面和空气吸收、衍射和透射等现象，并能最终重造接收位置的听音效果。该系统可以广泛应用于厅堂音质设计、工业噪声预测和控制、录音设备设计、机场、地铁和车站等公共场所的语音系统设计以及公路、铁路和体育场的噪声估计等。

6.3.10.2　RAYNOISE系统的基本原理

RAYNOISE系统实质上也可以认为是一种音质可听化系统。它主要以几何声学为理论基础。几何声学假定声学环境中声波以声线的方式向四周传播，声线在与介质或界面（如墙壁）碰撞后能量会损失一部分，这样，在声场中不同位置声波的能量累积方式也有所不同。如果把一个声学环境当作线性系统，则只需知道该系统的脉冲响应就可由声源特性获得声学环境中任意位置的声学效果。因此，脉冲响应的获得是整个系统的关键。以往多采用模拟方法，即利用缩尺模型来获得脉冲响应。20世纪80年代后期以来，随着计算机技术的高速发展，数字技术正逐渐占据主导地位。数字技术的核心就是利用多媒体计算机进行建模，并编程计算脉冲响应。该技术具有简便、快速以及精度可以不断改善的特点，这些是模拟技术所无法比拟的。计算脉冲响应有两种著名的方法：虚源法（Mirror Image Source Method，MISM）和声线跟踪法（Ray Tracing Method，RTM）。两种方法各有利弊。后来，又产生了一些将它们相结合的方法，如圆锥束法（Conical Beam Mehtod，CBM）和三棱锥束法（Triangular Beam Method，TBM）。RAYNOISE将这两种方法混合使用作为其计算声场脉冲响应的核心技术。

6.3.10.3　主要应用

RAYNOISE可以广泛应用于工业噪声预测和控制、环境声学、建筑声学以及模拟现实系统的设计等领域，但设计者的初衷还是在房间声学，即主要用于厅堂音质的计算机模拟。进行厅堂音质设计，首先要求准确快速地建立厅堂的三维模型，因为它直接关系到计算机模拟的精度。RAYNOISE系统为计算机建模提供了友好的交互界面。用户既可以直接输入由AutoCAD或HYPERMESH等产生的三维模型，也可以由用户选择系统模型库中的模型。

降噪工程设计的模拟方法有以下步骤。

① 先将建筑构筑物按实际尺寸的比例输入电脑建模，再将噪声源的分布位置与噪声值输入电脑，RAYNOISE系统便会反映出建筑构筑物内的声场环境（用色谱显示）。

② 将各种声学措施及其降噪量输入电脑建模，RAYNOISE 系统又会反映出建筑构筑物内的声场环境变化（通过颜色的变化来识别）。

③ 按照甲方指定的劳动保护区域，根据声学计算与工程经验多次调整声学措施的安装位置与安装量，从若干个模拟结果中选择出能使保护区域声环境达标的性价比最为合理的方案。

RAYNOISE 系统可以根据现实噪声实测数值十分准确地仿真出声场分布和音质参数，对不同方案进行模拟，预测与检验降噪效果，查找设计薄弱环节，进行优化设计。在此之前仅通过声学计算和工程经验还无法实现噪声治理中的“局部降噪”技术，通过应用RAYNOISE 系统不仅实现了“局部降噪”技术设想，还可精确地完成各种类型的声学设计。

6.3.11　Fluent

6.3.11.1　简介

Fluent是目前国际上比较流行的商用CFD软件包，在美国的市场占有率为80%，凡是和流体、热传递和化学反应等有关的工业均可使用。它具有丰富的物理模型、先进的数值方法和强大的前后处理功能，在建筑、航空航天、汽车设计、石油天然气和涡轮机设计等方面都有着广泛的应用。

Fluent软件提供了友好的用户界面，并为用户提供了二次开发接口（UDF）；Fluent软件采用C/C++语言编写，从而大大提高了对计算机内存的利用率。

在CFD软件中，Fluent软件是目前国内外使用最多、最流行的商业软件之一。Fluent的软件设计基于“CFD计算机软件群的概念”，针对每一种流动的物理问题的特点，采用适合于它的数值解法，在计算速度、稳定性和精度等各方面达到最佳。由于囊括了Fluent Dynamical International比利时PolyFlow和Fluent Dynamical International（FDI）的全部技术力量（前者是公认的在黏弹性和聚合物流动模拟方面占领先地位的公司，后者是基于有限元方法CFD软件方面领先的公司），因此Fluent具有以上软件的优点。

6.3.11.2 基本特点

① Fluent软件采用基于完全非结构化网格的有限体积法，而且具有基于网格节点和网格单元的梯度算法。

② 定常/非定常流动模拟，而且新增快速非定常模拟功能。

③ Fluent软件中的动/变形网格技术主要解决边界运动的问题，用户只需指定初始网格和运动壁面的边界条件，余下的网格变化完全由解算器自动生成。网格变形方式有三种：弹簧压缩式、动态铺层式以及局部网格重生式。其局部网格重生式是Fluent所独有的，而且用途广泛，可用于非结构网格、变形较大问题以及物体运动规律事先不知道而完全由流动所产生的力所决定的问题。

④ Fluent软件具有强大的网格支持能力，支持界面不连续的网格、混合网格、动/变形网格以及滑动网格等。值得强调的是，Fluent软件还拥有多种基于解的网格的自适应、动态自适应技术以及动网格与网格动态自适应相结合的技术。

⑤ Fluent软件包含三种算法：非耦合隐式算法、耦合显式算法、耦合隐式算法，是商用软件中最多的。

⑥ Fluent软件包含丰富而先进的物理模型，使得用户能够精确地模拟无黏流、层流、湍流。湍流模型包含Spalart-Allmaras模型、k-ω 模型组、k-ε模型组、雷诺应力模型（RSM）组、大涡模拟模型（LES）组以及最新的分离涡模拟（DES）和V2F模型等。另外用户还可以定制或添加自己的湍流模型。

⑦ 适用于牛顿流体、非牛顿流体。

⑧ 含有强制/自然/混合对流的热传导，固体/流体的热传导、辐射。

⑨ 化学组分的混合/反应。

⑩ 自由表面流模型，欧拉多相流模型，混合多相流模型，颗粒相模型，空穴两相流模型，湿蒸汽模型。

⑪ 融化溶化/凝固；蒸发/冷凝相变模型。

⑫ 离散相的拉格朗日跟踪计算。

⑬ 非均质渗透性、惯性阻抗、固体热传导，多孔介质模型（考虑多孔介质压力突变）；风扇，散热器，以热交换器为对象的集中参数模型。

⑭ 惯性或非惯性坐标系，复数基准坐标系及滑移网格。

⑮ 动静翼相互作用模型化后的接续界面。

⑯ 基于精细流场解算的预测流体噪声的声学模型。

⑰ 质量、动量、热、化学组分的体积源项。

⑱ 丰富的物性参数的数据库。

⑲ 磁流体模块主要模拟电磁场和导电流体之间的相互作用问题。

⑳ 连续纤维模块主要模拟纤维和气体流动之间的动量、质量以及热的交换问题。

㉑ 高效率的并行计算功能，提供多种自动/手动分区算法；内置MPI并行机制大幅度提高并行效率。

6.3.11.3　模块组成

Gambit——专用的CFD前置处理器，Fluent系列产品皆采用Fluent公司自行研发的Gambit前处理软件来建立几何形状及生成网格，是一具有超强组合建构模型能力之前处理器，然后由Fluent进行求解。也可以用ICEM CFD进行前处理，由TecPlot进行后处理。

Fluent基于非结构化网格的通用CFD求解器，针对非结构性网格模型设计，是用有限元法求解不可压缩流及中度可压缩流流场问题的CFD软件。可应用的范围有紊流、热传、化学反应、混合、旋转流（rotating flow）及震波（shocks）等。在涡轮机及推进系统分析都有相当好的结果，并且对模型的快速建立及shocks处的格点调适都有相当好的效果。

Fidap——基于有限元方法的通用CFD求解器，为一专门解决科学及工程上有关流体力学传质及传热等问题的分析软件，是全球第一套使用有限元法于CFD领域的软件，其应用的范围有一般流体的流场、自由表面的问题、紊流、非牛顿流流场、热传、化学反应等。FIDAP本身含有完整的前后处理系统及流场数值分析系统。对问题整个研究的程序，数据输入与输出的协调及应用均极有效率。

Polyflow——针对黏弹性流动的专用CFD求解器，用有限元法仿真聚合物加工的CFD软件，主要应用于塑料射出成形机、挤型机和吹瓶机的模具设计。

Mixsim——针对搅拌混合问题的专用CFD软件，是一个专业化的前处理器，可建立搅拌槽及混合槽的几何模型，不需要一般计算流力软件的冗长学习过程。它的图形人机接口和组件数据库，让工程师直接设定或挑选搅拌槽大小、底部形状、折流板之配置、叶轮的型式等。MixSim随即自动产生3维网络，并启动Fluent作后续的模拟分析。

Icepak——专用的热控分析CFD软件，专门仿真电子电机系统内部气流、温度分布的CFD分析软件，特别是针对系统的散热问题作仿真分析，由模块化的设计快速建立模型。

6.3.11.4　建筑行业应用说明

① 高层设计；

② 复杂建筑设计；

③ 张拉膜结构设计；

④ 塔楼设计；

⑤ 砌体房屋结构维护；

⑥ 建筑物基础设计；

⑦ 建筑物内热舒适环境优；

⑧ 设计与火灾热影响分析；

⑨ 室外风环境模拟；

⑩ 室内自然通风的模拟；

⑪ 室内空调系统运行效果分析；

⑫ 大空间空调系统的辅助设计；

⑬ 建筑风载的预测；

⑭ 大型建筑的消防性能化设计；

⑮ 污染物的扩散等。

6.3.12 IES分析软件

IES〈VE〉是英国Integrated Environmental Solutions公司旗下的建筑性能模拟和分析软件。因为IES的集成化，整合了许多模块，可以进行采光、日照等分析，使其在做建筑性能模拟分析方面体现出巨大的优越性和灵活性，不仅如此，IES还提供了很多独创性的分析内容，例如，进行人员疏散模拟分析、投资运行费用分析等，极大地丰富了IES的软件构件，为未来进一步的发展奠定了基础。

〈Virtual Environment〉(〈VE〉)是为建筑师、工程师、规划师以及设备运行经理所提供的一个独特的、集成化的建筑性能分析软件。用这个软件可以在一个相同的界面下建立一个统一的建筑物理模型，用于各种性能的分析。这意味着人们不再像原来那样，为实现多个性能的分析而需要反复地输入数据，这样就可以把设计分析的时间减到最小。〈VE〉带给人们的不仅仅是技术上的进步，更多的是创新的能力、市场差异化以及商业优势。

热模块和照明模块式是IES的核心模块，这两模块的计算引擎都保持了足够的先进性，如热模块中的空调系统的模拟分析、自然通风模拟分析。它可以利用当地的气象数据分析室外温度对能耗的影响，人体、设备等的状态可以很具体地用数据描述出来，在模拟自然通风时，可以设定开窗的大小，而不是像其他软件一样简单地在外墙上开洞。另外，其照明模块以Radiance为内核，确保了计算的权威性。

其主要模块和主要功能表现在：ModelIT，三维建模工具，提供IDM（Integrated Data Model）集合数据模型；ApacheCal，供暖，制冷负荷计算工具，使用CIBSE制定的流程；ApacheSim，IES〈VE〉的核心组件，动态负荷计算工具，可逐时模拟分析建筑的负荷；ApacheHVAC，建筑空调系统模拟工具；Flucs，采光分析，设计工具，分为FlucsDL和FlucsPro，前者只能进行日光分析。Radiance，非常权威的建筑采光模拟组件，使用高级光追踪技术；SunCast，日照分析工具；CostPlan，初投资分析工具；LifeStyle，运行费用分析工具；Simulex，疏散分析工具，模拟正常/紧急情况下的人流疏散行为；Lisi，电梯分析工具；IndusPro，管路尺寸计算；Pisces，冷热水管路尺寸计算；Taps，自来水管路尺寸计算；Field，电线尺寸计算；MicroFlo，室内外流体力学模拟。图6.7所示为IES〈VE〉室内采光分析示意。

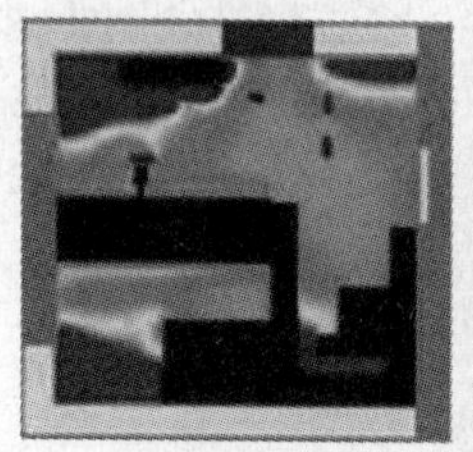
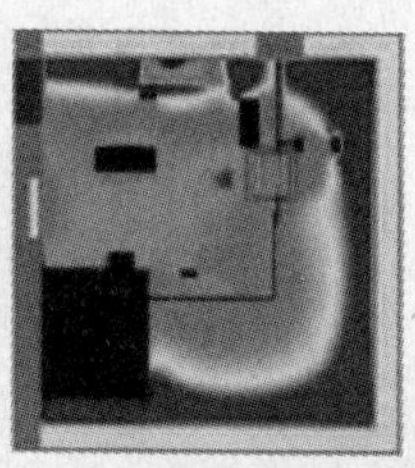

图6.7 IES<VE>室内采光分析示意

IES〈VE〉已经成为英国以至于欧洲市场占有量最大的生态建筑模拟分析软件，在美国也取得了骄人的业绩。需要特别指出的是，IES〈VE〉除了兼容gbXML以外，同时提供Revit和

SketchUp的插件，用来精确传递模型信息。因为软件里面整合的规范和材料等与我国的实际情况不相符，所以还存在需本土化的问题。

6.4 PKPM软件

6.4.1 简介

PKPM是中国建筑科学研究院研发的建筑工程软件之一，PKPM是一个系列，有建筑、结构、设备（给排水、采暖、通风空调、电气）设计于一体的集成化CAD系统、PKPM建筑概预算系列（钢筋计算、工程量计算、工程计价）、施工系列（投标系列、安全计算系列、施工技术系列）、施工企业信息化。PKPM在国内设计行业占有绝对优势，主要用于结构设计。

6.4.2 主要功能

6.4.2.1 建筑模型的建立

直接从DWG文件中提取建筑模型进行节能设计。可以最大限度地减轻建筑师的工作量，在方案、扩初和施工图等不同设计阶段方便地进行节能设计，避免了二次建模的工作。

使用建模软件进行建模，PKPM软件提供了自带的建模工具，可以快速高效地完成建筑模型的建立。

可以直接利用PKPM系软件的PMCAD建模数据。如果有了PMCAD的数据，则可以直接进行下一步的节能设计工作。

6.4.2.2 建筑节能设计计算

帮助设计师完成所有相关的热工计算，提供了大量不同保温体系的墙体、屋面和楼板类型，可方便地查询各种保温体系的适用范围和特点。

自动计算建筑物的体形系数和窗墙比等参数，直接读取建筑师在建筑设计中的各种门、窗、墙、屋面、柱、房间等设计参数，进行节能设计，并根据《节能设计标准规范》进行自动校核验算。

6.4.2.3 动态能耗分析计算

PKPM所采用的动态能耗分析计算程序，依据《夏热冬冷地区的居住建筑节能设计标准》（JGJ 134—2001）的规定，按各地的全年气象数据，对建筑物进行全年8760小时的逐时能耗分析计算，计算出每平方米建筑面积的年采暖、空调冷热量指标和耗电量指标，并自动依据《夏热冬冷地区居住建筑节能设计标准》进行判断比较。当计算结果不符合节能设计标准的要求时，使用软件的维护结构设计功能，可以方便地让我们的设计满足节能设计的要求。

6.4.2.4 节能建筑的经济指标核算

① 能进行节能和非节能设计的工程造价比较；

② 能进行在达到相同保温效果下分析不同保温系统的工程造价比较；

③ 帮助设计师和甲方选择最为合理的保温系统；

④ 节能设计说明书和计算书；

⑤ PKPM软件可生成符合设计和审图要求的输出文件。

6.4.3 软件特点

6.4.3.1 简单

对建筑师无需掌握热力学原理，只要一次按键就可以得到相应的帮助。各种计算机结果以不同的颜色直观地显示设计图纸上。

6.4.3.2 人性

避免形成一个单纯的计算程序，在设计过程中随时帮助检验是否符合规范的标准，如窗墙比、围护结构的传热系数。各种需要的数据自动读取，生成计算结果直接输出，并形成帮助说明。克服单纯的计算软件所产生的设计过程和计算过程无法很好结合的弊端。

6.4.3.3 智能

如果在设计过程中缺少必要的参数，自动以缺省参数作为第一选择，并作相应的记录，以方便建筑师以后修改和设定。这样在保持设计的连贯性的同时，也方便了设计者的再次修改。

6.5 本章小结

综合利用这些软件可以对建筑各阶段的能耗进行掌控，由于时间和精力的原因，本章没有对每个软件的详细功能以及使用步骤等进行详细的说明，只是对常用的一些软件的特点、主要功能进行简单的介绍，意在让大家对这些软件有个初步的了解，如有什么纰漏希望大家能予以原谅。

第 7 章 国家及部分地方有关绿色建筑政策

我国是能源消耗大国，目前全国单位建筑面积能耗是发达国家的2～3倍，面对严峻的事实，要实现全面建设小康社会和实现经济社会可持续发展的战略目标，发展节能与绿色建筑刻不容缓，它是调整房地产业结构和转变建筑业增长方式，转变经济增长方式，促进经济结构调整的迫切需要；是按照减量化、再利用、资源化的原则，促进资源综合利用，建设节约型社会，发展循环经济的必然要求；是坚持走生产发展、生活富裕、生态良好的文明发展道路的重要体现；是节约能源，保障国家能源安全的关键环节；是探索解决建设行业高投入、高消耗、高污染、低效益的根本途径；是改造和提升传统的建筑业、建材业的重要手段。

中国绿色建筑发展的具体目标是大力推动新建住宅和公共建筑严格实施节能50%设计标准，直辖市及有条件地区实施节能65%标准。绿色建筑推进现阶段以加大新建建筑节能为主要突破口，同时推进既有建筑改造。到2020年，新建建筑对不可再生资源的总消耗比2010年再下降20%。

7.1 绿色建筑业政策支持的重要性

7.1.1 现建筑业高效节能为什么需要政策支持?

建筑对于实现可持续的能源发展至关重要，通过合理的设计与控制，不仅能够达到节能50%～90%的效果，还能够保障国家能源安全与发展，提供就业岗位、帮助脱贫致富，提高居民生活水平，增强社会竞争力，增加房产价值，同时节约资源保护环境。然而，由于市场结构复杂，要实现预定的节能目标，往往需要不同行业与部门同时协作。因此，急需政策来统筹协调不同行业与部门，共同克服多重障碍，加强行动激励，从而实现建筑业与家电市场高效节能，努力创造多重收益。

7.1.2 值得追求——建筑节能的巨大潜力

建筑是一个复杂的系统，其每年的能耗取决于不同的因素，如基本的供暖、制冷、照明，以及其他家用电器。正是这些不同的最终用途，拥有巨大的节能潜力，为实现建筑节能创造了条件。

建筑高效节能对于可持续发展、气候变化和资源保护以及降低世界范围的能源危机非常重要。要知道，全球范围内大约40%的最终能耗需求来自于建筑，并且与能源相关的CO_2排放量三分之一与建筑相关。尽早地采用综合的高效节能设计和技术能大量地减少能耗和碳排放量。

与传统的新建建筑相比，新的超低能耗建筑在供暖与制冷方面所需的最终能耗减少了60%～90%，并且在全球多数地区都能够经济节约地实现。同样，对既有建筑进行翻修改造也能达到类似的节能效果。全面的高效节能改造（“深翻新”）可以达到最终节能50%～90%的效果。

建筑内使用高效节能的家电产品能进一步提高节能效果。与非节能产品相比，目前市面上多数的节能家电产品在提供同等功能和服务的同时，能节能60%～85%。比如冰箱、冷柜能节能60%，电视机可节能65%，电脑显示器则超过了80%。

如果这些能够得到政策的支持，在市场中也得以实现，到2030年，全球年电力需求可节约1500亿千瓦时，年减排$CO_2$1000万吨。全球电力需求将降低4.6%，CO_2减排6.5%。这些有赖于更为严厉的政策来解决住宅、商业、工业部门的能效问题。

因此，对于世界各地的决策者来说，密切关注这些节能潜力巨大的节能产业发展动态是明智之举。更为重要的是，我们必须摒弃现行的“多快好省”的发展模式。因为这种做法忽视了生命周期成本，造成建筑和电器在其生命周期中耗废大量的能源与财力。

7.1.3 建筑高效节能的协同效益

提高建筑能耗性能或者采用节能家电，除了能够激发所有相关行业巨大的节能潜力，实现成本效益最大化，还能够获得一系列的额外的协同效益。由于直接能耗开支的减少，这些协同效益可能会为同一领域带来经济效益。更有趣的是，这些协同效益包括健康状况的改善，室内环境质量提升带来的员工生产率提高，节省能效开支带来的高生活水平。

下面，我们介绍一些建筑节能所带来的最为重要的协同效益。

非住宅建筑中，生产力和健康水平获得提升。高效节能的商业建筑，因为室内环境更加健康舒适（如噪声减少，光照更充足），员工的生产力和效率都有所提高，病假现象减少。对商业建筑的拥有者或业主来说，这是激励他们积极投资建筑节能设计或节能改造最重要的一个因素。尤其是在工业化国家，即便是小幅度的生产效率提升，所节省的劳资开支都是典型节能开支的数倍。在很多企业，虽然节能开支也很重要——尤其是上升到国家层面之后，但是与劳资开支相比还是微不足道的。

研究表明高效节能建筑能够显著提高劳动生产率：提升室内空气质量，劳动生产率提高6%～9%不等；室内自然通风，劳动生产率提高3%～18%不等；室温控制，劳动生产率提高3.5%～37%不等；类似地，公共建筑内的生产率和健康状况也得到了改善。改善教室室内空气质量之后，学生成绩得到提高，同样，医院的病人也因空气质量变好而康复得更快。

住宅建筑内健康及舒适水平提高。不仅是工作环境，在家庭环境中也类似。高效节能建筑的居住者可以从以下几方面获得额外的收益：舒适的热湿环境、柔和明亮的照明、良好的隔声和室内空气质量都有助于增强幸福感，同时降低了健康风险。

据报道，每年约有200万死亡案例死因是室内污染，而这些通过采用现代的高效节能设施等，多数是可以避免的。基于同一目的，火灾发生率也能明显降低。

高效节能建筑的另外一个积极的影响是，通过减少能耗降低室外空气污染物的排放，特别是那些以传统化石燃料为主要能源的地区。对于居住在节能建筑里和（或）周边的居民，这意味着一个更加健康的生活环境。

7.1.3.1 给投资者带来的经济协同效益

除了节省大量的能源开支外，对投资者来说提高能效还能获得以下收益。

（1）房产附加值增加　建筑能效性能对其在市场价格的影响的研究表明建筑能效能带来更高的售价和较高的支付意愿。以瑞士为例，如果一栋建筑拥有“迷你能源”标签（一类证明高能源效率的自愿认证标签），对于独栋住宅和公寓大楼，其售价比同类型建筑分别高出7%和3.5%。类似地，房客也愿意就节能建筑多支付6%的租金。

对于商业建筑，美国的实例研究表明，对于获得LEED和能源之星的办公建筑，其租金比同类其他建筑平均高出3%。同时，这类建筑的平均入住率也较高，所谓的有效租金（即租金乘以出租率）则比其他邻居的非认证建筑高出近8%。所观察到的销售价格最高竟高出13%。

（2）提升竞争力，带来新商机　无论是个体工商户还是一个经济体，如果他们比竞争对手更有效地使用能源，都可以提高他们的竞争力。例如，通过提高他们的建筑的节能性能。

虽然字面上来说这种竞争力对于每个企业都能实现，但是仍然会受到专业企划公司所提供的能效措施的影响。通过提供创新的产品和服务，他们可以开辟新的市场，而这可能会对经济产生一个较为积极的整体的影响。

话又说回来，一个企业通过提供比其竞争对手更多的高效节能产品/服务，可以取得竞争优势，并提高其利润（如建筑系统制造商，建筑师）。作为一个领跑者，甚至可能导致市场的发展。

（3）声誉利益　随着越来越多的人开始理解和认同应对气候变化的紧迫性以及建设低碳社会的必要性，公众对企业的期望在不断上升，包括企业在环境问题、社会责任方面的政策等均受到公众的广泛关注。因此，不仅是提供节能服务的企业能够提升自己的公众形象，采用节能先进技术建设厂房、改进生产流程的企业，其公众形象也得到了提升。

7.1.3.2 给社会带来的经济协同效益

通过节能建筑所节省的能源能明显地减少国家的总能耗。同时，还会带来其他积极的深远的影响。

（1）提高能源安全　根据当前持续增长的能源需求和极速锐减的化石能源储备量（特别是石油和天然气），高效节能的经济发展与环境问题相比，显得更为重要。较低的能源强度不仅能够减少经济对能源进口的依赖，规避相关政治冲突的影响，还能使企业和家庭在应对能源价格波动时更具韧性。

（2）经济发展　尤其是对中国、印度这样高速发展的国家，能源效率是降低高能耗需求所要应对的主要挑战。在这种背景下，能源效率是保证经济可持续发展的必须且最为关键的要素。

（3）脱贫　发展落后的国家通常受到能源供应不足或不稳定的影响，尤其是电力，能源匮乏是导致贫穷的一个重要因素。更为合理的利用电力，不仅能够提高能源安全，还让更多人有机会使用电力资源，在同等的电力产能条件下，能为更多的终端用户提供电力。

此外，由于空气质量的提高，穷人的健康状况将得到改善，降低死亡率。

不断上涨的能源价格影响着越来越多的人，包括发达国家。对低收入家庭来说，使住宅更加节能让他们有能力支付能源账单，缓解所谓的“贫油”。与此同时，这还会降低低收入家庭对社会福利或能源补贴的需求，对政府财政也会起到一定的积极影响。

（4）增加就业机会　建筑节能从不同方面提供了更多的就业机会。

首先，直接就业效应。新建建筑、既有建筑改造等需要大量的技术工人，直接提供了大量的就业岗位。需要熟练技工的部门还包括高效节能材料、产品，建筑构件及设备的生产，建筑调试，能源服务供应，能源管理等。

其次，收入效益的影响提供了间接的就业岗位。能效提升之后，终端用户节能省下的开销使其有更多的可支配收入，促使他们有条件参与其他的消费与服务。这些需求都需要劳力来满足。同样，如果能效提升降低了能源进口的量，国民的消费能力将会更多地直接投向国内产品，这同样能够提供就业机会。

节能产业带来的就业机会是巨大的。欧盟委员会预计，要实现欧盟2020年节能20%的目标，将直接增加就业岗位约200万。德国复兴银行支持现有建筑节能改造的信贷项目在2009年便创造了111000份工作。

之所以会产生这样的影响，是因为能效投资直接从原来的低劳动密集型行业（能源进口与分配）转投到劳动密集行业（建筑、安装、服务）。

7.1.3.3　环境效益

建筑节能对环境最直接的影响是减缓了气候变化——能源消耗减少，温室气体排放也相应减少。此外，节能还带来了其他的环境效益。

（1）提高了资源效率　建筑节能，尤其是绿色建筑节省的不仅只有能源，同时还节约了其他资源。比如，与传统建筑相比，绿色建筑的建筑垃圾将会减少50%。使用节能设施，如低流量淋浴喷头，同样会大幅度降低水资源的消耗，减少污水排放量。

（2）生态效益　如果建筑物按照高节能性能进行建造，使用节能的燃烧系统，所排放的污染物质如氮氧化物、二氧化硫、悬浮颗粒物等会大幅减少。室外空气污染将会减少，更进一步土壤、水、农作物等的污染也会有所缓解。显然，一个区域内这样的建筑越多，该地区的生态环境便会更好。

7.1.4　建筑行业的复杂价值链与作用群体

要实现建筑与家电行业节能，该产业链中的所有成员都必须支持节能规划和选择，这一点至关重要，否则，节能产业链将会断裂。繁杂的建筑业更需要所有业者都朝着同一方向努力。因此，我们建议政策制定者在制定实施建筑及家电节能政策之前，深入分析当前的形势，明确如何满足市场参与者的需求。

7.1.5　建筑业相关的参与群体

新建一栋建筑是一个极其复杂的过程。在该过程最关键的三步（开发设计、建设、运行）中，每一步都涉及价值链中需要协调的几个相互关联的步骤。这一过程涉及大量不同的市场参与者，最相关的是建筑师、开发商、金融机构、建筑商、承包商、零部件供应商，以及投资者、业主、租户及用户。此外，还包括一些其自身不属于建筑业价值链，却能影响市场决策的人群，如政府当局、能源机构、能源服务公司等。图7.1显示了建筑业的复杂性，以及价值链中不同阶段、不同任务之间如何相互影响。

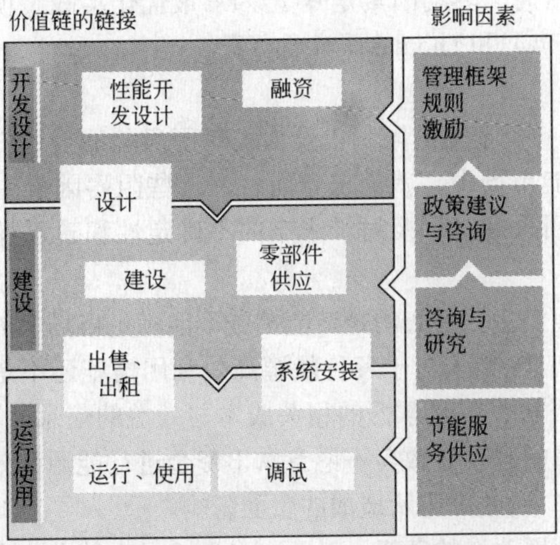

图7.1　建筑业价值链与影响因素

纵观发展、建设和运行这三个阶段，大量参与者采取的决定，可最终影响建筑物的节能性能。一些固有的因素会激励他们开发、提供、要求或投资建筑节能方案，但是他们面临的强大障碍或不利因素，会阻止他们选择这些高效节能的解决方案。

7.1.6　建筑业面临的障碍与激励机制以及应对策略

在节能建筑市场中，在市场运行的每一个环节中都需要应对不同阻碍因素造成的影响，同时，在市场运行的每一个环节中也都存着内在的驱动因素促进能源利用效率提高。然而，阻碍因素的作用通常要强于驱动因素的作用。上述情况要求地方政策制定部门要根据当地的实际情况，制定能够克服阻碍因素负面作用，发挥驱动因素正面作用的策略。

已有大量的研究表明，提高建筑物和相关设备的能源使用效率可以实现巨大的能源节约潜力。同时，这些研究也证明，从全生命周期的角度来讲，如果既有的能源高效利用措施可以应用于新建建筑物的建设过程中，或者在现有建筑物翻新过程中作为一个整体加以应用，那么它们在经济效益层面上都是可行的。在这种情况之下，新增加的初始成本投入会被节能建筑和设备在全生命周期中因为能源高效利用而节约下来的成本所抵消。

同时，也有研究表明，虽然高效的能源利用措施具有较好的经济效益，但是由于市场失灵现象和多种阻碍因素的存在，很难单纯地依靠市场的控制力来提高能源利用效率。在节能建筑市场中，市场本身的特点加之众多的市场参与者，使得这些障碍更难克服。想要实现能源的高效利用需要众多市场参与者的协同配合。此外，在节能设备市场中，在制造、出售与购买能源节约型产品的各个环节中，同样存在着诸多障碍需要克服。节能设备市场中各个参与者团体各具特点，这就要求政府在制定节能政策时要多加注意。

综上所述，只有充分了解节能市场中各方参与者团体中存在的阻碍和驱动因素，方能使政府所制定的各种政策组合能够实现预期的目标，并达到最优的能源节约效果。影响能源使用效率的因素包括：具有国家特点的激励鼓励制度，消费者的消费行为，法律法规，决策制定实践，甚至包括文化因素。我们已经能够识别一些阻碍能源高效利用事业发展的阻碍因素，克服这些因素是制定能源高效利用政策过程中的主要障碍。

下面列出的阻碍因素解释了为什么仅仅依靠市场的力量很难实现提高能源使用效率和节约经济成本。所列出的阻碍与驱动因素是基于“EE最优化实践”项目而选择出来的，这一项目由国际能源机构（IEA）和Thomas研究所负责。

7.1.6.1　阻碍因素

（1）经济/财政障碍　资金上的限制以及人们对于风险的规避心理会阻碍能源高效利用措施的实际应用。在节能市场中，就需求方而言，这些阻碍因素主要是由于需要进行预付资本投资和较长的投资回报期，以及对于未来的不确定性和建筑行业投资的不可逆性而造成的。

对于供给方而言，他们主要担心的是节能措施不能满足市场中的既有和未来的需求。

（2）知识/信息障碍　多数人对于各种能源高效利用措施还不是很了解；即使他们对于能源高效利用措施有所了解，但是掌握的相关成本与效益的信息并不充足。对投资者来说，因为存在知识或信息障碍问题，导致其不愿意拿出资金进行能源高效利用方面的投资，进而加重了上面所提及的经济/财政障碍所造成的负面影响。

（3）缺少能源高效利用改造的动机　对于大多数市场中的参与者而言，用于提高能源利用效率的资金仅占其预算额的一小部分，所以大多数市场中的参与者并不会优先考虑采取能够提高能源利用效率的措施，甚至完全不考虑。能源高效利用技术开发费用以及设备安装费用数额巨大，使得能源高效利用改造的经济效益不明显。在各类公司、团体和家庭中，存在着这样一种倾向，即他们会将注意力更多地放在其核心活动上，或者对建筑和相关设备的其他方面做出改变。多数人更倾向于改变自身的行为，使得节能市场得不到发展，这也是一种阻碍因素。

（4）市场参与者之间的“利益冲突”　当市场中的投资者是投资费用的承担者，而不是投资回报享有者的时候，就会产生所谓的“冲突性动因”。在建筑行业中，这种现象很常见，例如，房屋的产权所有者需要支付节能改造的费用，但是房屋的租用者却享受着节能改造后的利益。同样的，建筑开发商面临着激烈的价格竞争，他们不愿意为了提高能源使用效率而增加设计或者建筑成本，更何况房屋的购买者最终成为节能改造后的受益者。举一个节能设备市场中的例子，那就是公共服务机构中打印机的使用者，他们不用承担任何费用，出现了投资者和受益者相分离的现象。

（5）技术障碍　在某些情况下，我们所掌握的节能改造措施并不具有实际操作的意义，或者成本过高，或在能源高效改造过程中，各方参与者并不确定能源高效改造新技术与传统技术相比，是否同样可靠。

（6）市场失灵和法律法规障碍　补贴性的能源价格和外部竞争机制的缺失会对能源的正常市场价格造成影响，掩盖了节能改造的真正价值所在。而且，传统的能源市场法律法规鼓励能源市场中的供给方尽可能多地卖出能源产品，而不是鼓励他们向消费者提供更具有经济效益的服务。税收结构或者政策，例如，累退定价制度（随着消费量的增加，每千瓦时的能源价格随之下降）降低了节能改造的经济效益。

7.1.6.2　驱动因素

另外一方面，在节能市场中也存在着一些能够促进能源高效利用事业发展的因素，即使它们的作用通常被一些阻碍因素的作用所抵消。这些驱动因素对于制定能源高效利用政策而言很重要，它们能够强调我们可以获得的利益，能够提高促进能源高效利用事业发展的企业的声望，并使它们在竞争中处于有利地位。与仅向企业提供资金支持相比，上述驱动因素更能够调动企业的积极性。能够促进能源高效利用事业发展的驱动因素包括以下几个方面。

（1）更少的能源消费量　这是一种重要的能够促进能源高效利用事业发展的驱动因素，除非存在着“冲突性动因”。

（2）双赢的结果　能源高效利用事业发展的正面效益包括很多，例如，室内环境改善使人们感觉更加舒服和提高健康水平；能源高效利用事业发展能够改善工厂里的光环境和声环境，从而提高工厂的生产力水平。

（3）提高市场中供给方的利益　发展能源高效利用事业虽然需要额外的资金投入，但是却可以增加供给企业的营业额和利润。

（4）可以使节能服务供给企业处于领先地位　这一点更具有战略性的意义。积极发展能源高效利用事业的企业可以在竞争中处于有利的地位，甚至在全行业中处于领先地位，并可以获得更多的利益。

（5）增加企业声望　发展能源高效利用事业不仅能够使最终用户受益，而且可以改善环境质量，可以提高积极发展能源高效利用事业的企业在公众中的社会责任感，也可以产生竞争优势。

（6）改善环境质量　对于任何一个市场参与方而言，这都是一种内在的驱动因素。

（7）更高的房屋出租率和市场价值　节能房屋和普通房屋相比，如果其总租金（基本的房屋租金和能源使用费用的总和）更低，那么这样的房屋就更容易找到租户。当然，这种情况仅会出现于供方市场中，即供大于求的情况之下。虽然还存在着一定的不确定性，在二手房买卖市场中，进行节能改造的房屋会以更高的价钱成交。除了经济方面的利益，更高的能源使用效率和更低的账单费用之外，发展能源高效利用事业还能够提高公众的健康水平，改善室内环境舒适度。上述这些都可以提高房屋的出售价格/租用价格，同时增加出租率。

7.1.7　政策如何作用于节能市场中的阻碍和驱动因素

在很多国家，节能建筑和设备产业都已经有了一定程度的发展。我们已经掌握了大量的技术和设计思路，现在存在的问题是这些技术和设计思路无法得到广泛的传播。

在上文中，我们已经描述了节能建筑和设备的节能潜力和能够产生的双赢结果，但是，我们如今面对的挑战是，如何在市场中众多参与者之间寻求一种平衡，使节能建筑和设备的建设和制造成为一种标准化的程序，同时找到一种可行的模式，使节能建筑和设备市场向着可持续的方向发展。

政府所制定的政策需要帮助市场中的参与者克服其面对的障碍，并促进节能建筑和设备产业的发展。我们的目标是使节能建筑和节能产品的生产更加简单可行，具有一定的吸引力，成为今后市场中的一种标准。

在分析了市场中各方参与者所面对的各种障碍后，现在摆在我们面前的问题是，市场中各方参与者如何克服他们所面对的困难，并强化驱动因素。

解决问题的办法是，尽可能地分别处理市场参与者所面对的困难，强化驱动因素，达到最大化节能效果，我们称这种解决问题的办法为实施战略。一种实施战略可以作用于多种阻碍和驱动因素，当然，这要求我们对多种战略组合加以综合应用。下面列举几种实施战略。

① 通过市场转变形成规模效应，降低节能设备制造成本，减少节能建筑技术研发及建造的初始资金投入。

② 为节能市场中的开发者、建筑商、制造者和零售商营造良好的市场环境。

③ 使消费者可以对具有同样功能的节能产品的节能效果进行横向比较，并使投资者了解节能建筑和节能产品的益处和实际能源节约量。

④ 使节能改造方法尽可能地简单，以增强驱动因素的作用。

⑤ 加大资金扶持力度，例如，向购买节能产品的消费者提供补助，在节能建筑市场中建立具有吸引力的财政补贴政策。

⑥ 通过限制高耗能产品生产和建筑物建设等手段，使节能措施标准化，或者至少降低其实施难度。

除此之外，今后应加强的工作是，政策制定部门制定相关的政策，使实施战略真正起作用，这需要对一系列政策或者方法加以综合应用。例如，为了给开发者、建筑商和承包商营造一个良好的市场环境，我们建议使用下列的政策组合。

① 长期的战略和政治承诺，例如，零能耗建筑目标和规划路线图。

② 为建筑商、投资商、承包商等提供信息和咨询服务。

③ 为新建成的节能建筑提供资金支持，以提高需求量。

④ 进行社会住宅投资，以便在节能事业发展初期提高需求量。

⑤ 更具有灵活性的建筑法规，步骤一：去除市场中传统的建筑实施方法；步骤二：为了促进节能事业的发展，制定更加严格的节能等级标准。

⑥ 以建筑商自愿接受节能检查为起点，逐步实现对节能建筑和绿色建筑的强制性检查，保证节能效果。

最后，因为要处理多种阻碍和驱动因素，需要我们采取一系列实施战略措施，所以这些实施战略必须具有系统性和整体性，以保证在建筑市场中真正地实现转变。

7.2 中国绿色建筑发展历程

20世纪80年代以后，我国开始大力提倡建筑节能，但绿色建筑的研究还处于初始阶段；90年代开始，绿色建筑概念开始引入中国，绿色建筑相关的技术、评价体系研究也逐渐兴起。到目前为止，中国绿色建筑的发展大致经历了以下三个阶段。

第一阶段（2004年以前）：这一阶段绿色建筑相关工作主要以科研院所、高校等的研究和推动为主。20世纪90年代绿色建筑引入中国，以学术研究为主。2001年《绿色生态住宅小区建设要点与技术导则》等出版，2003年《绿色奥运建筑评估体系》发布，为绿色建筑的发展奠定了坚实的技术基础。在此阶段，国家颁布了《可再生能源法》、《节约能源法》，为推进建筑节能提供了法律依据。

第二阶段（2004—2008年）：这一阶段绿色建筑相关工作以政府相关管理部门的推动和技术研究机构的研究为主。2004年，中央经济工作会议上，胡锦涛总书记明确提出要大力发展节能省地型住宅。以此为契机，节能省地环保型的绿色建筑开始从政府管理部门的角度逐渐得以有效推进。在这阶段，国家颁布了《民用建筑节能案例》和《公共机构节能条例》，这是为发展绿色建筑而制订的法律法规；住建部也先后出台了《民用建筑节能管理规定》等文件，从能源利用的角度对建筑的建设和运行提出要求。

第三阶段（2008年以后）：这一阶段绿色建筑的推动力量不仅限于政府相关管理部门和科研机构，而且拓展到了部分开发商和业主。2008年4月，住建部组织成立了绿色建筑评价标识管理办公室，主要负责绿色建筑评价标识的管理工作，发布了《一二星级绿色建筑评价标识管理办法》等一系列绿色建筑相关的管理制度，推动了全国绿色建筑评价标识工作的大范围快速发展。截至2010年底，已评出了114个获得星级标识的绿色建筑。

自新中国成立以来，全国人民代表大会及其常务委员会制定了《中华人民共和国建筑法》、《中华人民共和国城乡规划法》、《中华人民共和国能源法》、《中华人民共和国节约能源法》、《中华人民共和国可再生能源法》等15项与绿色建筑内容相关的行政法规；发布了《关于加快发展循环经济的若干意见》、《关于做好建设资源节约型社会近期工作的通知》、《关于发展节能省地型住宅和公共建筑的通知》、《节能中长期规划》等法规性文件。

我国已经制定的经济激励政策主要是以下几方面：

首先，住房和城乡建设部设立了全国绿色建筑创新奖。绿色建筑创新奖分为工程类项目奖和技术与产品类项目奖。工程类项目奖包括绿色建筑创新综合项目奖、智能建筑创新专项项目奖和节能建筑创新专项项目奖；技术与产品类项目奖是指应用于绿色建筑工程中具有重大创新、效果突出的新技术、新产品、新工艺。目前，已经成功评审并发布了两届绿色建筑创新奖。

其次，建立了推进可再生能源在建筑中规模化应用的经济激励政策。财政部设立了可再生能源专项资金，专项资金里有一部分是鼓励可再生能源在建筑中规模化的应用，财政部和原建设部颁布了《可再生能源在建筑中应用的实施意见》、《可再生能源在建筑中规模化应用的实施方案》以及《可再生能源在建筑中规模化应用的资金管理办法》。

第三，住房和城乡建设部会同财政部出台了以鼓励建立大型公共建筑和政府办公建筑节能体系的资金管理办法，办法里明确了鼓励高耗能政府办公建筑和大型公共建筑进行节能改造的国家贴息政策。

此外，我国政府正在加快研究确定发展绿色建筑的战略目标、发展规划、技术经济政策；研究国家推进实施的鼓励和扶持政策；研究利用市场机制和国家特殊的财政鼓励政策相结合的推广政策；综合运用财政、税收、投资、信贷、价格、收费、土地等经济手段，逐步构建推进绿色建筑的产业结构。

7.3　中国绿色建筑相关政策

在绿色建筑的相关领域，我国已经在法律、行政法规和部门规章等不同层面上制定了多项法律法规。2012年以来，建筑节能与绿色建筑的字眼越来越频繁地出现，也越来越加重了“鞭策”与“激励”的色彩。国家和地方都相继出台了推动绿色建筑发展的政策。其中，《节约能源法》明确将节能作为国家发展经济的一项长远战略方针，对合理利用能源、调整能源消费结构、节约能源、鼓励开发利用新能源、推进节能技术进步等做出了相应的规定。修订的《节约能源法》把建筑节能作为独立的章节列出，对建筑节能工作提出了明确的要求。在法律层面上，与绿色建筑相关的法律已有7部，使绿色建筑的管理与发展有了法律支撑。同时，我国又出台了4部与绿色建筑密切相关的行政法规，为绿色建筑深入发展、规范发展提供了保障。从绿色建筑相关法律及行政法规的建设力度来看，2003—2007年，五年期间制定实施法律4部并修订了1部，占与绿色建筑相关法律比例为72%，平均每年出台一部涉及绿色建筑、建筑节能的法律，可以看出我国已经把绿色建筑及建筑节能列为国家战略，特别是《民用建筑节能条例》的出台，为绿色建筑的实施提供了可操作性的法规依据，把我国建筑节能工作推到了一个新的阶段。此外，国务院、住建部等部门积极推出了一系列绿色建筑管理的政策文件，加强了对绿色建筑的监督管理，如《绿色建筑评价标识管理办法》等。从总体上看，与绿色建筑相关的法律、行政法规，多属于指导性的，比较宽泛。政策法规的制定与实施对于绿色建筑发挥了较大的推动作用，但是还存在较大的改进与完善空间。

7.3.1 《关于加快推动我国绿色建筑发展的实施意见》

《关于加快推动我国绿色建筑发展的实施意见》是我国关于绿色建筑最新的政策，它由财政部和住房和城乡建设部于2012年4月27日共同发布，这是目前最新的一项政策。其主要内容如下。

“十二五”期间，将加强相关政策激励、标准规范、技术进步、产业支撑、认证评估等方面能力建设，建立有利于绿色建筑发展的体制机制，以新建单体建筑认证推广、城市新区集中推广为手段，实现绿色建筑的快速发展，到2014年政府投资的公益性建筑和直辖市、计划单列市及省会城市的保障性住房全面执行绿色建筑标准。

各地住房与城乡建设、财政部门要加大绿色建筑评价标识制度的推进力度，建立自愿性标识与强制性标识相结合的推进机制，对按绿色建筑标准设计建造的一般住宅和公共建筑，实行自愿性评价标识，对按绿色建筑标准设计建造的政府投资的保障性住房、学校、医院等公益性建筑及大型公共建筑，率先实行评价标识，并逐步过渡到对所有新建绿色建筑均进行评价标识。

各级地方财政、住房与城乡建设部门将设计评价标识达到二星级及以上的绿色建筑项目汇总上报至财政部、住房与城乡建设部（以下简称“两部”），两部组织专家委员会对申请项目的规划设计方案、绿色建筑评价标识报告、工程建设审批文件、性能效果分析报告等进行程序性审核，对审核通过的绿色建筑项目予以备案，项目竣工验收后，其中大型公共建筑投入使用一年后，两部组织能效测评机构对项目的实施量、工程量、实际性能效果进行评价，并将符合申请预期目标的绿色建筑名单向社会公示，接受社会监督。

对经过上述审核、备案及公示程序，且满足相关标准要求的二星级及以上的绿色建筑给予奖励。2012年奖励标准为：二星级绿色建筑45元/平方米（建筑面积，下同），三星级绿色建筑80元/平方米。奖励标准将根据技术进步、成本变化等情况进行调整。该政策将力推我国绿色建筑由“启蒙”时代向“快速发展”时代转变，凡是对绿色建筑事业发展有所追求者，均可从中得到明确的宏观政策导引。

中央财政将支持绿色生态城区建设，引导低星级绿色建筑规模化发展。对符合条件的绿色生态城区给予资金定额补助，资金补助基准为5000万元，并对建设突出的绿色生态城区相应调增补助额度。

切实加大保障性住房及公益性行业的财政支持力度。绿色建筑奖励及补助资金、可再生能源建筑应用资金向保障性住房及公益性行业倾斜，达到高星级奖励标准的优先奖励，保障性住房发展一星级绿色建筑达到一定规模的也将优先给予定额补助。

各级财政、住房与城乡建设部门要鼓励支持建筑节能与绿色建筑工程技术中心建设，积极支持绿色建筑重大共性关键技术研究。加大高强钢、高性能混凝土、防火与保温性能优良的建筑保温材料等绿色建材的推广力度。要根据绿色建筑发展需要，及时制定发布相关技术、产品推广公告、目录，促进行业技术进步。

该政策是为“进一步深入推进建筑节能、加快发展绿色建筑、促进城乡建设模式转型升级”而制定的、有实质内容的“实施意见”。“推动绿色建筑发展的主要目标与基本原则”中明确规定："切实提高绿色建筑在新建建筑中的比重，到2020年，绿色建筑占新建建筑的比重超过30%，建筑建造和使用过程的能源资源消耗水平接近或达到现阶段发达国家水平"。

该政策在"积极发展绿色生态城区"方面提出：鼓励城市新区按照绿色、生态、低碳理念进行规划设计，充分体现资源节约环境保护的要求，集中连片发展绿色建筑。中央财政支持绿色生态城区建设……这不仅对于发展绿色建筑，而且对于建设生态城市也具有特殊意义。

7.3.2 《绿色建筑评价标识管理办法（试行）》

为规范绿色建筑评价标识工作，引导绿色建筑健康发展，中华人民共和国原建设部制定了本管理办法，并于2007年8月21日印发实行（详见建科［2007］206号）。该管理办法适用于已竣工并投入使用的住宅建筑和公共建筑评价标识的组织实施与管理。

本管理办法包括五部分：总则，组织管理，申请条件及程序，监督检查，附则。

7.3.3 《关于推进一二星级绿色建筑评价标识工作的通知》（建科［2009］109号）

为贯彻落实《国务院关于印发节能减排综合性工作方案的通知》精神，充分发挥和调动各地发展绿色建筑的积极性，促进绿色建筑全面、快速发展，提高我国绿色建筑整体水平，根据《绿色建筑评价标识管理办法（试行）》，中华人民共和国住房和城乡建设部于2009年6月18日发布了《关于推进一二星级绿色建筑评价标识工作的通知》（建科［2009］109号），大力推进一二星级绿色建筑评价标识工作。

目前已有30个省、市、自治区已获得批准可以开展地方一二星级绿色建筑评价标识工作，它们是上海市、浙江省、深圳市、江苏省、宁夏回族自治区、大连市、新疆维吾尔自治区、广西壮族自治区、河北省、辽宁省、福建省、四川省、厦门市、山东省、天津市、湖北省、陕西省、湖南省、青岛市、黑龙江省、吉林省、江西省、重庆市、安徽省、山西省、北京市、青海省、广东省、河南省、甘肃省。

7.3.4 《"十二五"国家应对气候变化科技发展专项规划》（国科发计［2012］700号）

节能建筑在应对气候变化方面的工作也非常艰巨。2012年5月，科技部、外交部、国家发改委等16个部门印发《"十二五"国家应对气候变化科技发展专项规划》（国科发计［2012］700号）提出：气候变化是全人类面临的重大问题；应对气候变化是我国实现科学发展的重大需求；应对气候变化需要强大的科技支撑。以往从未有文件从应对气候变化的角度，由如此多的部门共同阐述和要求做好建筑节能工作。

该文件提出："针对相关领域和部门发展减缓与适应技术"；"建筑与人居领域：开展提高大型热电联产电厂能源利用效率和城市管网热量输送能力的关键技术研发及示范，开发利用热泵改造各种供热锅炉并回收排烟潜热技术，集中供热供冷技术，分布式能源应用技术，LED相关光源、灯具、控制和新的照明设计方法等建筑节能关键技术，垃圾和污水处理的资源化和低碳化技术；根据北方区域气候特点，研发针对北方中小城镇的高效集中供热热源方式为主的城市能源供应系统的节能和减排技术、城市集中供热采暖末端的室温调节技术；根据长江流域及以南地区气候特点，研发住宅的分散式室内环境调控新系统，在适宜地区研发和推广木结构建筑”。

该文件同时提出：“研发农村的建筑保温技术，优化北方‘炕-灶’系统，研发高效低成本的秸秆压缩成型技术和相应装置、生物质热制气技术和系统，大力推广农村地区沼气生产关键技术和示范”。

7.3.5 《“十二五”建筑节能专项规划》（建科［2012］72号）

2012年5月，住房和城乡建设部印发《“十二五”建筑节能专项规划》（建科［2012］72号）。其提及绿色建筑发展的字眼，除了《关于加快推动我国绿色建筑发展的实施意见》（财建［2012］167号）之外，是以往任何“规划”、“方案”、“意见”、“通知”所远不能比的。仅在重点任务的“大力推动绿色建筑发展，实现绿色建筑普及化”中，绿色建筑的内容就占了两页多，包括积极推进绿色规划、大力促进城镇绿色建筑发展、严格绿色建筑建设全过程监督管理、积极推进不同行业绿色建筑发展。

研究原建设部关于建筑节能以及与建筑节能密切相关、连续3年的3份重要文件，即2005年5月印发的《关于发展节能省地型住宅和公共建筑的指导意见》（建科［2005］78号）、2006年9月印发的《关于贯彻〈国务院关于加强节能工作的决定〉的实施意见》（建科［2006］231号）、2007年6月印发的《关于落实〈国务院关于印发节能减排综合性工作方案的通知〉的实施方案》（建科［2007］159号）。这3份文件对绿色建筑的表述大致如下。

78号文件在“基本思路和路径”中提出：“积极引进和推广国外日益普及的绿色建筑、生态建筑和可持续建筑等的新理念和新技术……”；231号文件在“组织实施国家中长期科技发展规划中确定的建筑节能与绿色建筑重大项目”中提出组织实施百项建筑节能示范工程和百项绿色建筑示范工程的“双百工程”，在“实施国家建筑节能重点工程”中提出启动更低能耗和绿色建筑示范项目及既有建筑节能改造以及“组织召开每年一届的国际智能、绿色建筑及建筑节能大会暨新技术与产品博览会……”；159号文件在“全面实施十大重点节能工程中的建筑节能工程”中提出：开展更低能耗建筑示范和推广绿色建筑工作，今年启动30个示范项目。

7.3.6 《“十二五”节能环保产业发展规划》（国发［2012］19号）

2012年6月，国务院印发《“十二五”节能环保产业发展规划》（国发［2012］19号），在“总体目标”中提出：节能环保产业产值年均增长15%以上，到2015年，节能环保产业总产值达到4.5亿元，增加值占国内生产总值的比重为2%左右，培育一批具有国际竞争力的节能环保大型企业集团……

该文件在“节能产业重点领域”中提出：加快半导体照明（LED、OLED）研发，重点是金属有机源化学气相沉积设备（MoCVD）、高纯金属有机化合物（Mo源）、大尺寸衬底及外延、大功率芯片与器件、LED背光及智能化控制等关键设备、核心材料和共性关键技术，示范应用半导体通用照明产品，加快推广低汞型高效照明产品，重点发展适用于不同气候条件的新型高效节能墙体材料以及保温隔热防火材料、复合保温砌块、轻质复合保温板材、光伏一体化建筑用玻璃幕墙等新型墙体材料，大力推广节能建筑门窗、隔热和安全性能高的节能膜和屋面防水保温系统、预拌混凝土和预拌砂浆；在“资源循环利用产业重点领域”中提出：研发和推广废旧沥青混合料、建筑废物混杂料再生利用技术装备，推广建筑废物分类设备及生产道路结构层材料、人行道透水材料、市政设施复合材料等技术。

国务院《关于印发“十二五”节能环保产业发展规划的通知》，从促进节能环保产业发展的角度，对建筑节能与绿色建筑发展提供了产业基础。在“十二五”期间，在建筑节能与绿色建筑的发展中，节能环保产业必将起到重要作用。

7.3.7 《节能减排“十二五”规划》(国发［2012］40号)

2012年8月，国务院印发《节能减排“十二五”规划》(国发［2012］40号)，在“基本原则”中提出：突出抓好工业、建筑、交通、公共机构等重点领域和重点用能单位节能，大幅提高能源利用效率。在“具体目标”中提出：北方采暖地区既有居住建筑改造面积5.8亿平方米，与2010年相比变化幅度为4亿平方米；城镇新建绿色建筑标准执行率15%，与2010年相比变化率为14%；公共机构单位建筑面积能耗（以标准煤计）21kg/m^2，与2010年相比变化率为-12%；公共机构人均能耗（以标准煤计）380kg/人，与2010年相比变化率为-15%；房间空调器（能效比）3.5～4.5，与2010年相比变化幅度为0.2～1.2。

该文件明确节能减排领域的十大重点工程：节能改造、节能产品惠民、合同能源管理推广、节能技术产业化示范、城镇生活污水处理设施建设、重点流域水污染防治、脱硫脱硝、规模化畜禽养殖污染防治、循环经济示范推广、节能减排能力建设，这些重点领域将得到资金支持。

文件在“推动能效水平提高”中提出：强化建筑节能，开展绿色建筑行动，从规划、法规、技术、标准、设计等方面全面推进建筑节能，提高建筑能效水平；强化新建建筑节能的工作仍很重要，严把设计关口，加强施工图审查，城镇建筑设计阶段100%达到节能标准要求；加强施工阶段监管和稽查，施工阶段节能标准达到95%以上；严格建筑节能专项验收，对达不到节能标准要求的不得通过竣工验收；鼓励有条件的地区适当提高建筑节能标准；加强新区绿色规划，重点推动各级机关、学校和医院建筑以及影剧院、博物馆、科技馆、体育馆等执行绿色建筑标准；在商业房地产、工业厂房中推广绿色建筑。

对新建公共建筑严格实施建筑节能标准。实施供热计量改造，国家机关率先实行按热量收费。推进公共机构办公区节能改造，推广应用可再生能源。全面推进公务用车制度改革，严格油耗定额管理，推广节能和新能源汽车。在各级机关和教科文卫体等系统开展节约型公共机构示范单位建设，创建2000 家节约型公共机构。健全公共机构能源管理、统计监测考核和培训体系，建立完善公共机构能源审计、能效公示、能源计量和能耗定额管理制度，加强能耗监测平台和节能监管体系建设。

文件对加大既有建筑节能改造力度的要求仍很明确：以围护结构、供热计量、管网热平衡改造为重点，大力推进北方采暖地区既有居住建筑供热计量及节能改造，加快实施“节能暖房”工程；开展大型公共建筑采暖、空调、通风、照明等节能措施，推行用电分项计量；以建筑门窗、外遮阳、自然通风等为重点，在夏热冬冷地区和夏热冬暖地区开展居住建筑节能改造试点；在具备条件的情况下，鼓励在旧城区综合改造、城市市容整治、既有建筑抗震加固中，采用加层、扩容等方式开展节能改造。

《节能减排“十二五”规划》是继《“十二五”节能减排综合性工作方案》、《国家“十二五”环境保护规划》、《“十二五”节能环保产业发展规划》之后的又一个重量级行业政策，这些文件对关于合同能源管理推广均做出规定，可见国家对节能减排的重视程度。

文件指出要鼓励大型重点用能单位利用自身技术优势和管理经验，组建专业化节能服务公司。支持重点用能单位采用合同能源管理方式实施节能改造。公共机构实施节能改造要优先采用合同能源管理方式。加强对合同能源管理项目的融资扶持，鼓励银行等金融机构为合同能源管理项目提供灵活多样的金融服务。积极培育第三方认证、评估机构。到2015年，建立比较完善的节能服务体系，节能服务公司发展到2000多家，其中龙头骨干企业达到20家；节能服务产业总产值达到3000亿元，从业人员达到50万人。“十二五”时期形成6000万吨标准煤的节能能力。

7.4 地方绿色建筑相关政策

7.4.1 《北京市“十二五”时期民用建筑节能规划》(2011年9月)

根据《中华人民共和国节约能源法》、《民用建筑节能条例》和国家、北京市有关国民经济与社会发展、节能减排的发展规划，依据北京市房屋普查和建筑能耗统计资料，在对“十一五”时期北京市建筑节能工作的成果、经验、差距和国内外建筑节能新技术发展趋势等课题研究的基础上，提出北京市2015年以前建筑节能发展目标、重点工作任务和保障措施，指导“十二五”时期民用建筑节能工作的开展。

该规划是根据《北京市国民经济和社会发展第十二个五年规划纲要》的精神和“十二五”时期首都节能减排与建设事业发展的需要，提出了五年内北京市建筑节能的发展目标、重点工作任务和保障措施，是北京市“十二五”规划体系的重要组成部分，是“十二五”时期北京市建筑节能工作的指导性文件。“十二五”时期要建成绿色建筑3500万平方米，到2015年产业化施工的住宅达到当年建筑量的30%以上。

7.4.2 天津市推广落实《绿色建筑建设管理办法》

为进一步加强绿色建筑建设管理，全面推动绿色建筑发展，近日，天津市出台了《绿色建筑建设管理办法》(以下简称《办法》)，要求新建国家机关办公建筑、2万平方米及以上大型公共建筑、10万平方米及以上新建居住小区、新建城镇等民用建筑应当率先执行绿色建筑标准。

绿色建筑项目的施工单位应当根据绿色建筑施工图设计文件和相关标准编制专项施工方案，经建设、设计、工程监理等单位审核同意后方可施工。建设工程质量监督机构应当加强绿色建筑项目执行绿色建筑相关标准以及施工图设计文件、绿色建筑施工专项方案的监督检查。对未按绿色建筑施工图设计文件施工的，责令限期改正。

建设单位应当按照绿色建筑的相关标准和施工图设计文件组织绿色建筑项目竣工验收。竣工验收前，建设单位应当委托专业评价机构对绿色建筑施工过程进行评价，出具评价报告。评价结果不符合绿色建筑标准的，市建设行政主管部门不予通过绿色建筑评审。绿色建筑项目竣工并投入使用一年后，建设单位或运营单位向市建设行政主管部门申请绿色建筑评价标识，经市建设行政主管部门组织专家评审，对符合国家、本市绿色建筑标准和要求且经公示无异议的，按国家规定颁发绿色建筑评价标识。

7.4.3 《上海市建筑节能项目专项扶持办法》

由市发改委、市建设交通委、市财政局会同相关单位修订的《上海市建筑节能项目专项扶持办法》于2012年9月15日正式实施。该办法旨在深入推进本市建筑节能工作、规范建筑节能扶持资金的使用管理。

《上海市建筑节能项目专项扶持办法》明确了扶持资金的来源、支持原则、支持范围、支持标准和方式、申报程序和项目评审、合同管理、项目验收要求、审核与资金下达流程规范及监督管理办法。其中所列出的示范项目包括绿色建筑、整体装配式住宅、高标准建筑节能、既有建筑节能改造、既有建筑外窗或外遮阳节能改造、可再生能源与建筑一体化、立体绿化以及建筑节能管理与服务项目。每一类项目都详细制定了资格标准或相关技术规范，例如节能标准、建筑规模、可再生能源的使用数量等，只有达到要求的项目才能申请获得资金。在支持标准和方式中，所有项目基本按照单位面积计算补贴金额，并设置上限。条文规定：市政府确定的保障性住房和大型居住社区中的可再生能源与建筑一体化应用示范项目以及整体装配式住宅示范项目，单个项目最高补贴1000万元，其他单个示范项目最高补贴600万元。

7.4.4 《广州市人民政府关于加快发展绿色建筑的通告》

2012年2月24日广州市城乡建设委员会发布了《广州市人民政府关于加快发展绿色建筑的通告》。为了支持和鼓励绿色建筑，通告着重提出了以下两类激励政策：绿色建筑投入运行后，评价标识结果达到《绿色建筑评价标准》二星及以上等级或者获得《广东省绿色建筑评价标准》（DBJ/T 15—83）运行评价标识ⅡA级以上（含ⅡA级）的建设单位可向市建设主管部门申请建筑节能专项资金奖励。同时，使用太阳能等可再生能源占建筑能耗50%以上的绿色建筑项目，纳入广州市战略性新兴产业发展专项资金扶持范围，并依法享受相应的税收优惠。

7.4.5 内蒙古自治区《关于积极发展绿色建筑的意见》

2012年3月20日内蒙古自治区住房和城乡建设厅发布了《关于积极发展绿色建筑的意见》。意见指出，对获得绿色建筑标识的项目，在“鲁班奖”、“广厦奖”、“华夏奖”、“草原杯”、“自治区优质样板工程”等评优活动及各类示范工程评选中，实行优先入选或优先推荐上报；在企业资质年检、企业资质升级时给予优先考虑或加分等。

对于取得三星级绿色建筑标识的减免城市配套费100%，取得二星级绿色建筑评价标识的减免城市配套费70%，取得一星级绿色建筑评价标识的减免城市配套费50%。

7.4.6 青岛市《关于组织申报2011年度青岛市绿色建筑奖励资金的通知》

2011年9月29日青岛市城乡建设委员会发布了《关于组织申报2011年度青岛市绿色建筑奖励资金的通知》。通知指出，由青岛市财政局、市城乡建设委员会设立“2011年度绿色建筑技术和产业研发推广专项资金”，主要用于支持绿色建筑项目建设、绿色建筑技术研发及相关标准、规范的编制等。对于绿色建筑项目的奖励标准：获得国家三星级绿色建筑评价标识的项目奖励80万元；获得国家二星级绿色建筑评价标识的项目奖励60万元；获得国家一星级绿色建筑评价标识的项目奖励40万元。项目获得“绿色建筑设计评价标识”后，可获得相应星级奖励金额的30%，待项目获得“绿色建筑评价标识”后可获得其他70%的奖励资金，两年内完成项目将增加10%的奖励资金。

7.4.7 浙江省《关于积极推进绿色建筑发展的若干意见》

2011年8月27日浙江省政府发布了《关于积极推进绿色建筑发展的若干意见》。意见提出了“加强组织领导、加大财政投入、落实扶持政策、加强法制建设、强化技术支撑、加强宣传引导”六项保障措施，要求各级政府进一步加大对发展绿色建筑的投入，逐步增加建筑节能专项资金，重点支持新建建筑绿色提升、既有建筑节能改造、建设科技创新、可再生能源建筑应用等项目。对经过建筑能效测评获得低能耗建筑节能标志的节能建筑项目和绿色建筑，以及国家康居示范工程、获国家A级住宅性能认定标志的建筑，凡符合企业所得税法有关规定的，实行企业所得税优惠。对国家、省确定的住宅产业化示范项目和星级绿色建筑项目，给予建筑面积奖励、税费减免等扶持。大力推广应用国内外先进的绿色建筑新技术、新工艺、新材料、新装备，着力提高绿色建筑技术含量。

7.4.8 深圳发展绿色建筑的主要政策措施

基于深圳经济特区在国家改革开放和现代化建设中的特殊使命与作用，也源于率先发展使深圳最早受到人口、水资源、土地和环境约束的困扰，为实现城市的可持续发展，按照中央关于经济特区要率先建成资源节约型、环境友好型社会的总要求，深圳市委、市人大、市政府先后推出了一系列有利于绿色建筑发展的法规和政策措施。

这些法规和政策主要包括：《深圳经济特区建筑节能条例》（2006年）、《深圳建筑节能“十一五”规划》（2007年）、《深圳市实施生态文明建设行动纲领》及《打造绿色建筑之都行动方案》（2008年）、《深圳市建筑废弃物减排与利用条例》（2009年）、《深圳市预拌混凝土和预拌砂浆管理规定》（2009年）、《深圳市开展可再生能源建筑应用实施太阳能屋顶计划工作方案》（2010年）等。

根据上述法规、政策等规范性文件，深圳市实施了以下一系列法规政策措施。

7.4.8.1 市场准入政策

对新建民用建筑实行建筑节能专项验收制度，实行建筑节能“一票否决”制，确保所有新建民用建筑都符合节能标准。

7.4.8.2 技术强制政策

强制要求十二层及以下居住建筑必须安装太阳能热水系统，到2009年推出太阳能屋顶计划，将强制安装太阳能热水系统的范围，扩大到了有热水需求的所有新建建筑。

7.4.8.3 土地优惠政策

对建筑废弃物综合利用项目建设，实行“零地价”的优惠政策，象征性地收取每年1元钱的土地租用费，促进全市的建筑废弃物综合利用。深圳还利用地铁建设积极创新保障性住房开发模式，通过在地铁车辆段上盖物业开发，落实保障性住房建设，实现集约用地。截至目前，地铁车辆段上盖安排建设保障性住房共约20500套，总建筑面积115万平方米。

7.4.8.4 资金扶持政策

“十一五”期间，市政府共安排财政性资金共计13409万元，用于建设大型公共建筑能耗监测平台、资助建筑节能、绿色建筑、可再生能源建筑应用、建筑工业化示范项目以及相关技术标准的研究制定。最近，市政府又专门设立建筑节能发展资金，已首笔安排资金3000万元，进一步加大对建筑节能、绿色建筑的扶持力度。

7.4.8.5 招标投标政策

政府既是法规政策的制定者、执法者，又是建筑市场上最重要的客户。为了鼓励推广绿色建筑及相关节能减排技术，市政府在保障性住房、公共建筑的设计、施工、建筑材料采购等环节中，对于擅长绿色建筑设计、施工、咨询的设计咨询单位、承包商、地产商，以及太阳能设备、绿色再生建材供应商予以招标投标、货物采购的优先权。在某些特殊情况下，还可以进行单一来源采购。

7.4.8.6 激励引导政策

确定绿色建筑示范项目，发布《深圳市绿色建筑评价规范》，开展绿色建筑认证，并实行免费认证。先后推出了建筑节能和绿色建筑示范项目73个、绿色建筑示范区6个。比较有代表性的项目有：建科大楼、招商三洋厂房改造、万科中心、龙悦居等。

7.4.9 《江苏省建筑节能管理办法》

《江苏省建筑节能管理办法》(以下简称《办法》）于2009年11月发布，自2009年12月1日起实施。《办法》对新建建筑节能、建筑节能改造、可再生能源建筑应用、建筑用能系统运行节能及监督管理等作出具体规定。

江苏省全社会总能耗的25%～35%属于建筑能耗。因此，大力推广建筑节能、建设“绿色建筑”成为江苏省建设节约型社会、发展低碳经济的重要方面。《办法》规定，国家机关办公建筑和大型公共建筑新建、改建、扩建项目的可行性研究报告应当载明有关建筑能耗指标、节能技术措施等建筑节能要求，并按照规定编制节能专章。编制城乡规划时，要考虑利用自然通风、地形地貌、自然资源等节能因素。同时鼓励按照节能和环保要求，建设绿色建筑和全装修成品住房。

为大力推广可再生能源，《办法》特意对可再生能源在建筑中的应用作出了具体规定。《办法》明确了新建筑的采暖制冷系统、热水供应系统、照明设备等设施，应当优先采用太阳能、浅层地能、工业余热、生物质能等可再生能源，并与建筑物主体同步设计、同步施工、同步验收。《办法》还特别强调，政府投资的公共建筑，应当至少利用一种可再生能源。

7.5 国家及地方有关建筑节能政策

除了上述绿色建筑政策外，还有许多建筑节能的政策。这些建筑节能政策既有国家层面的，也有各省市响应国家政策发布适合于自己行政区划的本土政策。列举如下。

①《中华人民共和国节约能源法》(2007年10月28日)。该法是在1997年《中华人民共和国节约能源法》的基础上修订而成，包含了建筑节能的指导性规定。

②《中华人民共和国可再生能源法》(2005年2月28日)。该法也包含了建筑节能的指导性规定。

③《“十二五”节能减排综合性工作方案》(国发［2011］26号)。方案明确工业、交通、建筑及生活四大领域“十二五”期间节能减排工作的总体部署，并要求下一阶段各地区、各部门抓紧落实该方案具体要求。

④《国家中长期科学和技术发展规划纲要（2006—2020年)》中，将“建筑节能与绿色建筑”作为重点领域“城镇化与城市发展”下的优先项目，通过实现绿色建筑的“四节两环保”推动中国可持续发展。

⑤《民用建筑节能条例》(国务院令第530号)。条例2008年10月发布，明确了政府有关部门、建设单位、设计单位、施工单位、监理单位、房地产开发商违反建筑节能条例的刑事与经济责任。

⑥ 关于固定资产投资工程项目可行性研究报告“节能篇（章)”编制及评估的规定（计

交能［1997］2542号）

⑦ 财政部、原建设部共同发布《关于加快推进太阳能光电建筑应用实施意见》（2009年3月）。

⑧《民用建筑节能工程质量监督工作导则》（建质［2008］19号）（2008年6月）。

⑨《民用建筑工程节能质量监督管理办法》（建质［2006］192号）（2006年7月）。

⑩ 部分省市民用建筑节能条例，如《湖南省民用建筑节能条例》（2009年11月）、《广东省民用建筑节能条例》（2011年3月）。

⑪《天津市建筑节约能源条例》（2012年5月9日）。

⑫《河北省民用建筑节能管理实施办法》（2007年9月）。

⑬《辽宁省节能建筑和建筑节能技术材料管理办法》（2008年7月）。

7.6　我国绿色建筑相关政策法规的实施效果

目前我国在推动绿色建筑方面所采取的政策措施远远不够，政策和规范的配套性、可操作性也存在许多不足。通过对建筑行业主管部门、设计单位、开发商、施工单位等进行绿色建筑法律法规实施情况调查，并对有效问卷进行分析得出存在的主要问题：一是缺乏行之有效的激励机制；二是对违法的后果没有具体规定，可操作性不强；三是政策法规、技术规范和评价体系之间的衔接与配套存在问题；四是相关的行政监管机制还有待于完善。具体分析如下。

7.6.1　缺乏针对绿色建筑的专门立法

目前，我国没有专门对绿色建筑领域的立法，且相关的法律中也缺少绿色建筑的具体内容。虽然出台了《节能法》，但缺少关于绿色建筑的具体内容。现行的《建筑法》颁布实施时间较早，也没有任何关于绿色建筑的规定，仅在第四条规定：“支持建筑科学技术研究，提高房屋建筑设计水平，鼓励节约能源和保护环境，提倡采用先进技术、先进设备、先进工艺、新型建筑材料和现代管理方式。”

7.6.2　缺乏明确的法律责任与处罚措施

我国第一部规范建筑活动的法律《建筑法》对建筑节能、新型建材和建筑科技等工作没有作出强制性的规定，而是采用了“支持”、“鼓励”和“提倡”的文字表述，明显缺少强制性，没有具体条款来约束。因此，在法律层面上，绿色建筑的政策法规缺乏明确的法律依据。再如，《节约能源法》第十二条和第三十七条针对固定资产投资工程项目以及建筑物的设计和建设的节能工作作出了规定，但是该法的处罚部分并未对违反这些条款应当承担的法律责任作出规定。只有规定而无强制措施和法律责任，使该法关于绿色建筑的规定缺乏实施力度，难以实现立法目的。

7.6.3　操作性的法规层次较低，法律效力不大

我国具有操作性的法规多是由住建部、地方政府制定的一些规范性文件、办法、规定和通知等，在具体运用中难以产生法律效力，缺乏对行为主体的法律制约。如作为部门规章，原建设部颁发的《民用建筑节能管理规定》法律地位较低，推动实施与监管的力度远

远不够。

7.6.4 部分法律法规内容陈旧，法规体系不完善

我国目前执行的有些法律法规是从过去计划经济体制环境下延续而来的，存在适用范围不当、规定内容过时等问题，急需补充和修订。目前我国没有一部关于绿色建筑的行政法规。相对来说，法律规定具有原则性的特点，而部门规章又只能在某一个行业内颁布施行，用于调整绿色建筑这样跨行业、跨部门的国家战略，显得效力层级不够。因此，绿色建筑的法规体系在结构上还很不完善，法规体系尚未形成。

7.6.5 绿色建筑政策落实较差

我国虽然已经出台了许多绿色建筑政策，但是一些政策未能得到很好地贯彻实施。根据原建设部2007年的建筑节能专项检查结果，仅有71%左右的新建建筑在施工阶段达到了相关标准的要求，仍有近30%的新建建筑尚未达到民用建筑节能标准。同时，既有建筑绿色改造举步维艰，只有北方省市开展了试点工作。其原因主要包括：在绿色建筑领域存在着法治不健全、有法不依、执法不严的现象，影响了政策的落实；当前的“违法违规”风险成本太低，导致绿色建筑政策未能得到贯彻落实。

7.6.6 绿色建筑涉及部门多，协调机制有待完善

绿色建筑实施是一项涉及经济社会各个领域的庞大而复杂的系统工程。为有效推动绿色建筑工作，会涉及发展改革、建设、财政、税务、科技、质量监督、环保等诸多部门，因此需要加强各部门之间的统筹、协调、合作。而由于缺乏对绿色建筑内涵的科学认识，当前绿色建筑在整个经济工作体系中的地位尚有待于加强和完善。并且，由于尚未建立起针对上述各个相关部门的有效协调合作机制，在绿色建筑工作的开展过程中，容易导致管理职能和相关政策的交叉重叠或者政策的缺位。

7.7 我国绿色建筑政策法规建设的建议

中国和其他国家的社会发展阶段和经济发展水平不同，必须考虑我国的国情，完善和实施我国绿色建筑政策法规及措施。

7.7.1 不断完善我国绿色建筑法律法规体系

根据经济结构调整的需求，国家相关部门应对现有的节能及能源法律进行补充、完善，填补作为调整建设领域各项活动法律基础的《建筑法》、国家节约能源方面根本法律《节约能源法》在绿色建筑领域法律上的空白，统筹考虑绿色建筑的有关规定，为其他效力层级较低的法律提供上位法依据。随着绿色建筑工作的深入，尽快制定出台与绿色建筑密切相关的法律法规，以专门法律的形式规范绿色建筑实施行为。同时，应加快《环境保护法》、《城乡规划法》、《土地管理法》等有关法律关于绿色建筑条款的修订工作，保证绿色建筑立法体系的完善。此外，进一步完善不同效力层级的行政法规、部门规章以及规范性文件，逐渐形成以“法律+行政法规+部门规章+规范性文件”的形式，由宏观到具体的相互联系、协调一致的绿色建筑政策法规体系。

7.7.2 制定切实可行的绿色建筑标准

绿色建筑实施标准最终要实现同国际通行的标准体制模式接轨，不仅需要在技术法规与标准相结合方面做出努力，而且还需要政府以技术法规的形式提出严格控制的最基本的技术指标、技术要求、功能要求，通过指南、技术标准等标准类技术文件予以体现。在这方面，国外绿色建筑评价标准对规定性指标和功能性指标的划分，无疑具有一定的借鉴和启示作用。

7.7.3 尽快形成绿色建筑经济激励的长效机制

推动绿色建筑的发展，离不开有效的经济激励政策及其完备的实施机制。但是，不同的政策工具对于不同条件下的经济杠杆作用效果不尽相同，在制定相关经济激励对策与建议时，要区别对待。采取税收优惠政策和强制性征税政策。税收优惠有利于使开发建设绿色建筑的部分成本降低，使其因为环保节能功能增加的成本得到补偿，从而平抑绿色建筑的价格，提高绿色建筑的市场竞争力。税收优惠不应仅仅是针对绿色建筑供应商的，它也应该给予绿色建筑的购买者一定幅度的优惠。同时，为达到促进绿色建筑的发展和推广目标的实现，政府能够给予绿色建筑适当的补贴。补贴的方式有两种：一是直接补贴，政府以公共财政部门预算的形式直接向节能项目提供财政援助。二是贴息补助，即政府用财政收入或发行债券等收入支付企业用于节能研究与开发而发生的银行贷款利息。从总体上说，补贴主要针对的是企业和研发机构等，目的是利用政府的强大的财力推动和强化绿色建筑的发展。经济激励政策要形成长效机制，这样才能推动绿色建筑健康发展。

7.7.4 加大技术开发，增强技术对绿色建筑的支持

绿色建筑的发展离不开先进科学技术的支持，绿色建筑相对于普通建筑而言具有更高的技术含量和智能化，因此绿色建筑技术发展程度决定着绿色建筑的最终能效的发挥。与绿色建筑有关的节能材料、建筑工艺等的技术优化和革新，首先是依赖市场的调节，其次则需要政府对开发风险较高的技术予以经济支持，再次是需要政府为国外绿色建筑先进技术的引进和先进产品的购买提供一个优质的平台，便于国内外双方在彼此互信的基础上顺利地展开交流与合作。另外，在我国绿色建筑发展的初期阶段，还要积极争取国际组织和发达国家的资金、技术支持以有效地提高我国绿色建筑的发展水平。

7.7.5 绿色建筑实施应当因地制宜、循序渐进

国外的气候条件、物质基础、居住习惯、文化理念等与我国存在较大的差异。全盘照抄国外绿色建筑政策法规，是行不通的。中国土地面积广大、自然气候各不相同，在绿色建筑实施工作上不能只走一条途径、只推行一种方式。应当倡导结合本地实际，进行多种绿色建筑实施途径、方式的研究、比较、鉴别，选择最佳的方案，同时为绿色建筑的深入推广提供丰富的实践基础。

7.7.6 加大绿色建筑宣传的力度

国外通过政府和市场两个层面进行绿色建筑政策的宣传、引导的举措，仍具有借鉴之处。建议我国政府有关部门通过适当的方式，结合相关产品的推介，举行以宣传绿色建筑政

策为主题的大型公益活动，以此吸引社会公众积极参与，把绿色建筑政策的宣传贯彻继续引向深入，提高民众的绿色建筑理念。此外，要积极探索将绿色建筑纳入各级学校教育课程的可行性。

目前，尽管绿色建筑获得了一定程度的发展，但在庞大的建筑市场上，绿色建筑占据的市场份额却不容乐观，有越来越多的批评者指出，目前的绿色建筑项目和评价标准对于开发建设过程中产生的环境影响仍然过于“宽容”，现今过多的努力仍主要集中于减少建筑运行中所耗费的能源和资源总量及其产生的废弃物和污染，促进绿色建筑的开发和使用还面临法律、经济和社会方面的诸多障碍，由传统建筑向绿色建筑的转变并未从根本上实现。

促进绿色建筑的发展，政府要加强管理、规范和引导，完善法律法规建设，实施经济激励政策，畅通信息交流渠道并加大资金、技术投入。实践证明，只有政府采取了有效的立法促进措施并实施适当的激励机制和经济扶持政策，建筑可持续发展才有可能取得实质性的进展。同时，绿色建筑的发展是一个系统化的工程，需要多方力量的参与，各行业协会组织也要通过制定自愿遵守的绿色建筑分级、评估及认定标准积极推动其发展。总之，我国应根据自己的国情，通过绿色建筑政策法规的完善和建设，采取政府主导与市场推动并行的策略，努力形成政府积极推进、市场大力拉动以及第三方机构努力协动的绿色建筑发展模式。

第 8 章　国外绿色建筑政策与实践

随着人们对传统建筑模式对环境、经济及社会影响的认识不断加深，绿色建筑作为一种可持续发展的建筑模式逐渐获得认同并从理念走向实践。同时，绿色建筑的内涵和外延也在不断拓展之中。目前，国外绿色建筑的发展已经形成了较为完善的理论体系和相对成熟的实践经验，无论是政府在促进绿色建筑发展中采用的强制性或激励性的立法或政策措施，还是在行业自律基础上逐步形成和完善的建筑评估标准和认证体系，都为这一新兴建筑模式的发展和推广提供了强大动力。国外的先进经验可以为我国绿色建筑的发展和推广提供有益的借鉴。本章主要介绍国外的绿色建筑相关政策及其实践情况。

建筑的建设是一个复杂的过程，包括了以下几个不同的阶段：设计，融资，建造，系统安装，试验运行（针对商业和大型住宅建筑）以及运行/使用。在整个规划和建造的不同阶段中，所有的责任相关方都会做出能够影响建筑能耗特性的决定。建筑产业链中相关程度最高的参与者是：建筑工程师、开发商、投资商、建造商、承包商、元件/材料供应商、建筑业主、租户、用户。除此之外还有一些参与者虽然不包括在上述的产业链中，但仍然对市场参与者具有巨大的影响力。例如政府当局，能源机构或节能服务公司（ESCOs）。在欧洲的多层级治理体系中诸如此类的相关机构有欧洲议会，国家议会和地方当局。

显而易见，由于涉及的参与者种类繁多，所以建筑领域的情况十分复杂并且需要深入的分析。为了激励所有的市场参与者（包括供应，需求和建筑的使用）投资能源效率以及实现能源节约，至关重要的一步是鉴别和详细审视这些参与者面临的特定阻碍。市场动态并不总是遵循一条笔直的发展路线，而且消费者和建筑业主做出一些特定的决策也受到不同的因素影响。因此，能够鉴别出这些阻碍并且找到适当的机会克服这些阻碍是十分重要的。除此之外，也能够帮助政策制定者更加透彻地理解为什么能源效率通常都不能仅仅依靠“市场”本身得到实施——这也是为什么需要政策支持的原因。

主要的参与者特定阻碍包括以下几个方面。

① 缺乏信息和动力　关于高效解决方案和相关节约机会的信息匮乏，不仅存在于需求方而且也存在于供应方。参与者需要获得特定的信息以便在众多的日常计划和购买情境中做出“正确”的选择，例如那些最节能的选择。

② 财政限制　缺乏获得资金的途径构成了投资能源效率的另一个阻碍，主要存在于住宅和公共领域。另一方面在工业和商业领域，企业通常优先考虑投资它们的核心业务而不是能源效率措施。

③ 分歧激励和委托代理问题　在很多情况下都存在着一个投资方/使用方的两难问题，例如有机会投资提高能源提高的参与者并不是结果产生的能源费用节约的受益者，反之亦然。政策可以解决这个两难的问题，例如在最低效率标准的前提下，强制性地从市场中移除效率最低的模型。

④ 风险规避　长期投资能源效率的漫长回收期是众多的终端用户都试图避免的风险，高效节能方案的潜在供应商也面临着这些方案是否会被市场所接受的风险。此外，在获取信息过程中涉及的交易成本以及提高能源效率的成本与收益都存在着高度的不确定性。因此，风险规避阻碍了经济参与者从设备的整个生命周期的角度去评估能源效率措施的经济可行性，从而极大地降低了成本效益的潜力。

为了克服阻碍以及加强激励，关键的一点是利用技术潜力并且制定政策和措施以促使相关参与者在建筑的设计和建造阶段能够整合这些节能技术。欧盟已经制定出政策目标以发掘这些潜力并将按照积极的趋势发展下去。在过去的几年中建筑的能源效率已经得到了提升并且节能也有望实现。然而，为了对抗气候变化必须采取更多的行动。

本章会详细地介绍政策选项的多样性，为负责执行政策的政策制定者和相关机构提供指南，同时帮助读者获得关于欧洲建筑领域的能源效率政策与措施的简短概观。本章还会介绍一种理想的政策制定周期，这是一个模范示例并且应当运用到所有的能源效率政策中。此外，政策和相关的政策包之间的相互作用关系也将得到简短的阐述。重要的政策类型及相关的一些关键信息也将得到阐述，并且辅以政策实例作为论证。

8.1　国外绿色建筑政策概况

从“生态建筑”理念的提出，到绿色建筑在我国的施行推广，历经半个多世纪。目前，绿色建筑的理论与技术条件已经具备，但是政策方面仍然存在较多亟待解决的难题。本节将介绍欧美发达国家的绿色建筑政策，以期对我国绿色建筑相关政策的发展制定带来契机。

8.1.1　英国绿色建筑政策

英国是绿色建筑起步较早的国家之一，早在1990年推出了世界上首个绿色建筑评价体系——英国建筑研究院环境评价方法（BREEAM），对其他国家的绿色建筑评价体系有深远的影响。英国绿色建筑政策法规体系也很完善，有力推动了绿色建筑产业的发展。

1997年12月，欧盟在日本京都签署了《京都议定书》，承诺至2012年碳排放量在1990年基础上减少8%。英国也是当时签署条约的15个成员国之一，自愿至2012年减排12.5%。作为碳排放大户的建筑业承担着英国50%的减排任务。不久前英国宣布在2016年前将使该国所有的新建住宅建筑物实现碳零排放，到2019年所有非住宅新建建筑必须达到碳零排放。为了达到承诺的减排目标，英国政府对本国的建筑业可持续发展十分关注，尤其在绿色建筑方面的政策法规体系的建立完善方面，开展了大量的工作。作为欧盟成员国，英国建立了以“国际条约+国内法”为主要形式的一整套有机联系且相当完备的绿色建筑的相关政策法规体系。国际条约包括全球性条约（如《京都议定书》等有关协定）和欧盟法令；国内法由基本法案（Act）、专门法规（Regulation）、技术规范（Code和Guidance）三个层次组成。适用于英国绿色建筑的欧盟指令主要有《节能指令》、《能效标识指令》、《锅炉能效指令》、《节能减排指令》（于2006年4月被《能源利用效率和能源服务指令》代替）和《家用冰箱和冰柜能效指令》等。其中较为重要的是《建筑能效指令》[修订版本《建筑能效指令（修订版）》2010/31/EU将从2020年开始生效]。该指令对英国绿色建筑的相关法律法规的制定具有深远的影响，主要是规定了各成员国必须制定建筑能效最低标准、建筑物用能系统技术导则和建筑节能监管制度，实行建筑能源证书制度。

英国现行的与绿色建筑相关的法规包括：《气候变化法案》、《建筑法案》、《可持续和安全建筑法案》、《家庭节能法案》、《住宅法案》、《建筑法规》、《建筑产品法规》、《建筑能效法规（能源证书和检查制度）》以及《可持续住宅规范》等。

《建筑法规》是英国建筑业的指导法规，针对建筑的节能性能、可再生能源的利用和碳减排等方面规定了最低的性能标准，有着非常重要地位。以建筑节能性能为例，《建筑法规》考虑了建筑各个部分的节能性能，比如建筑的围护结构、供暖系统、照明系统和空调系统等，并为各个部分的节能性能参数设定了最低性能标准。目前，英国政府对《建筑法规》中住宅新建建筑的标准最低值做了调整，与《可持续住宅规范》保持一致。

实施建筑能效标识是英国政府推广绿色建筑行之有效的举措之一。《建筑能效法规（能源证书和检查制度）》是英国政府为了促进建筑能效标识而制定的重要法规，其主要内容是关于建筑能源证书[包括住宅建筑能效证书（Energy Performance Certificates，EPCs）、公共建筑展示能效证书（Display Energy Certificate，DECs）]，和空调系统的检查制度。在英国，EPCs是根据计算有关能效的CO_2排放数值，评估确定其能效级别。EPCs作为财产交易的一部分，在建筑物的建设、买卖和租赁过程中，均要求出示。根据公共建筑在超过一年时间内的实际能源消耗数值，评估其能耗水平，即实测或运行等级。所有大于1000m^2的公共建筑，均要求将DEC陈列在显要位置，以接受公众和主管单位的监督。

为了更好地指导建筑业进行建筑节能设计和改造，英国政府委托英国建筑研究院开发了《可持续住宅规范》。该规范是为新建住宅建筑设计的可持续性进行评价，于2007年4月取代了《生态住宅评估》（BREEAM Eco-home），具有一定的法律强制性。该规范自2008年起对英格兰的所有新建住宅和威尔士政府和相关部门资助或者推荐的新建住宅，以及北爱尔兰地区的所有新建的独立公租屋强制执行建筑评价。该规范对新建住宅建筑的能效和碳排放、节水、建材、地表径流、废弃物、污染、健康和福利、运营管理、生态等方面进行评价，并根据建筑的碳排放水平划分为6个标准级别，分别用1～6星级来表示。

8.1.2 美国绿色建筑政策

近年来美国住房每年消耗能源折合约3500亿美元，占能源总消费量的40%左右。美国的建筑有其独特性，美国人口约2.5亿，住宅自有率为66%，人均住房面积近60 m^2，居世界首位。一般家庭都拥有一套自己的住房，面积在160m^2以上，其中大部分住宅都是3层以下的独立房屋，供暖、空调全部是分户设置，电力、煤气、燃油等能源是家庭日常开销的一个主要部分。因此，美国政府深刻认识到发展绿色建筑及节能的重要性和必要性，高度重视提高能源利用，把发展绿色建筑、实施建筑节能工作始终置于重要的战略地位。

8.1.2.1 政策法规

政府以立法形式来推进建筑节能、绿色建筑的实施。早在20世纪70年代末80年代初，能源危机促使美国政府开始制定并实施建筑物及家用电器的能源效率标准。1975年出台的《能源政策和节能法案》为能源利用、节能减排提供了法律依据。1978年颁布《节能政策法和能源税法》。1988年颁布《国家能源管理改进法》，1991年的总统行政命令12759号等。1992年制定了《国家能源政策法》并于2003年进行了修订，将以往的“目标”转换为“要求”，实现了节能标准从规范性要求到强制性要求的转变。1998年出台国家能源综合战略，1999年总统行政命令13123号，2001年《税收激励政策——“2001安全法”（H.R.4)》。2005年的《能源政策法案》成为新阶段美国实施绿色建筑、建筑节能的法律依据之一。奥巴马2009年10月签署的第13514号总统令，要求联邦政府的所有新办公楼设计从2020年起贯彻2030年实现零能耗建筑的要求，2015年回收50%的垃圾，2020年节水26%。

8.1.2.2　节能政策

美国的绿色建筑实施政策采取了“胡萝卜+大棒”的模式。其政策可以分为两大类：一是制定相关产品、设备、系统的最低能源效率标准，以法律、法规形式颁布执行，是强制性的标准，如环境部最新规定1000m^{2}的建筑必须进行强制性的节能措施审查。二是通过激励政策措施鼓励厂家、用户来实现更高的能源效率标准，是自愿性的标准，属于市场行为。经济激励是成功实施能效标准和绿色建筑的关键举措。美国联邦政府、各级州政府以及公用事业单位等都采取了一系列经济激励措施来促进高效节能产品的推广普及工作，这些财政激励措施主要有节能基金、节能产品（建筑物）现金补贴（贴息补助与直接补贴的方式）、抵免税收、抵押贷款、加速折旧制度、低收入家庭节能计划、技术支持（免费检测、技术培训）等形式。较有效的激励策略是通过组织措施激励市场，对实施绿色建筑的开发商给予额外的建筑密度奖励或加快申请程序的权利。

美国绿色建筑政策法规采取“胡萝卜+大棒”的模式，政策法规的强制性与自愿性相互结合、相互补充。既有强制性的能源政策法案、评价标准等，也有自愿性的如LEED认证、能源之星认证等。既有联邦政府层面的绿色建筑政策法规，也有全美第一个强制性地方绿色建筑标准（CalGreen)。完善的绿色建筑法律法规体系使绿色建筑的发展适应了不同的地区经济、环境、自然条件。美国绿色建筑之所以能够取得如此好的效果，积极的财政税收等经济激励政策发挥了重要的作用。在经济刺激法案中，非常重视对节能建筑和绿色建筑的投入。与绿色建筑相关的法律法规、各评价标准中都有不同的经济激励手段及措施。通过多样化的经济激励措施，大大推进了绿色建筑的发展。美国绿色建筑评价体系及实施主要是第三方的验证和认证，保证了评价体系的公正性和公平性。最后是政府高度重视绿色建筑实施、带头实施绿色建筑，制订了“节能优先”的能源战略；建立了专门的绿色建筑政策法规实施管理机构，形成了政府、市场、第三方机构共同推进绿色建筑实施的有效机制。

8.1.3　澳大利亚绿色建筑政策

澳大利亚政府承诺2020年澳大利亚的温室气体排放量将比2000年下降5%～15%。为了达成这一目标，澳大利亚政府将持续推出政策，鼓励企业和家庭减少碳排放，创造新的所谓“绿领”职业以及支持国家经济发展。其中建筑的减排任务重大，因此相关政策法规以及评价标准体系的制定以及执行，得到高度重视，法律法规等软环境建设日益完善，影响力也越来越大。例如，在澳大利亚，目前已经有总面积4百多万平方米的建筑通过了“绿色之星”的评价，将来还会有8百万平方米的参加“绿色之星”的评价。“绿色之星”正在改变着澳大利亚的房地产和建筑市场。

8.1.3.1 强制性政策

（1）澳大利亚政府要求商业建筑信息公开（CBD） 根据2010年7月生效的最新的建筑能源效率公开法案，绝大多数2000m^{2}或以上的办公建筑的卖家或出租房在出售或者出租该办公建筑之前，都应当公开其最新的建筑能源效率认证（BEEC）。作为政府整体战略的一部分，政府部门正在考虑从2012年起将这个法案推广应用到其他的建筑类型（如酒店、购物中心以及医院）。在第一年，该项目提供了一年的过渡期。在2010年11月1日～2011年10月31日之间，业主们也可以提出一个澳大利亚全国建成环境评价系统（NABERS）平台或者建筑整体评价方法下的评分。从2011年11月1日起，业主就必须为建筑提供一份完整的BEEC。每份BEEC的有效期要求达到12个月，且能够从在线的建筑能源效率认证网站上被公众查询。一份BEEC应当包括：该建筑的NABERS能源星级评价；将被出售或者出租的建筑的租赁照明认证；该建筑的能源效率概览手册。

（2）澳大利亚建筑规范（BCA）：能源效率要求 2010版澳大利亚建筑规范已经提高了建筑在能源效率方面的规定。这些规定包括：对于新建居住建筑，应达到6星能源评价或者相应水平；对于所有新建商业建筑，应有能源效率方面明显的提高。

（3）最小化能源性能标准（MEPS） 最小化能源性能标准被各州政府颁布的法案以及法规定为强制项目。法律对其中电气用具部分的概括性要求进行了详细规定，包括不满足要求的规定以及惩罚措施。该标准的技术要求则颁布在相关申请标准中，这些标准能够在各州的法规中找到。由于澳大利亚先给予各州政府包括能源在内的资源管理事项的责任，各州政府的立法是非常必要的。该标准的主要申请者都来自建筑制造业，包括商业建筑的冷却装置和空调制造商。

8.1.3.2 配套政策

（1）可再生能源目标（RET） 2009 年8月，澳大利亚政府开始实施可再生能源目标（RET）计划，以期在2020年澳大利亚电力供应的20%来自可再生能源。在未来十年中，来源于太阳、风以及地热等的电力将随处可见，就像澳大利亚目前的电力使用一样。2010年6月，澳大利亚议会通过一项法案，规定从2011年1月1日起，将RET分割为两个部分：大额可再生能源目标（LRET）以及小额可再生能源计划（SRES）。这次改变的目的在于给居住建筑、大额可再生能源项目以及小额再生能源系统的投资者更多的信心。LRET和SRES结合在一起的话，总共将提供比目前对2020年的45000千兆瓦时的目标还要多的再生能源供应。

（2）能源效率机会（EEO） 能源效率机会项目（EEO）要求大型能源使用公司辨别、评估并向公众报告有效减少能耗的机会。每年使用能源超过0.5帕焦耳的公司都被强制要求参加EEO。在国民经济的各个部分中，有210个企业在EEO中注册，包括商业房地产部分。

（3）全国温室气体以及能源报告（NGER） “全国温室气体以及能源行动2007法案”提供了一个框架，据此企业可以报告自2008年6月1日以来的温室气体排放量以及能源消费和产出。该行动规定，能源生产、消费或者温室气体排放量达到一定阈值的公司必须注册并报告。

8.1.3.3 激励政策

澳大利亚绿色建筑经济激励措施主要有对绿色建筑进行减税，创立“绿色建筑基金”、“国家太阳能学校项目”以及“可再生能源补贴制度——太阳能热水补贴”。其中，对绿色建筑进行减税是指从2011年2月起举办关于绿色建筑减税计划的公共听证会，该计划于2011年7月1日实施。减税措施将促进对现有建筑（从二星级到四星级或更高级）进行节能方面的改造，一次性减免的税收金额能够达到改造投资的50%。减税项目计划相当于对澳大利亚现有建筑的节能改造提供了10亿美元的资金支持。

“绿色建筑（商业）基金”项目计划从2009年至其后4年，为已建成商业办公建筑提供9千万美元的资金支持，使其进行节能改造。该项目由澳大利亚工业部负责。基金用途有两种：一是对已有建筑节能改造提供支持；二是对相关工业在商用建筑方面的可持续能源技术的研发提供支持。

“国家太阳能学校（小学和中学）”项目将对符合标准的学校提供多达5万甚至10万美元的资金支持，用于安装太阳能或其他可持续发电系统、太阳能热水系统、雨水收集装置以及其他节能设施。公办或私立学校都能进行基金的申请。但幼儿园、学前班、研究学院及大学不能申请此基金。从2008年7月1日起，已有7300个学校提出了申请。目前已经对2600个学校提供了总量达1.16亿美元的支持资金，其中已有1600个学校正在进行节能设备的安装。

“可再生能源补贴制度——太阳能热水补贴”项目鼓励符合条件的住宅业主或租户将现有电热水器更换为太阳能或地缘热泵式热水系统。它是2010年2月20日暂停的太阳能热水补贴项目以及家用保温改造项目的替代。凡符合条件的住户改造成太阳能热水系统的能够申请1000美元的补贴，改造成地缘热泵式热水系统的能够申请600美元的补贴。此项目自2010年2月20起执行。

澳大利亚绿色政策法规注重政府在各个组织中的参与，尤其制定了政府以身作则的规章制度（政府绿色采购、用水效率、运行能源效率、绿色租赁等），同时在绿色建筑教育、科技创新、产品标识等领域均有明确的组织机构和具体的战略目标。在经济激励措施上，为了推进绿色建筑发展，力度很大，目标指向性明确。其评价体系，既有针对设计和开发阶段前期的系统，也有针对既有建筑的系统，二者之间是补充和合作的关系。

与澳大利亚的绿色建筑政策类似，日本的绿色建筑政策也分为强制政策、辅助政策、激励政策等。日本对于绿色建筑的推广既有法律的强制性规定，又有着大量相关的经济、金融引导政策与补贴制度，无论是对建造者还是对业主都有着很大的吸引力。在绿色建筑评价体系推广方面，日本绿色建筑评价工作由政府主导，产学研共同研发、共同推进，并通过地方强制推行的自评上报制度使之得以迅速铺开，同时通过建立的评价员考核登记、认证机构严格把关、评审程序公平规范的认证制度，确保认证项目的质量。此外，利用评价结果建立的激励政策，更使绿色建筑评价制度得到社会认可，成为推动日本绿色建筑发展的重要积极力量。

新加坡致力于全球领先的环境可持续城市建设，所以需要进一步改善对建筑能源效率的措施，以减少对环境的影响。对能源效率的重视仍然很重要，更全面的方法是鼓励低能耗、高环保的建筑整体，以确保建筑环境质量和舒适度都不会降低。新加坡建筑工程管理局加强了《建筑控制法》，并且实施了《建筑控制条例》，规定了最低限度的可持续标准，这与新建筑和既有建筑的等级评定一样都经过了认真的修改。此条例从2008年4月15日开始实施。

新加坡绿色建筑标准体系在实行了6年后已经逐步走向成熟并获得了良好的效果。其影响力已经扩散到整个东南亚地区，也引起很多中国建筑学者的关注。政府在与新加坡政府在绿色建筑标准的试行方面起到了很大的推动作用。在绿色建筑认证计划方面，政府实行分类推进，先是公共建筑，然后是民用建筑；先是自愿认证，给予奖励，然后逐渐过渡到部分建筑强制认证。通过一系列强制和鼓励政策的结合，使得绿色建筑评价的体系得到逐步推广，提高了整个社会对于绿色建筑的认知程度和公众可持续发展的意识。但是也应该注意到，在新加坡的绿色建筑评价体系的制定过程中，充分结合了新加坡国土面积小、气候类型单一等特点，所以对于其他国家而言需要针对具体的情况，建立起自己的评价标准，制定符合自身国情的绿色建筑评价体系。

8.2 建筑能效政策的制定及实施

成功的政策需要精心的规划、设计，形成合理的方案，再通过监测、评估，了解哪些政策可行、什么地方需要改善。那么，怎样才能够较好地做到这些呢？本章将介绍欧盟建筑节能政策的制定及实施为国内制定相应的节能政策提供参考，同时提供一些常用的技巧，指导相关机构及人员制定、实施合理的建筑及电器能源效率政策。

8.2.1 政策规划制定

经过精心策划的政策制度往往能够被认可，实施效果也较为理想。与其他类型的政策类似，上述观点也适用于建筑节能政策（建筑能源效率政策）。基于已有的研究和实践经验，我们推荐下述周期性发展的政策规划、设计和实施方法。这样，政策的发展将把政策实施、监测、评估紧密地结合起来。

在任何政策开始制定的初期，我们建议先设定好政策目标。目标必须是可以进行衡量、可以进行核实的，因此要求合理地制定相应的指标。此外，目标还必须具有可行性。如果条件允许，针对现有的节能潜力，应事先分部门进行分析。在多数国家，需要收集建筑业各部门能耗数据，并对其走势甚至节能建筑的设计、技术或设备潜力等进行分析预测，同时对传统建筑设计及设备的常规能耗进行跟踪，根据上述数据确定基线计算节能潜力。

欧盟涉及的范围横跨了许多不同的气候带（寒带，温带，热带），地形和文化。多于5亿的居民遍布27个国家，所居住的建筑类型和热能质量都不尽相同，并且建筑群还处于不断扩张的状态中。在不同的国家中，从生活方式——例如独院住房或野庭住房——到建筑建造的相关政策都存在着显著的不同。在欧洲现有多于1.6亿建筑物，约占最终能源消耗的40%、CO_2排放量的36%、欧洲GDP的10%和欧盟就业量的7%～8%。建筑领域的重点在于具有严格且强制性的能源标准的节能建筑，这些针对新建建筑的能源标准要求所有的新建建筑在2020年成为近似零耗能建筑。表8.1所示为欧洲部分国家的新建建筑目标。

表8.1 欧洲部分国家的新建建筑目标

国家	目标
丹麦	2020年实现75%（基准年2006）
芬兰	2015年设立被动式节能屋标准
法国	2020年新建建筑为能源积极型建筑
德国	2020年建筑的运转不需要使用化石燃料
匈牙利	2020年零气体排放
爱尔兰	2013年净零耗能建筑
荷兰	2020年能源中性（提案）
挪威	2017年被动式节能屋标准
英国（英格兰与威尔士）	2016年零碳排放

来源：SBi（Danish Building Research Institute），“European National Strategies in move towards very low energy buildings”，2008.

其次，基于对行业（部门）的分析和优先权，编制包括行业（部门）目标在内的政策路线图。至于目标的设定，我们建议同时设定一个行业目标和一个国家各行业整体的节能量化目标，如到2020年实现节能20%。行业目标我们主要建议设定三类：对新建建筑，符合主流超低能耗建筑标准；对既有建筑，通过改造在运行方面能够达到高效节能建筑标准；对电器，符合主流的最高能效等级。此外，计划中应包括实现目标的基本策略、融资条款和具体的时间安排实施表。

之后，出台管理框架和具体部门的一揽子政策。在制定这些政策时要考虑到相关目标群体各种所面临的特殊障碍及需要的激励措施。为确保政策的有效实施及监测，稳定的资金来源至关重要。发展中国家和新兴经济体可以寻求气候融资的可能性，如寻求清洁发展机制项目或国家区域减排项目等资金支持。节能预期及社会、经济和环境因素对政策的影响应该事前进行评估。比如在政策实际实施之前，如果有必要，需根据这些影响因素对政策的设计或目标进行调整。

在政策实际实施阶段，应对政策的实施效果进行持续的监控。通过监控获取的数据和反馈信息对政策的影响进行评估，同时对实施过程进行事后检验。在此基础上，政策工具应定期进行修订和完善。

图8.1通过不同的循环显示了提高建筑和节能产品能效的步骤，展示了各步骤间在政策制定与研究过程中是如何彼此衔接或制约的。

图8.1中，逆时针方向的小箭头描绘了重新评估原有政策规划的两种因素：第一个反馈循环（右侧）允许对目标进行修改，尤其是事前计算规划超额完成时。如果预订目标未能实现或搁置，此循环将会启动分析机制，分析潜力及进一步实现目标所需的措施。如果事后评估结果表明节能量低于政策目标时，第二个反馈循环（左侧）指出了政策包需要进行修订的阶段。

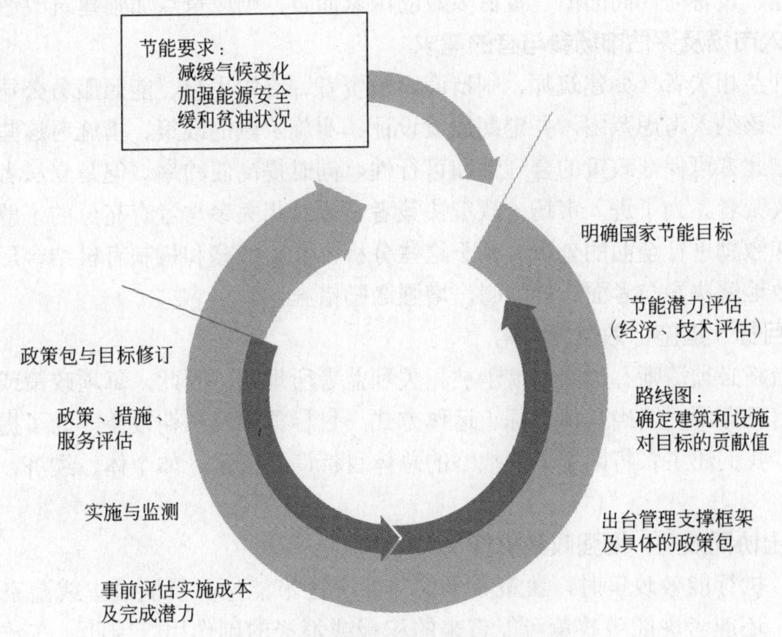

图8.1　政策规划、实施、研究循环图

来源：伍珀塔尔能源研究所（2012），改编自Ecofys报告（2009）

在政策规划流程中，最重要的一个步骤是“出台管理支撑框架及具体的政策包”，这一步包含下述几个方面。

① 建立管理框架。

② 分析市场、行业面临的障碍。

③ 建立合理的政策包。

④ 制定监测、评估、汇报的方法及要求。

⑤ 建立相应的控制及强制执行措施。

8.2.2 政策制定一般性指导原则

不管政策措施如何设计或实施，将下述原则纳入该系统会起到很大的帮助。我们建议在政策措施设计实施之前参照下面这些原则进行彻底地检查。

8.2.2.1 建立稳定的框架，树立投资者的信心

提高能源效率作为一个长期的政治目标，各国政府需要向市场做出可信的承诺。要鼓励引导制造商、建设者、终端用户做出重要的长期投资决策，政策及措施的有效期必须足够长。如果某政策在下一个政府换届之后便失效了，由于投资的沉没成本太高，很难刺激投资者充分地改变他们的经营策略、措施及投资行为。一个明确的目标及完整的政策路线图，能明确各项政策、措施的长期框架，为投资者提供指导，增强其投资信心。同样，一个稳定的强大支持团体和资金来源也会增强投资者信心。

8.2.2.2 基于现状分析确定优先权

为了便于确定优先权、设定合理能效政策目标，我们建议各政府首先分析各国的实际国情和特殊环境。因此，因尽可能多地从不同的终端用户处收集、分析不同行业及子行业的能耗走势。例如，新建建筑比率较高的国家，其政策应侧重于提高新建筑的能效水平；对于隔热保温效果差、设备能耗高的旧建筑占多数的国家而言，则应重点加强建筑改造政策。

8.2.2.3 进入市场及评估市场参与者的需求

相关的利益相关者（如建筑师、制造商、投资者、终端用户、能源服务公司、银行、地方政府等）应该纳入考虑范围，并定期地就设计、实施阶段的政策、措施对这些利益相关者进行咨询。如此方可保证政策的合理性和可行性，同时提高履约率。但是立法者必须谨记他们才是最终决策者。为了进入市场，政策决策者必须对相关参与者有充分的了解，对其分别面对的障碍和激励进行全面的分析。基于这些分析，能将战略和机制有机结合形成一系列政策，从而有效地解决参与者面对的障碍，增强激励措施。

8.2.2.4 使目标、措施、效益透明化

政策、措施必须清晰、透明，易于被相关利益者所理解。因此，每项政策或方案都必须附有相应的信息介绍，明确具体目标、运作方式、目标群体及预期效益。为了提高对政策的认同与领会，我们还主张将国家节能战略的总体目标广泛传达，如个体、经济、社会能够获得的收益等。

8.2.2.5 突出协同效益，增强政策执行

在制定、执行能效政策时，决策者不仅需要关注节能量、节能成本或温室气体减排量等预期效果，还应考虑能效政策可能带来的积极或消极的副作用。因此，在政策制定、执行时，应尽量避免消极影响，突出积极的协同效益。某些情况下，为了克服主要的障碍，对某些独户来说，尤其是对一些比较较真的人，提高住宅能效所实现的节能成本可能并不是可

观，我们建议在评估节能措施效益时将其他用户所接受的协同效益纳入其中。比如，对于室内环境存在隐患，采暖效果不好的建筑，在进行能效整改时，其采取的措施不仅能提高建筑能效，还能改善室内环境健康状况，保障采暖效果。节能电器产品不仅能够节约成本，同时也带了节水、降噪等协同效益。

8.2.2.6 政策的监测、评估及复审

政策措施出台、实施后，应定期对其进行监测及综合评估。在政策全面实施前，应保证相应的资源已经就位，同时须建立配套的数据申报机制，提出完善的数据监测及验证的方法。定期监测、评估、审查的结果，必须进行更新，保证政策法规和行政规章符合实际需要。

8.2.2.7 政策动因：利益最大化，副作用最小化

引进能效政策制度之后，市场会逐渐引导行业进行转型并适应政策需求。但是新的理念、更为高效的节能技术会不断出现，政策不会止步于已经取得的成就。相应地，政策会朝着下一个更高的节能目标出发，沿着其政策路线图，继续引导市场往超低能耗建筑、超低能耗设施方面发展。这不仅能实现节能利益的最大化，还可避免市场回落到低能效水平，规避"搭便车现象"出现。此外，能效政策应通过"溢出效益"，引导市场自愿采取进一步的节能行动。然而，能源效率还会使用户提高热舒适度预期（冬天更高的室内温度、夏天更低的室内温度），或者更倾向于购买大的电器产品，如冰箱、电视等。与预期相比，这些会降低能效措施的节能效果，被称为"反弹效应"。因此，政策制定者应加以权衡，在何种程度上，对舒适度的追求仍然满足节能措施所能达到的效果。或者通过激励及宣传活动，从用户自身行为着手，限制"反弹效应"的发生。

8.2.2.8 考虑社会环境

根据国家、地区的实际情况，将节能战略与扶贫结合起来也是可行的：提高建筑及其设施的能效对低收入家庭，尤其是对能源价格敏感的家庭能带来很好的经济效益。最好的情况下，这会免除他们对社会福利、收入补助等的依赖。然而，弱势终端用户通常情况下需要额外的财政资助来支付节能设施的初期投资。

8.2.3 政策的监测、评估及依从性

定期对政策进行评估、修订可使政策更符合实际，更加有效用。监测与评估（M&E）能让政策管理者对项目进程进行把握，关系到项目的成败。通过监测与评估，能够充分地了解目标群体的需求，便于制定更为可行、更易于监测的中期目标，从而提高能源利潜力，相应地增强节能效果和影响。这样一个持续的研究与改进过程是必需的，在很大程度上决定了项目的成败。因此，单项政策及政策包的监测评估是政策执行阶段的重点内容。

8.2.3.1 监测与评估及其重要性

一条法令的颁布或某项目的启动并不意味着政策制定的结束。政策管理者必须继续跟进，确保最初的预期目标能够实现，密切关注在实施过程中可能产生的副作用，是否有必要对政策进行相应的调整。

如此一来，政策实施便包括了监测与评估这两个重要元素。监测与评估是分析政策措施有效性的工具，是规划方案验证和总体结果量化必经的流程。此外，监测评估有助于判断绩效，对项目实施进行调整，为今后的项目、政策提供指导及反馈信息（图8.2）。

监测意味着持续的项目管理和事后评价过程中收集的常规数据。评估可定义为对政策措

施实施结果的评价及对输入（投入）所产生结果的评价。

监测与评估的区别主要在于观测或评价的时段、频次不同，目标及所要解决的问题不同。下面主要介绍事前影响评估、监测、进程评估、事后影响评估之间的区别。

事前影响评估的目的在于政策指导和实施，监控整个局面。此类评估应该从经济能力、技术潜力的评估开始，评估采用哪种政策措施能够达到预期的效果。基于已经运行的政策包或单项措施所取得的经验，分析政策措施的效率和节能潜力，确定具体的实施政策。哪些参与者应采取哪些措施，政策、项目如何支持参与者进入等问题的分析对于政策制定与事前评估都会有所帮助。

通过监测，项目经理可以跟踪控制项目进程，及时发现并解决进程中出现的各种问题。监测所得的数据对项目进程评估及事后影响评估都非常重要。

与连续监测相比，进程评估能在较长的时限内提供更为系统的政策性能分析，尤其是经由外部评估者进行评估，这些长期由项目负责人监控的项目将会更加可靠。对于某项政策或项目来说，进程评估能够进行更为深入的洞察，判断政策是否朝着预期目标进行。

事后影响评估将详细地分析政策措施是否实现了预定目标，是否如事前影响评估那样有效，同时就之前的预估潜力与实际影响相比较。影响评估涉及行为变化的影响或结果，目标群体对政策的接受程度，相关项目在能源或成本方面节省的开支，积极的或消极的影响（回跳效应、搭便车现象、溢出效益）等。显然，原始数据的收集直接影响到事后影响评估的有效性。

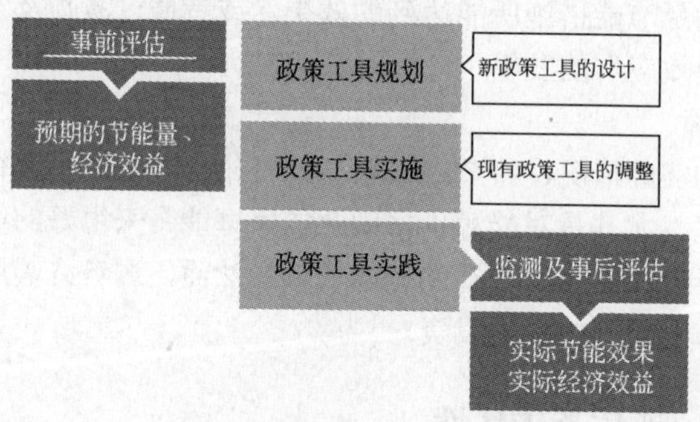

图8.2　政策评估的重要性

来源：伍珀塔尔能源研究所，2012

评估政策有效性最有效的方法是对政策包的评估与监测。如此一来，各类政策间的重叠便清晰可见进，而能够避免重复计算。然而，由于多个政策之间存在类似的相互影响，很难确定这些政策实施后其效果与单项政策相比，是有所提高、降低或持平，因此必须考虑多项政策之间的相互影响。

基本的评估方法有两种：自下而上评估和自上而下评估。

① 自下而上评估　自下而上评估法是指采取特定的能效政策措施所达到的节能量（效果）将通过监测终端用户为提高能效、增加节能量所采用标准或个人行为措施进行评估。由此，可推导出节能成本，并与项目成本、投资成本进行比较。自下而上的方法是适用于对一个单一的政策或部门的一揽子政策在实现节约能源，以及相关的收益和成本方面的影响进行精确计算。自下而上评估包括政策措施的进程评估，同时提供需要改进的意见。

② 自上而下评估　相较于自下而上评估法，自上而下评估方法是指利用在国家性或区

域性的能源消耗指标作为出发点进行节能量计算。此评估方法应用起来比较简单，尤其是能效措施较多或存在重叠的领域。然而，自上而下评估法很难界定虚拟事实来计算节能潜力。如果没有政策干预，相关指标的参考值将被物化。因此，我们建议将自上而下评估法作为自下而上评估法的一个备选评估方法，并且只适用于电器设施、太阳能热水器等，而非用于评估建筑能效。在相关电器能效政策引入前，对电器设施的考察时限至少是5～10年。

8.2.3.2　政策措施的依从性

一个缺失或不完整的合规制度和最优的监测程序可能对能源效率的政策和措施的整体有效性产生重要的影响：它们会阻碍政策目标的完成，影响节能潜力的实现。而且，一个缺失或不完整的合规制度也可能导致搭便车现象和相关的经济损失，并阻碍市场的发展。因此，这个话题在近年来受到了很多关注。

依从（遵守）意味着什么？简单地说，依从（遵守）意味着根据政策措施的要求判断作为政策措施的参与者其行为是否符合相应正常措施的要求。以这种方式理解的话，很明显，即使政策或措施是自愿性的或没有法律约束，是否遵从政策可能是一个相关的问题。

实施较差和不严格的依从政策可能会降低一条政策或一个项目20%～50%的影响。相关指标显示，未依从（遵守）政策的在25%的家电政策和50%的建筑能效政策之间波动。

除了这些负面影响，对所有的市场参与者也有一些因不遵守政策而带来的其他负面影响。

① 对于政府而言，不依从（遵守）政策不仅会削弱现有政策和措施的有效性，而且会需要更多的政策来满足目标，因而给所有的政策带来压力。且节能减排和减少其他污染物排放量的潜力不可能被完全开发出来。如果不执行能源效率管理条例和采购程序方面的政策，可能会导致不公平的竞争。

② 对于企业而言，可能会看到一个缺失的或者不完整的合规制度惩罚诚实的市场参与者。同时，它鼓励市场参与者按照市场规则来参与市场活动。这样就会导致搭便车现象和创新方面的投资不足。

③ 对于消费者而言，不遵守政策意味着他们得为自己不需要的产品特性买单。能效计划是以消费者和投资者对所提供的质量信息的信心为基础的。一旦信任丢失，很难再次建立信任。

出于这些原因，建立一个依从性好的监督管理体制来确保政策和措施的有效性非常重要。监督程序设置得当，政策就会达到更好的结果并且节约更多的能源。例如，澳大利亚政府展开了一项全国性的调查来确定节能率标签计划的依从性。他们检验了2000年和2001年的依从性，调查的结果显示2000年70%的产品标签符合规范，然而，第二次调查发现78%的产品标签符合规范。类似的结果在美国“能源之星”中也存在。

显然，缺乏适当的依从性和强制性是政策措施实施效果欠佳的主要原因。迄今为止，只有很少的项目有全面、透明的符合规定的制度体系。可见，建立功能完善的符合规定的制度体系非常重要。

8.2.3.3　建立依从性高的制度体系

为了建立有效的高依从性的制度体系，政府应该确保对能源效率政策的监测、执行及评估。政策规划和设计时，政府应该已经就依从性提出明确的规定。第一步是建立一个制度框架来确保政策和市场参与者遵从节能要求。这就需要考虑不同的目标群体及他们的需求和资源。特别地，应重点关注潜在的障碍，避免政策措施太复杂而不能被理解或遵守。

要确保程序的公平性，方法的说明、监督活动的频率和范围的透明性。针对可能出现不依从行为的领域建立一套相匹配的强制措施，同时在政策实施中或实施后建立一个适当、清晰的评估系统，评估政策是否取得成效。建立详细的产品性能数据库及一个易于理解、有代表性的测试标准，通过可重复性高的测试方法来确保透明度。

CLASP总结了建立高依从性的制度体系及测验标准的主要步骤。这些步骤包括测试、认证和验证。

步骤1：国际标准化组织（ISO）将测试定义为一个“根据特定程序的工艺对产品或服务的一个或多个特性进行定位技术操作”。测试在实验室中进行（注意：建筑例外，因为整体建筑的能效性能既可以预先通过标准化模拟项目计算得出，也可以事后通过计量建筑物或能源法案测算得到）。为提高可信度，这些测试实验室必须是独立的第三方机构。

步骤2：资格认可确保了测试实验室可以胜任特定的和标准化的测试。

步骤3：认证是担保结果（声明）有效性的一个过程。资格认可和认证涉及的机构也需要是独立的第三方机构。

步骤4：核查机制是由某机构制定的一个流程，该机构批准政策和措施来确定市场上可利用的家电（或建筑物、建筑物构件、建筑物设备）已公开的能效性能是否准确。

步骤5：最后，合规制度的目的是为了确保市场参与者遵守能源效率计划或政策的特定需求，确保产品（或建筑物）标有正确的信息。测试、资格认定、认证和验证都属于综合的合规制度体系，但是完成制度体系也需要措施来监管依从性。为了建立一个依从性高的制度，应该开发相应的法律基础，并规定不依从时的惩罚。应该建立一个公共机构或者另一个独立的组织来协调不同的步骤。

相对而言，建立依从性高的制度可能是复杂并且昂贵的，然而，最近大多的研究重点都放在了依从性的成本效益上。因为不依从的成本可能会高20% ～ 50%，与调整一个额外的产品组相比，提高依从性往往是更有成本效益的选择。

8.2.4 建筑能效之路

建筑是一个极其复杂的体系，每个组件都可以改进，但是这并不意味着就能够提高建筑能效。相比较而言，综合全面的政策体系较单项政策或措施更为有效。政策方面，所采取的措施必须适合地域特色（如气候区域划分），能够有效解决相关参与者面临的节能障碍。技术方面，一次性全面推行节能政策较长期的逐项推行节能政策更加经济有效。因此，在推行绿色建筑政策时，整体性的建筑设计能够更为快捷、更为有效。

整体性的建筑设计是在低投资或无其他额外投资的前提下，实现建筑高效节能的关键。良好的整体性设计，以及高效节能技术与智能化楼宇管理的结合，可实现建筑节能。目前采用整体设计的超低能耗建筑和零耗能建筑（产能建筑）已经建成，这些案例证明了能够比较经济地建成绿色建筑。新建建筑及整个建筑行业要有效地实现节能减排、提高能效，必须在实施过程中逐步地按照整体型设计方案推进“三步走”方针。该战略方针是最终建成舒适、有竞争力及高效节能的绿色建筑的关键，也是实现可持续发展的关键。

“三步走”方针是低成本、高能效建筑的关键，为了实现建筑能效目标，建设低成本（或无额外投资成本）的高能效建筑，需要采用一个整体性的战略方针，即“三步走”方针。

“三步走”方针如下（见图8.3）。

第一步：即前提，降低荷载——建筑设计中选择被动式节能技术，降低用能负荷；第二步：设施选择——根据需要，选择积极的、高能效的暖通空调等设施；第三步：优化运行——根据用户行为和能源管理在建筑运行期间进行微调，达到最优化效果。

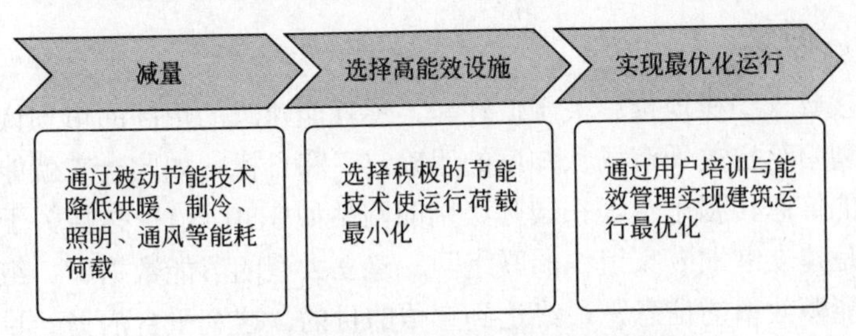

图8.3　减量－选择－优化：一体化设计流程

来源：伍珀塔尔能源研究所，2012.

一体化的“三步走”设计流程能够将一栋建筑的初级能源需求量降到低能耗或超低能耗的水平。采暖和制冷采用场地可再生能源利用技术，能积极地扭转建筑初级能源消耗的平衡模式，在几年时间内，使建筑成为一个净产能建筑。图8.4展示的是通过两个层次（简易能效措施和先进能效措施）逐步实现建筑能效的战略措施。

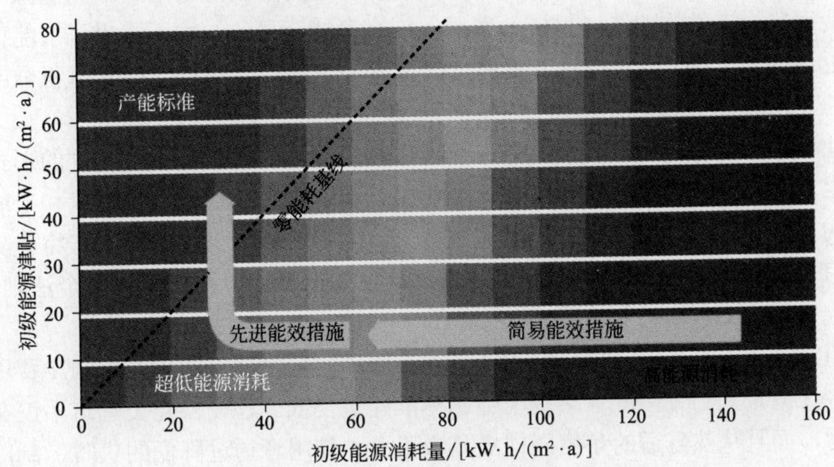

图8.4　实现建筑能效的战略路径

来源：伍珀塔尔能源研究所，2012

在短期内要实现或提升建筑能效，应将简易能效措施视为最低能效限值，重点关注低成本选择方案，主要采用被动式节能措施。尽管能够显著地降低建筑能耗，但是对于长期的气候变化目标，仅采取这类措施是远远不够的。因此，有必要采纳实施先进能效措施，尽早地避免锁定效应——由于建筑寿命较长，新建的高能耗建筑必然会继续使用几十年，在这个过程不可能使其重建成为低能耗建筑，进而产生锁定效应。

采用简易能效措施来提高建筑能效，可使供暖、制冷、通风、生活热水等的初级能源需求量降低40%～60%，达到低能耗建筑的标准。采用先进能效措施，总计能够降低90%的初级能源需求量，达到超低能耗建筑水平。进一步改进能效措施，尤其是采用可再生能源，初级能源需求可能会降低到0%甚至净产能，达到零耗能建筑或产能建筑（净能源生产者）要求。

8.3 欧盟建筑能效政策实践

8.3.1 节能推广政策

欧盟成员国被要求积极地推广关于低耗能、零耗能建筑的更高的市场认知度，方法是在制定的国家级计划中给出关于市场认知度的明确定义和目标。如此一来就能够建立国际和国家级的基础宽泛的信息传播平台。在国际级别的网站如BUILD UP传播关于欧洲节能建筑的信息，具体途径是建立欧洲专家组织的联络网、建立大型的节能数据库、组织大型项目以及提供源于建筑的能源效率的信息，最终达到宣传的目的。这个平台的另一目的是提供广域的信息以及允许政策制定者、建筑专业人员和建筑居住者之间相互影响。在国家级别类似的是由德国国家能源组织建立的网站DENA。

8.3.1.1 强制认证体系

强制认证体系已经在整个欧洲开始实施，每一个新建建筑以及出租建筑都必须公布此类认证。此举有益于建筑能源效率和能源消耗费用两方面的透明度。

8.3.1.2 提高租户支付更高费用的积极性

建筑物的能源效率领域面临的一个主要问题是业主为了在使用期间节约能源（为消费者降低能源费用）而支付的建造（投资）费用。这有可能会导致业主不愿投资节能措施因为回报为零或近似为零。IEA声明投资者更愿意为更好的能效特性的财产而支付租金或销售额的保险费。

对于业主自住型建筑而言，英国的绿色方案系统可以作为一种优秀案例的形式分割节能建筑的费用。绿色方案免除了节能措施（如阁楼、空心墙和外墙绝缘、防风和节能玻璃以及热水器）的预付费用，这使得昂贵的家庭改善方案变得可以负担。节能工作将会随着时间的推移通过家庭能源账单收费的方式得到回报。这种回报必须遵循一个“黄金法则”，即是能源账单的收费不高于预期的节约量。

对于租户来说，尽管由于更高的建造成本（因为大幅度降低的供暖、制冷费用）导致了更高的租金，但是大部分情况下总费用都比标准建筑要低。这使得此类建筑不仅在经济方面更有吸引力，而且从热舒适的角度同样更具吸引力。使用者通过降低的供暖、制冷成本可以实现节约，他们将更愿意支付较高的租金。如此一来投资方可以将能源效率的额外费用转置到更高的建筑租金上。

8.3.1.3 融资和贷款

相对较高的初期投资费用意味着在使用节能技术的过程中存在着巨大的财政阻碍。

许多家庭投资节能措施的能力都受到无法获取资源和贷款的阻碍，关于回报期和可感知的高额启动投资费用的有限的认知对自愿采取节能措施产生了负面的影响。财政方面同样受到缺乏认知度的不利影响，因此还停留在资产保证型贷款阶段。在实际中流动货币保证型贷款方式还没有被普遍接受。相同的情况也发生在地方和地区当局，它们同样受到缺乏关于节能措施的专业知识和经验的影响。

欧洲推广低耗能房屋最普遍的一种方法是通过优先考虑那些利率低且享有补助金的贷款。在国际以及国家层面，欧洲国家已经执行了多种项目，旨在通过不同的财政激励和贷款项目援助能源效率。例如，欧洲地方能源援助（ELENA）机构帮助城市和地区吸引外来资金，方法是提供技术支持、组织，和以最有效的方式实施项目。

除了低耗能建筑的直接收益之外，许多国家都设有能源消耗补贴，减少消耗意味着政府可以用更少的预算费用提供补贴资金。在一些国家如德国，已经表明为首选的技术提供补助和贷款有益于发展和推广节能技术。

8.1.3.4　合同能源管理

一些替代的方法，例如合同能源管理，特许建造工程/服务以及公私合营正逐步在欧洲主流化。合同能源管理是一种为节能措施融资的机制，其实质是以减少的节能费用支付安装节能设施的成本。典型的情况是，节能服务公司（ESCOs）为用户的设备提供提高节能效率的措施并且支付部分或者全部的预付费用，这些花费将由能源账单中所节省出的费用支付。ESCOs是一种新型的技术兼市场运营方式，使得终端用户可以获得外部融资。尽管欧洲的节能服务公司具有巨大的潜力并且数以百计的现有项目也证明了其有效性和灵活性，此类服务的市场仍未得到充分的开发。

8.1.3.5　CO_2征税

与其他国家不同，在法国、丹麦和爱尔兰对低耗能建筑的另一种激励手段是较低的税收，因为这些国家实施征收CO_2税。

8.1.3.6　培训

欧洲国家一向注重确保所有的建筑专家和技工与最新的和即将制定的标准保持步伐的一致。培训课程和进一步的资格认证都是必需的要求，同时也提供额外的信息课程。德国在DENA和BAFA都有以建筑专家为主的中央注册员，职责是检查培训机构、建筑从业人员资质和对已经申请经济资助的建筑进行审核。德国工商会也为进阶培训提供经济资助。除此之外，由于激烈的市场竞争，生产节能产品例如绝缘物质和技术等的地区生产商投入大量精力培训技工和建筑专家以及后续的宣传项目。工程师和施工人员的专业化和进一步培训已经证实可以帮助欧洲公司开发业务。同样建议的是在培训和监督各种技能的过程中实施内部的审计和控制，这样做有助于将未来的项目打磨至符合公司的具体要求。

8.3.2　政策管理与政策互动

建筑能效特性需要得到显著的提高以降低总体能源需求和二氧化碳排放。政策制定者所面临的问题是从何着手。关键的一点是制定准备充分的策略以实施适当的政策与措施。为了实现建筑能效目标，一个全面的政策规划是必不可少的。规划良好的政策易于获得更大的成功，政策规划过程中重要的步骤和先决条件见8.2节。政策周期是一个在建筑领域实行能源效率政策的典型过程，政策制定者应该在制定政策的过程中牢记这个周期，并且与这个周期中的不同步骤保持一致。周期中最重要的一步是政策和发展政策包的结合，原因如下：综合包中的捆绑措施使政策更有效。

经验表明几个不同类型的政策工具混合使用易于得到更好的效果。每一项政策都有自己的优势、目标群体和特定的运行机制。每一项都被设定为克服一个或几个特定的市场阻碍以及加强参与者特定的激励，但是没有一项可以应对所有的这些阻碍和激励。大部分的政策工具可以实现更多的节约，如果它们与其他措施结合一起使用，它们之间的影响力通常可以互相促进。比如，两个相结合所产生的影响力大于各自预期影响力之和。因此，一个恰当的、协调且综合的政策框架是必需的。规定最低能源效率标准的法律条款反而只能开发节约潜力的一部分。通常而言规定标准只能排除市场中效率最低的技术和实践操作，但是并不能促进那些效率最高的技术（最佳可用技术，BAT）。因此十分重要的是促进BAT的市场渗透率以确保规定标准具有动态的影响力。

可以区分出两种类型的综合政策包：①应对最终能源消费者或不同部门的终端使用技术的政策包；②补充性地关注措施和服务的“供应方面”的政策包，例如能源公司、节能服务公司（ESCOs）、建筑师、装置承包商和制造商等。

一个用于住宅建筑领域的全面且连贯的政策包应当具备以下功能：在清晰的强制性措施、激励、信息和能力建设之间提供合理的平衡；处理供暖/制冷和家用水暖在建筑的应用，包括这些终端用户的用电需求。

图8.5展示了建筑特性和提高能效特性所应用的政策之间的关系。

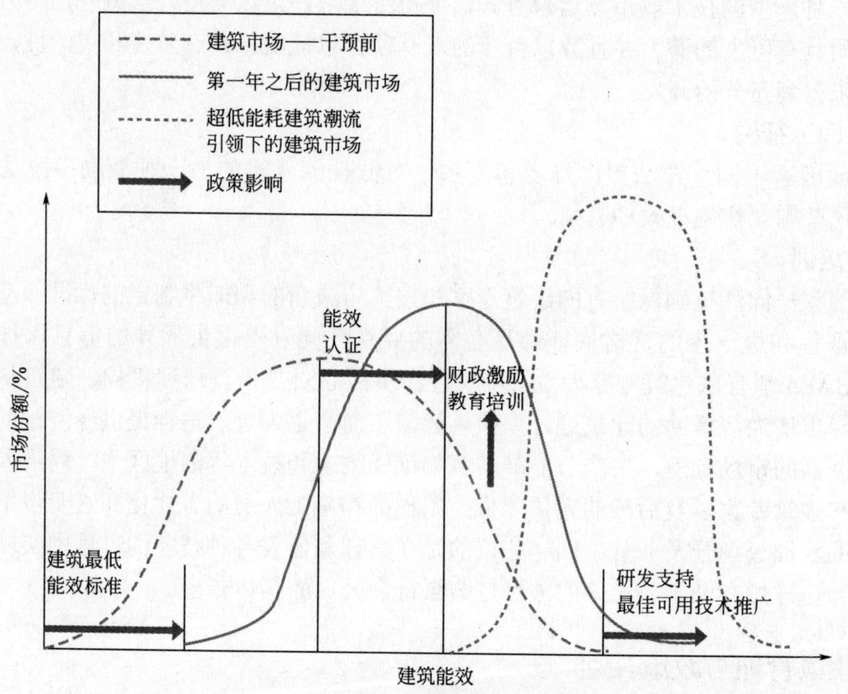

图8.5 政策工具对新建建筑能效的影响

来源：伍珀塔尔能源研究所，2012

表8.2展示了主要的政策工具和其子分类，详细描述见下一节。

表8.2 欧盟建筑能效相关政策

政策工具类别	子类别
法规	- 建筑整体或建筑设备/元件的最低能效特性标准 - 建筑物的强制性能源认证和建筑元件的能源标志 - 领跑者计划（目前为止还未在欧盟实施）
信息条款	- 建筑的强制性能效特性认证（EPCs） - 设备的能源标志 - 设计和建造阶段的能源审核、其他建议以及协助 - 信息提供：信息中心、活动、网站 - 示范项目 - 超级节能建筑元件奖励比赛

续表

政策工具类别	子类别
经济激励与财政情况	- 退税和其他税收激励 - 贷款（软性和/或补贴） - 直接补贴，拨款，退款 - 推广合同能源管理 - 提供资金，奖励和推广项目比赛
能力建设	- 教育和培训（例如将能源问题整合入课程体系中） - 合格参与者认证 - 能源效率集群/网络 - 零售商和银行员工的培训项目
能源服务	- 推广能源服务
研究与发展和公共领域项目	- 研究与发展经费 - 公共领域项目 - 合作采购和竞争

8.3.2.1 标准与建筑规范

提高建筑能源效率的一个关键驱动因素是建筑能源准则，其中与能源相关的要求已经融入建筑的设计或修整阶段。一些成员国家在1970年代已经制定了一些关于建筑维护结构的热性能最低要求的建筑规范。如今所有的欧盟成员国必须依照欧盟建筑指令实行能源效率要求。

通过设立允许范围内最大能源消耗的限制，能效特性标准可以用于移除市场中最低效率的建筑、技术和元件。特性标准既可以通过法律强制实行也可以在自愿的基础上建立。能效特性标准的一个先决条件是具有一个有效且被认可的测量能源消耗与效率的理论方法，此方法应当已经就位或正在制定中。

这些要求应当一步一步地加紧直到达到了超低耗能等级（“近似零耗能建筑”），与此同时使市场能够适应和获益于节能建筑。一个有效的监管和执行体制对于确保符合标准是至关重要的。

除了对建筑整体的能源标准之外，最低能效特性（或生态设计）也对以下方面做出要求：单一技术例如供暖、通风和空气调节（HVAC），照明设施，能源相关建筑元件，建造材料（如供暖系统、窗户、绝缘材料等）。生态设计指令2010/125/EC是与之相应的指令并且对这些技术设立最低要求。

成功要素为以下几个方面。

① 标准应当具有充分的根据，例如通过生命周期成本研究和示范建筑。

② MEPS必须是无限制的，得到定期修正以及更新。

③ 目标群体应当做好充分的准备并且具有足够的技能执行这些标准（如通过补充性信息以及培训项目）。

④ 应当清晰地就可实现能源节约进行沟通和交流，以避免使人产生这些要求仅仅增加负担的印象。

⑤ 监督和执行过程中务求能够获得足够的资源。

⑥ 通过采用严格的处罚措施确保最大程度上的服从。

表8.3、表8.4列举了一些标准与建筑规范。

表8.3 实例一：建筑能效特性指令

概述	2002年颁布了建筑能效指令（EPBD），旨在提高欧盟地区建筑的能效特性（2002/91/EC）。EPBD是首次的重要尝试，要求所有的成员国，基于一种“整体建筑”的方法采用一个综合的框架以建立建筑能源规范要求。2010年重新修订了该指令（2010/31/EU），增加了更多高要求的规定（如所有的新建建筑都有义务在2020年底成为近似零耗能建筑）。 EPBD具体地提出了以下几点关键要求： - 对新建建筑和正在进行“重大革新”的大型（>1000 m^2）现有建筑提出能效特性的最低标准 - 一个综合框架，用于计算建筑整体能效特性的理论方法 - 新建建筑或现有建筑在建造、出售或出租的时候进行能源认证 - 对空气调节和中到大型供暖系统实施检查和评估体制，或者以备未来之需，就这个主题开展信息宣传活动（BPIE 2011）
状态	正在进行中
起始年份	2002
国家/地区	欧盟
目标群体	指令涉及住宅领域和第三产业部门，目标群体是建筑专业人员和建筑居住者
财政情况	指令要求成员国应该确保建筑要求的最低能效特性的设定“着眼于实现成本最优水平”。为了给这些改进措施提供资金，成员国应当起草一份关于现有的和提议的措施的清单，包括相应的财务特性。这些将有助于促进指令目标的实现
评估与监管	应该实行一个监督和评估的系统，但是目前在欧盟建筑市场和能源使用方面普遍缺乏综合的数据
量化目标/政策影响（能源与成本节约）	目前尚无一个关于EPBD影响力的全面评估，但据估算表明，如果全面且恰当地实施EPBD能源节约有望在2020年达到最终能源需求量为96Mtoe，这相当于欧盟最终能源需求的6.5%（Impact Assessment Document，BPIE 2011）。除此之外预期的影响还包括2.8×10^4～4.5×10^4个潜在新就业机会以及主要的负面CO_2消除成本
参考文献	- http://eur-lex.europa.eu/LexUriServ/LexUriServ.do?uri=OJ:L:2010:153:0013:0035:EN:PDF - http://www.isisrome.com/data/mure_pdf/EU58.PDF - http://ec.europa.eu/energy/efficiency/buildings/buildings_en.htm

表8.4 实例二：法国EIE地方能源信息中心

概述	法国地方能源信息中心（Espaces Info Energie，EIE）的网络向社会大众提供关于建筑能源效率的个性化建议，尤其是对住宅领域。在法国，缺乏关于此类话题的足够信息被视为减少建筑耗能的重要阻碍之一。EIE网络克服了这个阻碍，网络由全国250个办公室组成。2009年收到能源建议的人投资额高达4.65亿欧元并且节约了98.74toe和166.62t的CO_2
状态	正在进行中
起始年份	2001
国家/地区	法国
目标群体	目标群体是投资商、占用者、租户、房东和所有类型的建筑专业人员
财政情况	文献资料在经费的数量上并未达成一致。MURE（2010）估算全部经费为1500万欧元，其中500万欧元由项目协调方ADEME提供。根据IEA（2009），能源署向该网络提供了850万欧元。2003年一项估算表明平均投资费用为每项活动7650欧元。2010年数据提升到8386欧元
评估与监督	项目的环境影响（如实现的节能和减排量）事后得到定期的评估。目前为止整个项目已有两次国家级评估（2003年和2005年），在2005～2009年之间已经进行了另外的14次区域基础评估
量化的目标/政策影响（能源与成本节约）	2003年ADEME第一次评估了该网络。除了一些关于EIE目标群体和客户采取的行动，评估还发现了被采用的68项行动带来了40.73 toe/a。 2009年EIE办公室给出了22万条深入的建议，其中的51%用于进行重型作业/安装投资并且其中的56%都落实到了行动，此外因为咨询了EIE而节约了2.7t的CO_2排放。后者数据是基于发现表明，2413个行动得到了执行并且节约了6234t CO_2
参考文献	- MURE Database http://www.isisrome.com/data/mure_pdf/FRA16.PDF - Chédin，Grégory（2010）：What lessons can be drawn from the evaluation of energy advice centres?，ADEME，Angers（France） - bigEE（2012）

8.3.2.2　信息提供与建筑认证

能源效率所面临的一个重大的阻碍就是缺乏关于节约潜力的相关知识。信息和宣传工具旨在说服消费者和制造商改变他们的行为模式以及提高在能源效率方面个人收益的认知，方法是提供关于个人收益的信息和案例，以此加强市场的透明度并且帮助提高对于节能产品的需求量。

此类型的政策覆盖范围很广，从能效特性认证、能源标志机制、大众传媒宣传、能源建议中心、审计到信息宣传活动。这些项目的目的在于告知市场参与者关于能源效率和收益的概括信息，并且帮助他们识别具体的节能机会、评估相关费用和收益以及最终应当采取适当的行动。信息项目通常可以从长期的角度提高有效性，特别是可以减少反弹效应。

目标群体是消费者、设备操作员与技工、建筑大楼的管理员、工程师、建筑师和决策者。相关参与者的参与在确保连贯的、独立的、中央协调下实施的不同能源效率活动方面具有重大的意义。

在欧洲信息项目的范围极其广泛并且近几年数量还在扩张。欧洲建筑领域中最显著的例子是强制性能效性能认证（EPC）。此认证记录了建筑的能源质量并且允许住户和买方在购买或租赁建筑之前就能评估他们即将面对的能源费用。

成功要素为以下几个方面。

① 定期调整认证/标志，与科技进步和市场改革步伐一致。

② 目标群体应当了解提供的工具（如标志和其含义），例如通过信息宣传活动。确保目标群体了解相关的收益和（投资）费用以及推荐的节能措施（如通过示范项目）。

③ 认证/标志应当清晰而且透明的，非专业人员也可以轻易了解（如通过涉及财政影响的信息而不仅是能源费用）。

④ 补充性激励（如补助金，税收豁免）和恰当的能源价格（如通过免除能源补助或引入生态税）以激励行动朝最节能的标志级别发展，最终能够提高标志的有效性。

⑤ EPCs应当包含高成本效率地提高建筑能效特性的建议。

⑥ 在合格的制度性基础设施下实行宣传活动和教育项目（如能源署和教育机构）。

8.3.2.3　激励政策与融资

财政激励，借助财政政策与措施或者通过宣传项目的形式而存在，是促进能源效率的经典手段。它们通常被用于加快（超）低耗能建筑和特定能源效率技术的市场渗透率，此外也对提高最佳可用技术（BAT）在建筑群、设备等中所占的比重而起到了重要的作用。

经济激励被用于克服与低耗能建筑的增额成本相关的阻碍，其作用是减少初期投资费用的阻碍并且增加获取资金的机会。财政激励在促进新兴技术的采用以及帮助特困户参与到能源效率投资两方面都起到了重要的作用。就供应商而言，财政机制的目的是在节能产品领域中帮助产品发行或活动分配。

当采用财政激励的时候建议发起关于补充意识、积极性、信息方面的宣传活动以及与市场伙伴的合作，例如承包商，其目的在于提高行动参与率和节能影响力。在欧洲，财政项目的作用越来越重要，并且自1970年代发生了第一次石油危机以来已经推行了一系列不同的项目。因此在欧洲存在着几种类型的财政项目，并将在图8.6中加以阐述。

此外，在发掘新的方法和新的融资手段过程中有一些正在进行中的步骤。成功的财政项目都具有一个共同点，即是消费者预期的销售利润、开发成本和质量标准将达到一种平衡并且符合法律的要求。

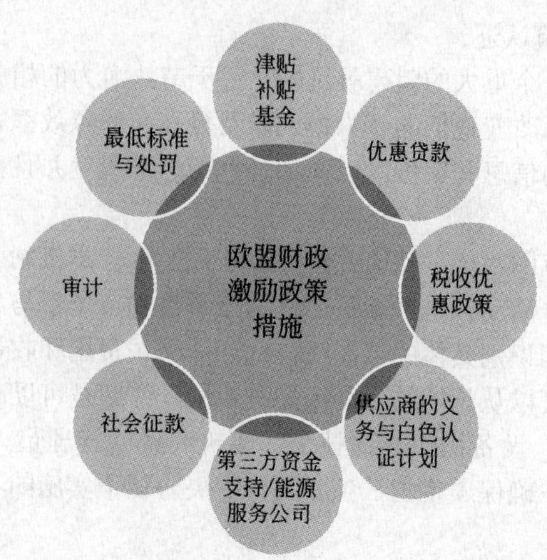

图8.6 关于建筑能效特性的财政项目与激励类型

来源：BPIE survey，2011

表8.5列举了德国复兴信贷银行提供的财政支持项目。

表8.5 实例三：德国复兴信贷银行提供的财政支持项目

概述	德国复兴信贷银行为德意志联邦共和国及其联邦国家所有。推广银行对各类市场参与者，比如中小型企业或建筑所有者提供财政激励。该银行承诺实行可持续发展的政策，其中支持环保和节能领域的相关活动是重中之重（Höfele 2010）
状态	正在进行
起始年份	现有很多的不同复兴信贷银行项目，其开始年份和结束年份都根据项目的侧重点而有所不同 自2001年起，复兴信贷银行对建筑的翻新提供支持，旨在提高其能效特性
国家/地区	德国
目标群体	目标群体根据项目的侧重点而有所不同（目标群体包括，例如业主居住者、租户、房东、房屋协会、中小型企业和大型企业，能源供应商）
财政情况	根据银行2008年的年度报告，银行的总资金量达到了706亿欧元。这份财政激励的总资金量可以根据银行的不同业务部门进一步划分：KfW Förderbank338亿欧元，KfW Mittelstandsbank 143亿欧元，KfW IPEX-Bank 176亿欧元，KfW Entwicklungsbank 37亿欧元，DEG 12亿欧元。所有的德国复兴信贷银行覆盖了国家和国际资金市场超过90%的资金需求
评估与监督	事后评估由独立的评估部门进行，该机构负责评估KfW银行的每一个个体项目。银行发布的第十份评估报告是关于财政合作有效性的——名为“发展评估，评估发展”，报告显示大约80%的项目都取得了成功（Höfele 2010）。
量化目标/政策影响（能源和成本节约）	目前并没有一个清晰的总体量化目标，目标随着项目的不同而有所不同，但共同点是所有目标都包括可持续性、责任制、市场经济和人文（Höfele 2010）。2008年复兴信贷银行共支持了28万个项目，总值67亿欧元，节约CO_2排放量76万吨，并且帮助评估了相关时期的约22万份工作
参考文献	- http://www.kfw.de/DE_Home/Presse/Aktuelles_aus_der_KfW/PDF-Dateien/FZ-Evaluierungsbericht_DRUCKVERSION.pdf - http://www.kfw.de/DE_Home/Service/Download_Center/Finanzpublikationen/PDF_Dokumente_Berichte_etc. /1_Geschaeftsberichte/GB08_FINAL_DE_InternetPdf_Barrierefrei.pdf

成功要素为以下几个方面。

① 确保目标群体得知财政激励的存在。

② 确保对于目标群体来说获得财政支持的程序足够简单且广为人知。

③ 财政手段的年度预算应当与节能目标紧密相连。

④ 确保商业银行具有足够的知识和动机向消费者告知可用的财政工具。

⑤ 为培训项目和意识宣传活动提供补助，如此一来消费者和供应商都可以提高他们关于节能建筑解决方案的相关知识。此举可以让提供的拨款发挥出更持久的影响力（否则市场反应可能只限于补助项目的期限内）。

8.3.2.4 能力建设

对于任何建筑能源效率的政策包而言，所有相关供应链的参与者的教育和培训都是至关重要的元素。因为相关参与者（建筑师、设计者、开发商、建筑承包商、设备承包商、设施管理员、房地产经纪人和其他中介人）通常而言并不具备能够恰当地设计和建造最先进的低耗能建筑所要求的技术。导致的结果就是其他政策，如能效性能标准即使在政策全面实施的情况下也不能达到预期的能效提高。

能力建设措施的目的在于为供应链参与者提供相关的知识和技能以帮助他们：①设计、建造、运营和市场化最先进的低耗能建筑；②正确且有信服力地告知投资商、建筑业主和租户关于此类建筑的成本效益和其他收益。

此外，也需要进行关于能源效率的公共教育从而促进对其收益的理解，以此提高对节能方案的需求。提供的培训材料和教育课程可以用于学生和其他感兴趣的参与者。

对合格的参与者进行认证可以提高接受培训的积极性，并且使得投资商易于选择一个拥有恰当技能并且值得信赖的服务提供商。能力建设的另外一项措施是建立一个集群或网络，其作用是连接相关参与者并且实现经验和优秀案例的交流。

成功因素为以下几个方面。

① 确保学习的信息内容（如教学理论）是完备的、先进的、符合不同目标群体要求的。根据这些标准定期修正培训材料和课程。

② 培训内容应与其他政策的要求相联系，尤其是法规、能效特性认证和财政激励项目。

③ 确保获得认证的要求足够严格并且定期更新最新的节能技术和设计方面的发展，如此认证才能作为质量的真正标志。

④ 认证组织应当要求定期间隔（如每隔三年）进行再次认证以确保专业性保持在与最新的节能技术和设计的发展相一致的水平。

⑤ 集群需要国家提供的核心经费，但也可以通过参与成员或其他服务筹集额外的资金。

⑥ 通过网络对执行的活动和达成的结果进行监督和定期的报告。

表8.6列举了奥地利气候保护行动。

表8.6 实例四：奥地利气候保护行动

概述	Klima：aktiv气候保护行动在一个总项目下结合了全方位的气候保护措施。其目的在于对节能技术与服务的供给和需求提供积极的激励措施，并且提供全面的信息与服务。项目包括四个主题集群。集群之一就是建筑，其中教育和培训项目起到了重要的作用。奥地利能源署兼顾项目发起人和管理事项的操作代理 超过5000名技工成功地完成了他们的培训，仅在2010年就有超过1000名专业人员参与了97项培训课程。项目还建立了一个网络教学平台，提供9项课程主题并吸引了650名参与者。培训内容：针对能源顾问和活动板房的销售人员的进阶培训、针对建筑者和装配工的教育宣传活动、针对企业能源顾问的特殊培训，内容涉及能源管理，发动机、压缩空气、通风设备和热量回收的相关主题
状态	正在进行中
起始年份	2004
国家/地区	奥地利
目标群体	技工、建筑者、装配工、能源顾问

续表

财政情况	通过Klima：aktiv行动，奥地利联邦农业林业环境和水资源管理部每年能够筹资大约700万欧元（直至2010年），资金来源是UFI项目以及政府部门
评语与监督	监督和评估已经得到执行，定期发布年度报告
量化目标/政策影响（能源和成本节约）	根据年度报告，整个Klima：aktiv项目（不仅局限于教育项目）实现了CO_2减排160万吨
参考文献	- Second national energy efficiency action plan of the Republic of Austria 2011 - www.klimaaktiv.at

8.3.2.5 能源服务

能源服务意味着为家庭提供热能、照明和电源，按照终端用户和服务供应商制定的协议支付费用。融资协议与时下正在降低的电费账单相关。由于终端用户通常缺乏要求的资金和专业知识并且担心相关的风险，因而一个良好的解决办法是将投资能源效率的筹资和实施过程都外包给第三方，例如节能服务公司（ESCOs）、公共事业公司、市政当局。这种做法在现有建筑领域应用的最为普遍，但也可以开发应用到新建建筑领域。ESCOs是专业提供一系列能源解决方案的公司，业务内容包括设计和实施节能项目、能源基础设施外包、供能供电以及风险管理。

政府促进合同能源管理或第三方融资机制应当采取以下措施。

① 培养潜在客户。

② 供应商认证。

③ 模型和合同标准化。

④ 建立保险基金以防客户破产。

⑤ 鼓励在恰当的时候建立公私合作关系。

成功因素为以下几个方面。

能源服务市场面临着和技术创新市场类似的阻碍，分析这些阻碍然后实施政策与措施以克服它们。

表8.7列举了节能服务公司的能源革新举措。

表8.7　实例五：ESCOmmuner-节能服务公司的能源革新

概述	三个市政当局都缺乏详细的环境概况以及对市政大楼的系统能源管理。于是市政当局成立了一个合作关系（ESCOmmuner）并且遵循了一个理念，即是创立一个由能源节约费用支付能源革新所有费用的模型。一个地方能源供应商考察了8个市政大楼然后计算出在回报期为6～8年中潜在能源节约量达18%～24% 一个选定的公司（ESCO）确保可在回收期10～11年中实现每年节能20%。如果在前7年中保证的节约量未能达成，则ESCO必须支付其中的差价。额外节约量中至多3%将归于市政当局所有（用以激励额外的节约）。超出此范围的额外节约量将由ESCO和市政当局共享。前7年之后所有的节约量归于市政当局所有
状态	正在进行中
起始年份	2009
国家/地区	丹麦
目标群体	目标群体是公共建造商和节能服务公司
财政情况	市政府决定资金总额为600万欧元，其中包括了节能措施和其他公共改造的意向。市政当局自己提供了600万欧元的借贷并允许ESCO进行贷款
评估与监督	项目完成后每一个机构需要登记节能量并且培训员工操作系统和装置，以确保正确地测量节能量 此外，能源和其他资源消耗量由IT应用程序进行每月检查
量化目标/政策影响（能源和成本节约）	结果表明节约量占总能源使用量的24%，高出节能服务公司所保证的节约量 投资额：600万欧元 初级能源节约：2.2770MW·h 温室气体减排量：13.430t CO_2/a
参考文献	- www.climatebuildings.dk/middelfart.php

8.3.2.6　研发与公共领域项目

通过推广研发（R&D）活动以及示范项目，技术与设计理念的创新将得到培养。这将协助促进市场变革以及降低节能方案的增效成本。研发活动的经费对于创新科技的发展和确保高效能技术的及时商业化起着至关重要的推动作用。低排放技术在接下来20～30年内的改进速度是一个重要的决定因素，决定了是否可以在长期实现低排放道路。此外，这也是在接下来的步骤中提高标准至更高能源效率标准的准备因素之一。

除了为研发活动提供资金外还有一种提高建筑能源效率的可能性：公共领域项目。结果产生的对于建筑节能技术的公共采购项目的需求增加可以提高市场渗透率并且降低这些技术的市场价格。这就转而导致了更加频繁地使用这些技术，并且最终成为新型建造中的默认技术。对于公共建筑而言，目标应当是以下几个方面。

① 树立一致且有前景的监管框架和指导方针，比如设立的革新目标为超低耗能等级在公共建筑群中每年都能达到5%，并且要求为能效特性的至少两个可选级别进行生命周期成本计算。

② 为最佳可行技术（BAT）（近似零耗能建筑等）性能等级的定义和成就提供清晰的描述和具体的指导。

成功因素为以下几个方面。

① 成熟、示范的技术和设计理念通常不能依靠自身引进市场或取得突破性发展：它们需要需求拉动手段、交流沟通以及某些时间的财政激励。

② R&D项目的招标应当定义明确并且足够详细。

③ 定义明确且透明的R&D优先化过程和评估流程是必不可少的。有效的监督和评估政府拨款的能源研发表现情况对于最大化研发项目的成本效益有至关重要的作用。

④ 公共领域应该由案例引领，从而为节能建筑理念和技术创造一级市场。

⑤ 确保公共部门在能源效率提高方面的目标、行动和成就都得到了广泛的传播，以鼓励私营部门效仿。

表8.8列举了德国法兰克福市有和市用建筑的被动式节能屋标准。

表8.8　实例六：德国法兰克福市有和市用建筑的被动式节能屋标准

简介	2007年德国法兰克福为市有和市用建筑建立了被动式节能屋标准。被动式节能屋标准被定义为最大热能需求为15kW·h/（m^2·a）的建筑。通过引入该项目，当地市政府力图跟随案例的引领，例如政策的目的在于提高被动式节能屋概念的认知度以及向投资方展示其经济可行性和其他收益
状态	正在进行中
起始年份	2007
国家/地区	德国法兰克福
目标群体	目标群体是制造商、建筑工程师、工程顾问、装置承建商、建筑材料与设备批发商
财政情况	德意志联邦共和国的一个推广银行为被动式节能屋提供了软性贷款 例如，一个面积为162m^2的房屋建造费用估为1914欧元/m^2，而一个标准房屋建造费用为1784 欧元/m^2。这就意味着整栋房屋的额外花费约21000欧元，即是6.71%的增量建造成本。在“概述”中提到，项目总费用为167万欧元、1110欧元/m^2
评语与监督	现有一个已经就位的监督系统负责追踪必要的数据，用于对如资金、运营和环境后续费用等作出评估
量化目标/政策影响（能源和成本节约）	现有许多示例建筑的能源消耗量相比于欧洲建筑指令要求（见上）已得到大幅度降低。例如，一个学校实现了节约能源费用67000欧元/a（8000欧元而不是75000欧元）。燃料油方面的节能量达8.5L/（m^2·a）或85%［消耗量为1.5L/（m^2·a），如果按照标准选项建造则为10L/（m^2·a）］。更高的建造投资成本可以在几年内得到回报，得益于降低的能源费用、税项收益和更低的利率
参考文献	- bigEE（2012） - Website Frankfurt am Main: www.frankfurt.de and www.energiemanagement.stadt-frankfurt.de

8.3.3 德国建筑领域政策包

在建筑领域的联合政策与措施的一个优秀案例就是德国，德国政府已经建立了一个全面的政策包以提高其建筑群的能源效率，该建筑群由170万住宅建筑构成。

能源概念2010明确规定德国的目标是建筑的热能需求量在2020年降低20%，一次能源需求量在2050年降低80%，与此同时在近期内将建筑的翻新率从1%提到2%。后一个目标对于可持续性地降低建筑能源需求起到重要的作用，特别是由于德国的170万建筑中70%～75%都建于1979年第一项建筑节能法规起效之前。从那以后德国通过节能法令开始加强新建建筑的能效性能标准。

根据欧洲建筑指令，德国能源署开发了一个针对高质量建筑分类机制的自愿标志。为了符合该标志的质量要求，翻新的家庭必须与指令的要求一致，也就是说这些家庭的一级能源需求量必须至少与相对应的新建建筑的需求量一样低。新建建筑如果想要获得该标志，它们的一级能源需求量必须至少低于普通新建建筑的30%。业主和建造商都将获得由国有信用机构（KfW）提供的财政支持（软性贷款并带有赠与成分或拨款）。翻新或建造过程之后的能效特性越好，贷款条件越优越。一个类似的提供优惠贷款的项目同样适用于商业领域和非营利机构。总体而言，KfW建议在建造或翻新过程开始之前有必要接受来自能源顾问的能源咨询。

能源咨询网络在德国应用范围广泛并且只需支付较低的费用，消费者建议网提供的能源咨询服务只收取费用5欧元，它们的专家也进行低收费的现场考察。特定的国家认可能源顾问也可以提供专业技能与知识。以上两种类型的能源咨询都已经或可以得到政府补贴的支持。

此外，能源署还设立了一项能源认证，对于任何想要出售或租赁建筑单元的人来说都是强制性的要求。该认证的内容还包括了能源消耗的信息，以及对如何提高建筑能源效率的翻新提案提出建议。

为了使家庭、工业和服务领域都认识到节能的重要性，政府资助了一项负责提供关于节能主题的全面信息的节能计划。能源效率——德国宣传活动协同移动展览Das Haus（The House）一起强调了德国能源效率建筑的广泛应用，30个试点网络项目促进了德国能源效率网络的建立。

概括而言，德国的政策包由建筑指令构成，其基础是一个认证机制和一个发展中的质量标志。为了提高德国建筑的翻新率并且使得新建建筑比法规要求的更有效率，政府为所有建筑部门（如住宅、工业）都提供了财政激励。关于可获得的资金和其他节能机会的重要信息都通过客户信息中心和特殊培训的能源顾问提供。

表8.9总结了应当结合成一个有效政策包的政策，以及在德国的实施阶段。

表8.9 德国建筑领域的政策包

政策与措施类别	政策与措施子类别	德国的实施情况
管理框架		
能源效率的目标与规划	超低耗能建筑/翻新的政策路线图和目标	联邦政府制定的能源概念，也就是于2050年实现降低建筑的一级能源消耗80%的目标
能源效率项目与政策的基础设施和资金	能源署	德国能源署以及一些国有、地方机构
	全面协调与融资	尚无明确的机制

续表

政策与措施类别	政策与措施子类别	德国的实施情况
消除偏差	免除/减少对终端用户能源价格和能源供应的补贴（如果存在）	对加热燃料和电力收取能源税
	移除法律阻碍	允许房东提高租金（通过11%的能源效率投资）
特定政策与措施		
法规	建筑&设备（包括服从机制）的最低能效性能标准（MEPS）	自2009年起要求相对低耗能建筑［70kW·h/（m^2·a）］，2021年起计划实行超低耗能建筑
	法律要求个体计量	对于热能和电能的确如此
信息	能效特性认证&设备标志（包括服从机制）	自2009年起对出售或出租实行强制性能效特性认证，自2002年起对新建建筑实行
	在设计、建造、翻新过程中提供能源建议/审计&援助	一些项目经由消费者机构、能源公司、独立顾问
	信息中心	一些地方能源署、消费者机构或能源公司
	示范建筑（新建/翻新）	示范项目，很多建筑，例如www.enob.info
	其他	信息宣传活动，在线建议工具
财政激励与融资	财政激励	作为软性贷款项目的一部分，为一些超高节能的新建建筑或翻新提供补助金
	融资工具（例如软性贷款）	通过政府银行KfW的大型软性贷款项目；政府补贴的贷款和补助金高达15亿欧元/a
能力建设与建立网络	对供应链参与者提供教育&培训	一些国家项目
推广能源服务	推广第三方融资	一些公共部门体系；由NRW的国家能源署为消费者提供建议
推广：研究，研发和最佳可用技术	公共部门项目（案例引导——EE政府采购）	一些联邦项目资助RD&D；一些权威机构决定仅建设超低耗能建筑
成就		
		新建建筑都是相对超低耗能建筑，然而，翻新案例中只有约1/3的潜力得到了开发

来源：Thomas，et al.，2012。

与新建成建筑物相比，对于现有建筑物的改造具有更大的建筑物能效提升空间，但是，想要对现有建筑物中的屋顶、墙壁、窗户、保温与制冷系统实施全面的改造，使其达到最高等级的建筑物能效等级还存在一定的困难。因此，提高现有建筑物能效的目标包括两方面：

在现有建筑物改造过程中，进行“深度”改造，最大限度地提高建筑物能效水平；提高实施“深度”改造的建筑物的比例。

图8.7中的内容和下面的文字介绍了实现上文提高的两个目标的可行政策组合。

每年都有大量建筑物要进行修缮或者美化工作。在这些过程中，我们应当充分利用各种可能的机会提高建筑物能效等级，例如使用隔热材料，布置遮蔽物，使用高能效的窗户、保温和制冷系统等取代之前的高能耗建筑材料。我们正在对现有建筑物及其建筑构件的强制性最低能效标准（MEPS）进行大规模的修改，在此过程中，保温和制冷系统的相关标准发挥着重要的作用。

我们应该每三年到五年颁布相关的法规，保证这些标准的执行，并逐步强化它，最终使现有建筑物达到能效平衡或者接近ULEB标准，这一切的保证是拥有成熟的技术。MEPS可以在市场经济环境中，通过执行最佳能效实践和使用最佳能效建筑材料降低中间交易过程的成本，同时保证销售者与购买者获得更多的实惠。为了保证能够提高建筑物能效效果，在局

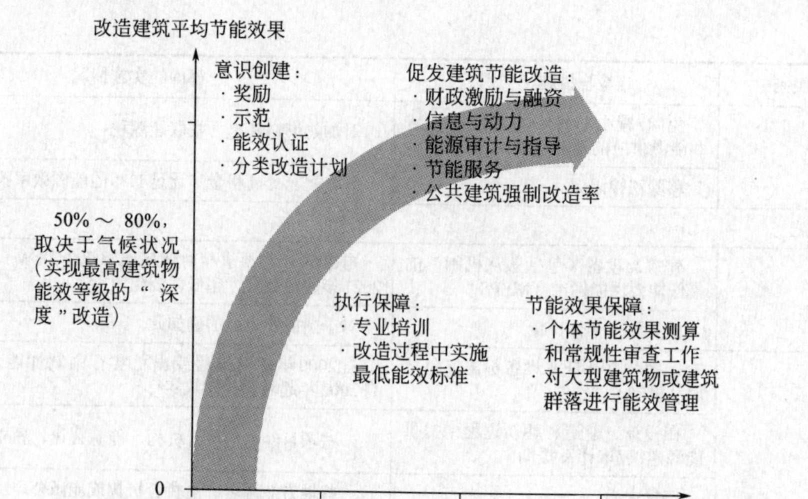

图8.7 在现有建筑物翻新和新建建筑物过程中政策工具对于建筑能效等级的影响

来源：伍珀塔尔能源研究所

地范围内的改建工程实施过程中应当严格遵循MEPS的规定。在相关法规可以保证MEPS能够有效执行之前，我们可以使用一些自愿性方法。但是，在现有建筑物的改造过程中，为了达到MEPS的标准，一些独立的政策或者方法可能发挥更重要的作用，例如财政激励政策或者财政支持政策，否则，采用一些综合性方法，例如大规模的改建措施，可能会导致房屋的使用者等待的时间过长。目前，提高建筑物能效的做法在一些地区是要求强制执行的，例如欧盟就要求其成员国都要进行提高建筑物能效的改建工作。

其他的指令性的工具，例如在大型建筑物中进行独立测算、能源管理，以及对保温、通风和空调系统进行定期的检查等，能够完善提高建筑物能效的法律框架。

提高现有建筑物能效水平最有效的政策和方法是找出建筑物中哪些方面最耗能，并有针对性地为其提供资金支持，保证整个市场大环境向着节能高效的方向发展，并在更高的层次上实施节能改造。

能够提高建筑物能效的方法包括：颁发能源表现资质证书（以及建筑物构件能源标签），还要附带租金等信息；宣传展示现有建筑物改造方面的做法；对现有建筑物改造进行奖励，并提供相关的信息和执行激励措施，传播所取得的成果，提高意识，研发提高建筑物高能效的技术。除了上述的措施，一些独立性的建议，能源审计还能够向建筑物的拥有者展示哪些行为或者措施能够提高建筑物的能效，哪些会降低能效；在投资者实施建筑物改造过程中，组织相关的培训发挥着重要的作用。但是，由于投资的回报期较长，以及资金投入较少等问题，针对投资者颁布一些财政支持政策，对于重要的技能改造技术给予财政奖励，都可以发挥重要的作用。它主要用于此类信息和财务规划，能源效率基金或能源公司必须有所贡献。促进能源效率服务系统的发展，能够保证提高建筑物的能效，与开发者之间达成自愿式协议，促进建筑物能效相关产业的发展。

只有保证上诉措施同时实施，才能保证更快地实现上文提到的两个目标。

此外，还必须具有足够的技术提供者，他们有意愿并且有能力完成高效的节能改造任务。为了提高翻新率，同时保证高质量的节能改造，在建筑行业中，对专业人士（建筑师、规划师、投资管理者、建筑商、装修者、金融家和其他相关的市场参与者）的教育和培训是必不可少的。在培训中，建筑节能设计中易于使用的方法工具和生命周期的计算方法是十分重要的。参加培训且得到认证的专业人士，他们将对市场主体以及客户都更具吸引力。

一旦改造所占的市场份额达到一个特定的能量水平，专业人员的培训与应用是必需的，这种能量水平的成本效益已被证明，这个水平可被当作是翻新改造的最新MEPS标准。对于能源效率等级的标准以及ULEB现有建筑来说，这是MEPS监管的第一步。

今后MEPS的监管，应该努力提高能源效率等级的标准以及ULEB现有建筑，应该通过R&D基金做好创新支持、示范项目、比赛奖励等，此外，还应该发展更加广阔的市场财政奖励。公共部门应该以身作则，通过高效节能的整修工作以及节能的雄心壮志为自己的建筑设立目标，从而为其他部门铺平道路。

8.3.4 家用电器能源效率方面实现政策和措施的互动

建筑中涉及众多家电设施及相关产品。家电能效在一定程度上影响到了建筑的能源效率，提高家电能效也相应地有助于绿色建筑的功能。投资者直接购买、使用产品，仅参与了能源消耗。极少数情况下，还会涉及水资源消耗。能源效率的优化受到生产商的影响，但是非常节能和低效模式之间选择要受到所有市场参与者的影响。因此，政策的主要目标是：达到市场最高的能源效率水平并且始终使用非常节能的模型标准。

第二个目标是推广使用智能家电。图8.8显示了家用电器的能源效率（图中用A～G能效类别来表示电器的能源效率水平，A表示最高级，G表示最低级）和所应用的政策工具之间的关系，最终目的将达到家用电器性能的提高。

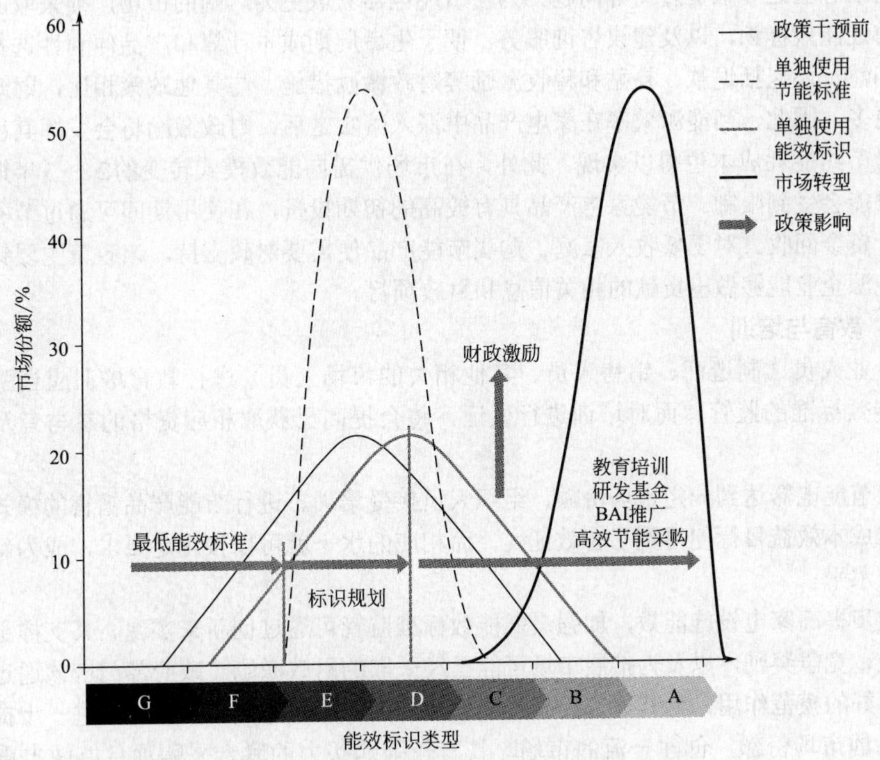

图8.8 用电器的能源效率与政策工具之间的关系

资料来源：伍珀塔尔能源研究所，2012

下面简要介绍几项提高家电设施能效的相关政策工具，并说明各项政策之间的结合与影响。

8.3.4.1 强制性最低能效标准MEPS

是最重要的一项家电设施能效政策。能效标准的制定必须依据法律法规进行，以3～5年为间隔逐步强化，最终实现每一类型节能产品的能效水平与能效标准匹配。最低能效标准在市场上取代了最低能效模式，降低了交易成本，缓解了房东与租户，买方与用户之间的困境。要达到降低生命周期成本的目标，最低能效标准必须和能效等级一样严格。在最低能效标准强制实施之前的过渡阶段，自愿标准或许可以起到一定的效用。当然，推行分户计量等其他法定措施能使现行法律体系的更为完善。

8.3.4.2 能效标识

与能效标准能很好地配合。最低能效标准将高耗能产品淘汰出市场，同时也不妨碍进一步提升节能潜力。能效标识主要是为买方和终端用户所设计，包装上的能效标识和其他许可标识一样，表明该产品是市场上同类产品中最好的，达到了较高的能效水平。强制施行能效标识便将市场上的产品分成了能效好与差两类。然而，只有当能效标准在市面上所有的产品中深入落实之后，能效标识分类才能产生效果。事实或许并非如此，能效认证标识可能只是提供了另一项选择。此外，为了促进能效标识的开展，提升公众对能源效率的认识，必须进行大量的宣传。

8.3.4.3 市场

应该为实现下一步的高效能电器设施最低能效标准监管做好准备，并通过政策措施来处理大量的信息匮乏和融资障碍等问题。为使节能电器获取更为广阔的市场，须采取的政策措施包括前述能效标识，以及建议咨询服务，便于生命周期成本计算和产品便利性选择的工具开发。当然，还包括退款、补贴和税收激励等财政激励措施。与其他政策相比，财政激励需要付出更多。因此，当能源效率在家电产品中深入落实之后，财政激励将会发挥其巨大的作用，大量节约能耗成本也得以实现。此外，在市场供需向能效模式转变的2～3年期间，财政激励可能会受到限制。节能家电产品具有较高的初期投资，在使用期间可通过节省的能耗费用进行资金回收。对于低收入家庭，购买节能产品便需要财政支持。该政策主要针对能效基金或能源企业能够做出贡献的相关信息和财政项目。

8.3.4.4 教育与培训

对专业人员（制造商、销售人员、其他相关的市场人员）进行教育培训应当引入和强化最低能效标准的监管。而对培训进行认证，将会提高已获取相应资格的参与者及其客户的兴趣。

一旦节能电器达到一定市场份额，组织人员接受培训、进行节能产品销售的模式，以及下一步的成本效益目标便得到了有效证实。而相应的水平就可以按规定要求，成为新的最低能效标准水平。

进一步提高家电设施能效，加强最低能效标准监管可通过创新来实现。其支撑主要来自研发基金、竞争奖励，以及为扩展市场可能已经采取的财政激励。政府部门应该通过政府采购树立良好的模范作用，为其他部门采购高效节能电器设备起到带头作用。进一步提高高效节能产品的市场份额，创建一流的市场，具有较强购买力的联合采购项目能做出重要的贡献。与最低能效标准的强制性要求相比，与大买家签订自愿协议购买高效节能产品可能同样能够推动市场推广。

8.4 国外绿色建筑政策对我国绿色建筑发展的启示

我国正处于快速城市化时期，如何有效地推广绿色建筑，提高绿色建筑在新建建筑中的比重，同时对既有建筑进行绿色改建是一个亟待解决的难题。借鉴欧盟经验，可从以下方面着手。

8.4.1 建立健全绿色建筑法规体系

首先，将绿色建筑纳入建筑法中，以强制性法律推动绿色建筑的发展；第二，规范细化现有法规和技术指导，增强绿色建筑行业能力建设；第三，建设绿色建筑评估系统，完善绿色建筑评价标准及评价技术手段，组织专职部门进行评估考查；第四，完善监理、监督举报以及奖惩机制。

政府应高度重视绿色建筑，制订“节能优先”的能源战略，建立健全绿色建筑法律法规体系，以示范工程带头实施绿色建筑。如日本政府尽管尚未强制实施CASBEE评价标准，但很多地方政府却要求新建建筑在取得施工许可前必须采用CASBEE进行自评，并将资料和自评结果在政府网站上公示，接受社会监督。其次，在美国、英国以及中国香港、中国台湾地区均组建了专门的机构来负责绿色建筑的实施、管理及评价等工作，明确监管职能，通过专门的管理机构来监管绿色建筑的实施。

我国有关部门应针对绿色建筑相关的法律，特别要在《建筑法》和《节约能源法》中补充和完善与绿色建筑发展相关的内容，统筹考虑绿色建筑、建筑节能的有关规定，为其他效力层级较低的法律提供上位法依据。随着绿色建筑工作的不断深入，应制定出台与绿色建筑密切相关的法律法规，以专门法律的形式规范绿色建筑实施行为。同时，应加快《环境保护法》、《城市规划法》、《土地管理法》、《清洁生产促进法》等相关法律条款的修订，使其适应绿色建筑的发展，保证建筑立法体系的完善。此外，应进一步完善配套的行政法规、部门规章及规范性文件，逐渐形成以“法律+行政法规+部门规章+规范性文件”的形式，由宏观到具体的相互联系、协调一致的绿色建筑政策法规体系。

本着“因地制宜”的原则，充分考虑建筑在规划、设计、施工、使用、拆除等“全寿命周期”内各个阶段实现绿色的要求，在关注绿色建筑技术发展趋势的同时，以采用适宜技术为主导，针对不同建筑类型的特点制定相关标准。应协调好标准体系中各指标间相互约束、相互关联的关系，注重条款的合理性与可操作性，充分发挥标准在发展绿色建筑中的约束和引导作用，逐步建立符合中国国情的绿色建筑标准体系。

8.4.2 完善信息交流平台

借鉴欧盟建筑节能信息交流平台经验，完善绿色建筑信息交流平台。整合利用现有绿色建筑信息交流平台，强化基础数据库、网络专业人员，促进先进技术、经验的交流，推进绿色建筑业全面发展。

加大绿色建筑理念宣传的力度。许多国家通过政府和企业两个层面进行绿色建筑及节能政策的宣传、引导的举措，值得我们借鉴。为此，我们要加大绿色建筑宣传力度，开展以绿色建筑为主题的系列宣传和教育培训活动，吸引社会公众积极参与，不断提高老百姓对绿色建筑理念的认识。此外，进一步探索将绿色建筑纳入各级学校的教育课程。

8.4.3 激励制度及加强建筑业自身能力建设

恰当的激励制度将有助于绿色建筑的推广实施。政策上，鼓励发展绿色建筑，对研究成果示范工程加以宣传、推广；技术上，给予技术和资金支持，鼓励自主创新；经济上，建立税收减免、经济补贴、补贴性贷款等专项补贴，加大力度与广度，惠及整个绿色建筑产业。

目前，我国绿色建筑及建筑节能技术的研究机构、研究队伍还比较分散。应通过建筑科研机构、高等院校、开发商等主体形成绿色建筑产学研结合的平台，减少宝贵人才资源、设备的浪费，最大限度地发挥集群性研究的优势。最关键的是要不断加大对绿色建筑、建筑节能的科研投入力度，通过多角度的经济激励政策充分发挥其作用。

与欧美国家相比，我国的绿色建筑整体水平仍然较低，必须加强建筑业自身能力建设。对从业者按类别进行培训，推广最佳可用技术，确保跟上先进技术的发展。对监管、评估人员，定期进行从业资格再次认证，以确保专业性及技术同步性。

8.4.4 鼓励第三方组织进入绿色建筑行业

西方国家的推广主要依靠民间组织以及市场引导的方式自下而上进行，日本、中国台湾地区则是自上而下推进绿色建筑。借鉴二者的经验，双管齐下，以政府为主导，鼓励第三方组织进入，加强监管，多方合作，共同推进绿色建筑发展。

政府应主要负责制定绿色建筑以及建筑节能工作的市场规则，在把握国家的资源优化配置、能源安全及环境保护的前提下，以法规政策引导市场，充分体现市场规律，使国家、企业、研究机构及用户都能够从绿色建筑和建筑节能中真正获益；同时对政策的实施起到监督、协调和宏观调控作用。研究机构和中介机构为政府提供决策咨询服务，为企业及用户提供节能咨询、宣传与培训。企业及设备生产商研制开发先进绿色技术、生产节能产品，降低产品生产成本。用户受市场驱动，优先选用绿色建筑。

中国与国外许多国家在气候条件、物质基础、居住习惯、文化理念等方面存在较大的差异。对国外绿色建筑政策法规的全盘照抄，显然是行不通的。许多国家实施绿色建筑政策的具体方式方法、绿色建筑体系的制定和修订，都体现出因地制宜、循序渐进的特点。中国土地面积广大、幅员辽阔，在绿色建筑实施过程中不能只走一条途径、只推行一种方式、只使用一套评价体系。应当倡导结合本地实际，进行多种绿色建筑途径、方式的研究、比较、鉴别，为绿色建筑标准的逐步完善提供丰富的实践基础。

参考文献

[1] 周金木．关于绿色建筑及绿色建筑设计理念探析［J］．科技创新与应用，2013，(22)：248.
[2] 陶凤珍．关于绿色建筑设计理念［J］．中华建设，2013，(04) 84-85.
[3] 国务院办公厅关于转发发展改革委员会“住建部绿色建筑行动方案的通知”，国办发［2013］1号，建筑节能，2013，(2)，69-72.
[4] 绿色建筑的设计理念比材料技术更重要．济南日报．2013-05-29．http://www.stchina.org/a/lvsejianzhu/huanbaoshejishi/20130529/29160.html.
[5] 绿色建筑设计理念．http://www.douban.com/group/topic/6283559/，2009年5月2日．
[6] 绿色建筑设计新理念及其创新．http://doctorwenbaolian.blog.163.com/blog/static/936705992011727106 31289/，2011年8月27日．
[7] 李百战，姚润明，丁勇，刘猛．国外绿色建筑发展概述与实例介绍［J］．第二届智能、绿色建筑与建筑节能大会，2006.
[8] 浅谈绿色建筑技术理念对设计创作的客观量化．http://wenku.baidu.com/view/583e5e0190c69ec3d5bb758d.html.
[9]“十二五”绿色建筑科技发展专项规划，［2012］92号．科技部，2012年5月24日．
[10]“十二五”绿色建筑和绿色生态城区发展规划．住房与城乡建设部，2013年3月．
[11] 王军，朱瑾．中国古代的自然观与传统建筑“绿色”观念．西安建筑科技大学学报：社会科学版，28 (4)：56-60.
[12] 阮仪三．中国传统建筑的绿色智慧．中国建设报［N］，2011-03-23．http://www.chinajsb.cn/bz/content/2011-03/23/content_24364.htm.
[13] 艾默生．绿色建筑理念先行 评价标准已正式出台．千家网，2008-09-12．http://www.qianjia.com/html/2008-09/50612.html.
[14] 环境保护与绿色建筑．土木工程网，2011-03-09．http://www.civilcn.com/jianzhu/jzlw/jcll/1299642118130768.html.
[15] 王平，刘宪光．绿色建筑设计中的绿色思维．中国建筑节能网．
[16] 美国建筑师协会评出世界十大优秀绿色建筑．九地国际，2013-05-24．http://www.jiudi.net/content/?1269.html.
[17] GB/T 50378—2006．绿色建筑评价标准［S］．北京：中国计划出版社，2006.
[18] 郑洁，黄炜，赵声萍等．绿色建筑热湿环境及保障技术［M］．北京：化学工业出版社，2007.
[19] 陈凭．屋面绿化建筑技术及应用研究［D］．长沙：湖南大学，2008，5：78-85.
[20] 赵定国．屋面绿化及轻型屋面绿化技术［J］．中国建筑防水，2004，4：25-26.
[21] 王志民．我国屋面花园设计初探［J］．低温建筑技术，2007，5：32-33.
[22] 叶林标．种植屋面的设计与施工［J］．中国建筑防水，2004，4：12-15.
[23] 林宪德．绿色建筑：生态节能减废健康［M］．北京：中国建筑工业出版社，2007.
[24] 杨晚生等．绿色建筑应用技术［M］．北京：化学工业出版社，2011.
[25] 李德英．建筑节能技术［M］．北京：机械工业出版社，2007.
[26] 刘念雄，秦佑国．建筑热环境［M］．北京：清华大学出版社，2005.
[27] 郭咏梅．从节能建筑走向绿色建筑［J］．建筑于文化，2008，(2)：89-90.
[28] 郑洁，黄炜，赵声萍等．绿色建筑热湿环境及保障技术［M］．北京：化学工业出版社，2007.
[29] 王玉书．对我国绿色建筑相关问题的几点思考［J］．黑龙江科技信息，2008，(3)：32-33.
[30] 刘玮．对绿色建筑中设计目标和设计方式探讨［J］．科技创新导报，2009，(5)：34.
[31] 全球照明用电占到总用电量19%．中商情报网．http://www.askci.com/news/201210/18/154651_09.shtml
[32] 赵定国．屋面绿化及轻型平屋面绿化技术［J］．中国防水，2004，4：25-26.
[33] 王志民．我国屋面花园设计初探［J］．低温建筑技术，2007，5：32-33.
[34] 罗志强，刘刚，康待民．夏热冬暖地区轻型绿化屋面隔热性能研究［J］．建筑节能，2009，37 (9)：50-53.
[35] 胡达明．种植屋面基于实测的传热特性研究［J］．新型建筑材料，2009，(8)：48-50.
[36] 王崇杰等．太阳能建筑的设计［M］．北京：中国建筑工业出版社，2007.
[37] 王君一，徐任学．太阳能利用技术［M］．北京：金盾出版社，2009.
[38] 江亿．超低能耗建筑技术应用．北京：中国建筑工业出版社，2005.
[39] 郑娟尔，吴次芳．我国建筑节能现状、潜力与政策设计研究［J］．中国软科学，2005 (5)：42-44.
[40] 罗忆，刘伟忠．建筑节能技术与应用［M］．北京：化学工业出版社，2007.
[41] 龙惟定，武涌．建筑节能技术［M］．北京：中国建筑工业出版社，2009.
[42] 袁镔．山东交通学院图书馆绿色建筑实践［J］．建设科技，2009，14：50-52.
[43] 戎卫国．建筑节能原理与技术［M］．武汉：华中科技大学出版社，2010.
[44] 李德英．建筑节能技术［M］．北京：机械工业出版社，2007.
[45] 李锦．太阳能半导体照明［J］．中国照明，2005，(6)：86.

[46] 王立雄．建筑照明节能的新途径［J］．照明工程学报，2004，15（4）：20-22.
[47] 车伍．中国城市雨水系统若干重大问题［J］．热点聚焦，2011，8.
[48] 张华等．可持续城市排水系统［J］．低温建筑技术，2009，134（8）：114-116.
[49] Stormwater Best Management Practice Design Guide，Vol.2，Vegetative Biofilter. U.S. Environmental Protection Agency，Washington，DC，2004．http//www.epa.gov/ORD/NRMRL/pubs/600r04121asect6.pdf.
[50] 车武，李俊奇．现代城市雨水利用技术体系［J］．北京水利，2003，（3）：16-18.
[51] 谢峰．广州某商业中心雨水回收利用设计［J］．环境保护科学，2009，35（2）:37-40.
[52] 深圳建筑科学研究院有限公司．一座建筑和她的故事［M］．北京：中国建筑工业出版社，2009.
[53] Improvement of Porous Pavement System for on-site Stormwater Management［EB/OL］. http://www.toolbase.org/ToolbaseResources/level4DG.aspx?ContentDetailID=3897&BucketID=4&CategoryID=61.
[54] Managing Wet Weather with Green Infrastructure Municipal Handbook -Incentive Mechanisms. EPA-833-F-09-001，2009.
[55] http://www.askci.com/news/201210/18/154651_09.shtml.
[56] 韩继红，刘景立，杨建荣．绿色建筑的运行管理策略［J］．第二届国际智能、绿色建筑与建筑节能大会，2006.
[57] 黄庆瑞．加强绿色建筑的全寿命期成本管理［J］．建筑技术，2009，40（5）:464-466.
[58] 邵文晞，孙大明．低成本绿色建筑设计策略［J］．第四届国际智能、绿色建筑与建筑节能大会，2008.
[59] 续振艳，郭汉丁，任邵明．国内外合同能源管理理论与实践研究综述［J］．建筑经济：2008（12）：100-103.
[60] 王康，程丹明，胡洁．国外“合同能源管理”的发展概况［J］．上海节能，2009，（11）：8-11.
[61] 周艺怡，于凤光．合同能源管理机制在中美既有建筑中的比较研究［J］．建筑节能，2012，（7）：70-73.
[62] 曹小琳，张森．我国建筑节能服务公司发展的障碍及对策研究［J］．建筑经济，2010，（10）：110-113.
[63] 王藤宁．在我国推行合同能源管理机制要注意的几个问题［J］．经济师，2003，（2）：259.
[64] ESCO Business in China，Frost&Sullivan，2008.
[65] 张明顺，张晓转，吴川．建筑合同能源管理现状及发展建议［J］．第九届国际绿色建筑与建筑节能大会，2013.
[66] 北京市建设委员会．节水、节地与节材措施［M］．北京：冶金工业出版社，2006.
[67] 张雄，张永娟．建筑节能技术与节能材料［M］．北京：化学工业出版社，2009.
[68] 中国建筑科学研究院．绿色建筑在中国的实践评价·示例·技术［M］．北京：中国建筑工业出版社，2007.
[69] 中国城市科学研究会．绿色建筑［M］．北京：中国建筑工业出版社，2009.
[70] 科技部建筑节能示范楼．建设部官方网站：http ://www.cin.gov.cn/green/xm/01.htm.
[71] 薛志峰等．超低能耗建筑技术及应用［M］．北京：中国建筑工业出版社，2005.
[72] 钱斌．太阳能热水系统在建筑工程中的应用与探讨［J］．建筑节能，2010，38（227）：57-59.
[73] 毕广辉．浅谈太阳能光电幕墙的关键技术［J］．科技成果纵横，2009，03：77-78.
[74] 闫宝辉．浅谈光电幕墙的原理、应用及发展前景［J］．门窗，2007，10：11-12.
[75] 钱坤，谢传贵，蒋兴林，小区雨水处理技术探讨［J］．黑龙江科技信息，2007，（15）：40-41.
[76] 冯翠敏等．公共建筑与住宅建筑非传统水源利用技术分析［J］．水资源保护，2012，（03）：57-61.
[77] 张玉祥．绿色建材产品手册［M］．北京：化学工业出版社，2002.
[78] 中国建筑材料科学研究院．绿色建材与建材绿色化［M］．北京：化学工业出版社，2003.
[79] 中国建筑科学研究院．绿色建筑在中国的实践·评价·示例·技术［M］．北京：中国建筑工业出版社，2007.
[80] 中国城市科学研究会．绿色建筑［M］．北京：中国建筑工业出版社，2009.
[81] TopEnergy绿色建筑论坛．绿色建筑评估［M］．北京：中国建筑工业出版社，2007.
[82] 曹启坤．建筑节能工程材料与施工［M］．北京：化学工业出版社，2009.
[83] 葛新亚．建筑装饰材料［M］．武汉：武汉理工大学出版社，2009.
[84] 建设部信息中心．绿色节能建筑材料选用手册［M］．北京：中国建筑工业出版社，2008.
[85] 中华人民共和国建设部．民用建筑节能管理规定［M］．北京：中国建筑工业出版社，2006.
[86]《中国建设科技文库》编委会．中国建设科技文库建筑材料卷［M］．北京：中国建材工业出版社，1998.
[87] 杨勇，沈彩萍，张治宇．绿色建材在生态建筑中的应用［J］．上海建设科技，2005，04：48-49+53.
[88] 胡朝英．绿色建材的SPA优选［J］．建筑节能，2010，04：43-45.
[89] 王春华．如何选用绿色建材之我见［J］．上海建材，2012，01：34-36.
[90] 姖亚芹，朱坦，孙贻起．国外绿色建材研究进展［J］．陕西建材，2002，03：7-10.
[91] 罗能，朱国卓．墙体材料节能技术发展初探［J］．浙江建筑，2010，27（1）：60-62.
[92] 张雄，张永娟．建筑节能技术与节能材料［M］．北京：化学工业出版社，2009.
[93] 邵高峰，周庆，赵霄龙．浅谈绿色建材及建材绿色度的评价［J］．商品混凝土，2010，11：3-5.
[94] 刘翼．遴选绿色建材服务绿色建筑［N］．中国建材报，2012，09，24：007.
[95] 十环网．http://www.10huan.com/.

[96] 中国建筑装饰装修材料协会．http://www.lsjc-china.org/index.asp.
[97] 绿色建材标志产品公告．上海商情．http://www.bis.net.cn/special/zt_jz5.asp.
[98] 绿色建材的评价与认证．中国门窗幕墙技术网．http://www.mczzs.com/article_view.php?id=26.
[99] 住房和城乡建设部科技发展促进中心．中国建筑节能发展报告［M］．北京：中国建筑工业出版社，2011.
[100] 梁俊强．中国建筑节能服务产业发展与展望［J］．建设科技，特别报道：11-15.
[101] 中国节能服务网．http://record.emca.cn/.
[102] 龙惟定，白玮．源管理与节能——建筑合同能源管理导论［M］．北京：中国建筑工业出版社，2011.
[103] 发展改革委．住房城乡建设部．绿色建筑行动方案．［EB/OL］．http://www.gov.cn/zwgk/2013-01/06/content_2305793.htm.
[104] 康艳兵等．建筑节能改造市场与项目融资［M］．北京：中国建筑工业出版社，2011.
[105] 2011年全国住房城乡建设领域节能减排专项监督检查建筑节能检查情况．［EB/OL］.http://www.mohurd.gov.cn/zcfg/jsbwj_0/jsbwjjskj/201204/t20120416_209536.html.
[106] 于震，吴剑林，徐伟．建筑合同能源管理［J］．建设科技2012（研究篇）：32-35.
[107] 蓝毓俊．当前实施“合同能源管理”的主要障碍和对策研究［J］．宁波节能，2010，（5）：28-36.
[108] 续振艳，郭汉丁，任邵明．国内外合同能源管理理论与实践研究综述［J］．建筑经济：2008，（12）：100-103.
[109] 王康，程丹明，胡洁．国外“合同能源管理”的发展概况［J］．上海节能，2009，（11）：8-11.
[110] 周艺怡，于凤光．合同能源管理机制在中美既有建筑中的比较研究［J］．建筑节能，2012，（7）：70-73.
[111] GB/T 24915—2010．合同能源管理技术通则.
[112] 李琪，聂甲森．合同能源管理在建筑领域的应用研究［J］．节能经济，2010，（6）：94-96.
[113] 林泽．建筑节能领域合同能源管理组织构架及其培育机制的建立［J］．建筑科学，2012，28，（2）：8-11.
[114] 国务院办公厅转发发展改革委等部门关于加快推行合同能源管理促进节能服务产业发意见的通知．国发办［2010］25号.
[115] Zhang Xiaohong，Li xin，Chen Shouli.Problem and Countermeasure of Energy Performance Contracting in China. Energy Procedia，2011，（5）:1377-1381.
[116] 中国合同能源管理网．http://www.emcsino.com/.
[117] 曹小琳，张森．我国建筑节能服务公司发展的障碍及对策研究［J］．建筑经济，2010，（10）：110-113.
[118] 王藤宁．在我国推行合同能源管理机制要注意的几个问题［J］．经济师，2003，（2）：259.
[119] ESCO Business in China. Frost&Sullivan.2008.
[120] 龙惟定，白玮，马素贞．我国建筑节能服务体系的发展［J］．暖通空调HV&AC，2008，38（7）：36-43.
[121] 武涌，龙惟定．建筑节能管理［M］．北京：中国建筑工业出版社，2009.
[122] 栢慕培训组组织．Autodesk Revit MEP 2011管线综合设计实例详解［M］．北京：中国建筑工业出版社，2010.
[123] 深圳博耐飞特数字技术有限公司．Ecotect2011生态建筑大师．http://www.benefitup.com.cn/ProductShow. asp?ID=119.
[124] 深圳博耐飞特数字技术有限公司．德国Cadna/A环境噪声模拟软件．http://www.benefitup.com.cn/ProductShow.asp?ID=120.
[125] 深圳博耐飞特数字技术有限公司<Virtual Environment>：设计、模拟+创新．http://www.benefitup.com.cn/ProductShow.asp?ID=123.
[126] 深圳博耐飞特数字技术有限公司．Phoenics介绍．http://www.benefitup.com.cn/ProductShow.asp?ID=121.
[127] Crawley D B，et al，EnergyPlus: Creating a New-Generation Building Energy Simulation Program，Energy & Buildings，2001，33（4）：443-457.
[128] 潘毅群，吴刚．Vol ker Hartkopf．新一代的建筑全能耗分析软件——EnergyPlus及其应用，http://wenku.baidu.com/view/f25a13335a8102d276a22f38.html.
[129] Building Information Modeling.http://wenku.baidu.com/view/05a32e7a1711cc7931b716bd.html.
[130] BIM技术分模块详解．http://wenku.baidu.com/view/23537830a32d7375a417807c.html.
[131] 栢慕培训组组织．Autodesk Ecotect Analysis 2011绿色建筑分析实例［M］．北京：中国建筑工业出版社，2011.
[132] 栢慕培训组组织．AUTODESK REVIT ARCHITECTURE工业建筑三天速成［M］．北京：中国建筑工业出版社，2011.
[133] 云鹏等．ECOTECT建筑环境设计教程［M］．北京：北京建筑工业出版社［M］，2007.
[134] 美国Autodesk公司，栢慕中国．Autodesk Ecotect Analysis 2011绿色建筑分析应用［M］．北京：电子工业出版社，2012.
[135] 曾捷等．绿色建筑［M］．北京：中国建筑工业出版社，2010.
[136] 刘抚英等．绿色建筑设计策略［M］．北京：中国建筑工业出版社，2013.
[137] 刘加平等．绿色建筑概论［M］．北京：中国建筑工业出版社，2010.
[138] 上海飞熠软件技术有限公司．http://www.shanghaifeiyi.cn/products/cadnaa/.
[139] Designbuilder功能介绍．http://designbuilder. com. cn/product/features/.
[140] 中国绿色建筑与节能委员会绿色建筑政策法规学组．国外绿色建筑政策法规及评价体系分析［J］．建筑科技，

2011，06：54-55+60.
[141] 张明顺，吴川，张晓转．欧盟建筑节能政策对我国绿色建筑激励与推广的启示［A］．绿色建材研究院，第九届国际绿色建筑与建筑节能大会论文集——S01：绿色建筑设计理论、技术和实践［C］．中国城市科学研究会、中国绿色建筑与节能专业委员会、中国生态城市研究专业委员会、中城科绿色建材研究院．2013：8.
[142] 谢福泉，黄丽华．国外绿色建筑发展经验及启示［J］．绿色科技，2013，01：261-263.
[143] 王祎，王随林，王清勤等．国外绿色建筑评价体系分析［J］．建筑节能，2010，02：64-66+74.
[144] 陈妍，岳欣，美国绿色建筑政策体系对我国绿色建筑的启示［J］．环境与可持续发展，2010，04：43-45.
[145] 赵凤．国外绿色建筑评估体系给中国的启示［J］．华东科技，2010，01：40-42.
[146] 林文诗，程志军，任霏霏．英国绿色建筑政策法规及评价体系［J］．建设科技，2011，06：58-60.
[147] 马欣伯，李宏军，宋凌，朱颖心．日本绿色建筑政策法规及评价体系［J］．建设科技，2011，06：61-63.
[148] 袁镔，宋晔皓，林波荣，张弘．澳大利亚绿色建筑政策法规及评价体系［J］．建设科技，2011，06：64-66.
[149] 郭韬，张蔚，刘燕辉．新加坡绿色建筑政策法规及评价体系［J］．建设科技，2011，06：67-69.
[150] 徐莉燕．绿色建筑评价方法及模式研究［D］．上海：同济大学，2006.
[151] 王磊．德美两个建筑节能立法比较研究及对我国的启示［D］．北京：中国人民大学，2008.
[152] 费衍慧．我国绿色建筑政策制度分析［D］．北京：北京林业大学，2011.
[153] Thomas etc. Combining theoretical and empirical evidence from an international comparison: policy packages to make energy savings in buildings happen［R］. IEPEC Conference Proceedings，2012.
[154] Klinkenberg Consultants. Better buildings through energy efficiency: A roadmap for Europe，2006.
[155] FhG-ISI（Fraunhofer Institut Systemtechnik und Innovationsforschung）. Study on the Energy Savings Potentials in EU Member States，Candidate Countries and EEA Countries，Final Report for the European Commission，Directorate-General Energy and Transport［R］. EC Service Contract Number TREN/D1/239-2006/S07.66640，Karlsruhe.
[156] Xiangfei Kong，Shilei Lu，Yong Wu. A review of building energy efficiency in China during "Eleventh Five-Year Plan" period［R］. Energy Policy，2012，41: 624-635.
[157] MOHURD. Report about Building Energy Efficiency in Special Supervision on Energy Saving and Emission Reduction of National Housing Urban and Rural Construction Field in 2010［R］. Beijing，MOHURD，2011.
[158] Tackling Global Climate Change Meeting Local Priorities［R］. A World Green Building Council Special Report，2010，09.
[159] 田慧峰等．中国大陆绿色建筑发展现状及前景［J］．建筑科学，2012，4：1-7.
[160] Chédin，Grégory. What lessons can be drawn from the evaluation of energy advice centre［J］. ADEME，Angers France，2010.
[161] FRA16 Local energy information centres. http://www.isisrome.com/data/mure_pdf/FRA16.PDF.
[162] http://www.kfw.de/DE_Home/Presse/Aktuelles_aus_der_KfW/PDF-Dateien/FZ-Evaluierungsbericht_DRUCKVERSION.pdf.
[163] The Passivhaus Standard in European Warm Climates: Design Guidelines forComfortable Low EnergyHomes. Passivhaus Institut. Darmstadt，2007.
[164] Promoting Energy Efficiency in Buildings: Lessons learned from international experience.www.bigee.net/s/14mn9x.
[165] Measuring and reporting energy savings for the Energy Services Directive – how it can be done. Results and recommendations from the EMEEES project. Wuppertal Institute，Wuppertal.www.bigee.net/s/9gwkzu.
[166] IEA Policy Pathway. Monitoring，Verification and Enforcement. Improving compliance within equipment energy efficiency programmes. www.bigee.net/s/bt6qwr.
[167] Collaborative Labeling & Appliance Standards Program（CLASP）(2005)：Energy-Efficient Labels and Standards:A Guidebook for Appliances，Equipment，and Lighting，2nd Edition. Lead Authors: Stephen Weil and James E. McMahon. Washington D.C.www.bigee.net/s/r5j3mm.
[168] United Nations Development Programme（UNDP）(2010) :Promoting Energy Efficiency in Buildings: Lessons learned from international experience.www.bigee.net/s/14mn9x.
[169] Wuppertal Institute, Ecofys（2009）:Energy Efficiency Watch. Evaluation of National Energy Efficiency Action Plans. Final Report. Wuppertal，Cologne 2009.www.bigee.net/s/cumr1r.
[170] Iwaro，Joseph; Mwasha，Abraham. A review of building energy regulation and policy for energy conservation on developing countries［J］. Energy Policy 2010，38: 7744-7755.
[171] International Energy Agency（IEA）:Evaluating Energy Efficiency Policy Measures & DSM Programmes Volume I Evaluation Guidebook. France.www.bigee.net/s/1nawwk.
[172] Schüle，Ralf; Höfele，Vera; Thomas，Stefan，Becker，Daniel. Improving national energy efficiency strategies in the EU framework. Findings from energy efficiency watch analysis［J］. EEW Publication，2011.